U0279641

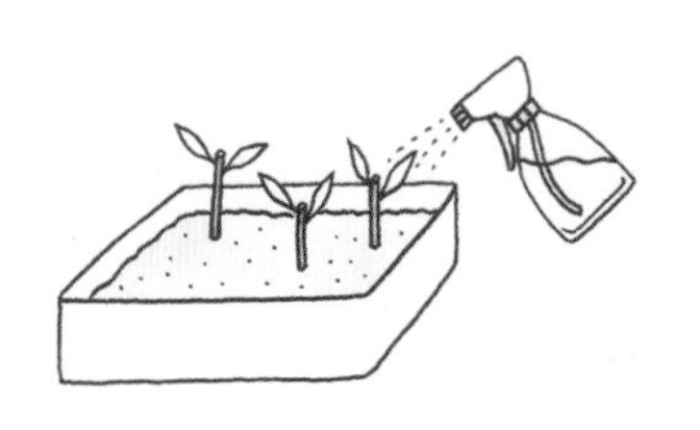

常见观赏花木、果树繁育

全图解

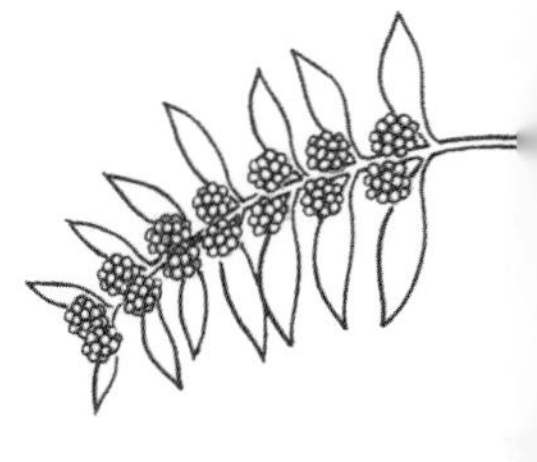
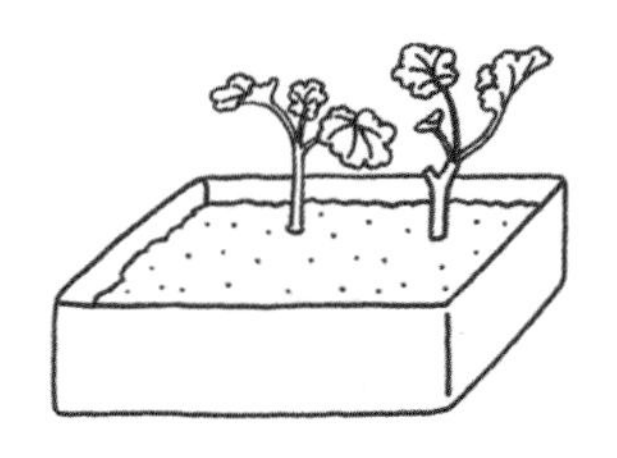

[日] 尾亦芳则 著

巫建新 刘雯 庞晶 徐航 毕鲁杰 译

（江苏农林职业技术学院风景园林学院）

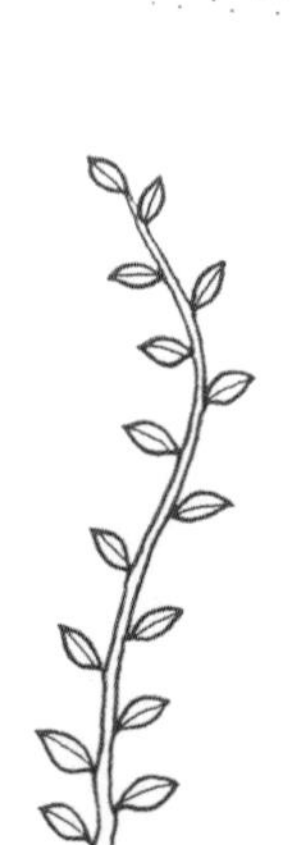
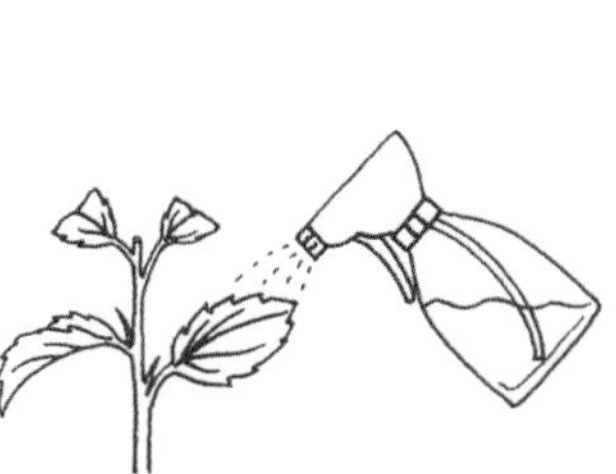

目 录

第一章 基本操作流程与技巧

繁殖方法的难易度

★ ☆ ☆ 简单
★ ★ ☆ 条件好，成功率就高
★ ★ ★ 成功率较低

第二章 庭院落叶树

第三章 庭院常绿树

第四章 果树

第五章 观叶植物、盆栽花卉

第一章

基本操作流程与技巧

各种繁殖方法

地势高低的不同、四季的变迁都会造成植被的变化。为适应环境繁殖后代是植物的一种本能，利用植物的这种特性，可以通过各种各样的繁殖方法来进行品种改良。植物的繁殖方法大致分为有性、无性繁殖 2 种。

有性繁殖

有性繁殖就是利用雌雄受粉结合而成的种子来播种繁殖后代。该方法简单易用，而且产生的大批量种子可以繁殖较多的实生苗。但实生苗可能会出现与亲本不同的性状，如斑会消失等。

另外，用种子繁殖的实生苗除了用来培育大树外，还可以投放市场，也可以作为嫁接的砧木。

适合有性繁殖的植物

金雀花、落霜红、野茉莉、辛夷、日本紫茎、杜鹃、大花四照花、银杏、朱砂根、木槿、四照花等。

无性繁殖

无性繁殖就是没有经过两性生殖细胞结合的繁殖方式，如扦插、嫁接、压条、分株、组培等。

无性繁殖虽然不能像有性繁殖那样能同时培育大量苗木，但确实能缩短苗木生长周期，保持后代和母株的优良性状一致。有些植物幼年期长，开花结果比较迟，通过扦插、组培或嫁接就很容易繁殖后代。郁金香和百合等球根植物也可以采用无性繁殖方式，从开花后至枯萎期球根会膨大，可以通过分球繁殖。

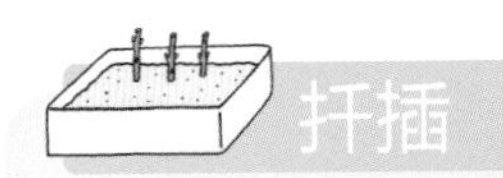

扦插

从母本上剪取一段健康的枝条，插入营养基质中，使其成长成另一个新植株的繁殖方式称作扦插。采用这种方式，只要有足够多的母本，就能繁殖足够数量的新植株。扦插的优点是培育出的新植株与母本的性状相同；生长快，开花结实早。操作简单，很推荐新手采用。

并不是所有的植物都能通过扦插来繁殖后代，因有些植物扦插后不易生根，所以可采用生根剂处理以促进生根，也可用泵式喷雾装置进行扦插后的水分管理。这样可以缩短扦插时间，减少插穗生根难易的影响。

适合扦插的植物

桃叶珊瑚、绣球花、金雀花、马醉木、夹竹桃、金桂、柏树类、月桂、茶梅、栀子花、杜鹃、龙血树、连翘、蓝莓等。

压条

把作为母株的枝条和茎蔓埋压于土中，或在树上将欲压的部分用土或其他基质包裹，使之生根后再切离，成为独立的新植株，这种方法称为压条繁殖。采用这种方法不能一下子增加许多新株，但是操作后可以立即赏花或观果。可用于从母株分离喜欢的枝条，很多用于盆景。

把主干或者枝条的表皮剥去一部分，用浸水的湿润水苔包裹使其生根，这是压条的一般的方法，当然丛生的母株也同样适用埋土法和波状压条法。对于有些叶片枯萎的植物，采用压条能够使其重生。橡皮树和榕树这些枝叶繁茂的树木不怎么需要挑选枝条，就可以比较简单地进行压条繁殖。

适合压条的植物

紫藤、榕树、月桂、台湾含笑、山茱萸、银杏、垂叶榕、橡皮树等。

嫁接

嫁接就是将一种植物的枝或芽接到另一种植物的茎或根上，使接在一起的两个部分长成一个完整的植株。

嫁接树最大的优点在于保持亲本的优良性状。很难采用扦插和压条繁殖的植物可以通过嫁接来完成。这种方法不能像扦插一样能一次性繁殖很多新株，但只要有一根可以嫁接的枝条，从中可以剪取数个接穗，能够接到数个砧木上。另外还可以在枫树、梅等大型树木上嫁接多处，这样操作可能会得到新品种。嫁接要点在于砧木要选择实生或扦插培育的同类苗木或近缘品种，还要选择壮实的个体。也有只能通过嫁接繁殖的品种，大家可以挑战一下。茄子和番茄等蔬菜苗也可以嫁接。

适合嫁接的植物

大花四照花、枫树、梅、樱花、苹果、柿、板栗、木兰类、桃、枇杷等。

分株

分株繁殖多用于丛生性强的花灌木和萌蘖力强的宿根花卉，是繁殖花木的一种简易方法，虽然产量不高，但其成活率高，成苗快，也是无性繁殖中最容易操作的。像蜡瓣花、檵木、夹竹桃等枝叶繁茂的丛生植物大都可以进行分株。

选择根系壮实的母株，按 2~3 根枝条为 1 株，就可以简单地完成分株了。分株不仅可以用于繁殖很多新株，对太大的母株自身而言也是有益的，可使其复壮。

适合分株的植物

檵木、蜡瓣花、松田山梅花、夹竹桃、马醉木等。

工具的准备

扦插、嫁接、压条需要一定程度的知识和技术，但并不难。只要掌握了基本的操作技能和技巧，就可以自行培育出喜欢的花木。首先，我们从工具开始。

扦插繁殖的必备工具

用修枝剪或者剪刀进行剪枝，用嫁接刀将切口修整好。在平底花盆中放入大粒的鹿沼土或赤玉土，上面再放同种的小粒土。插入插穗，然后用喷壶浇水。

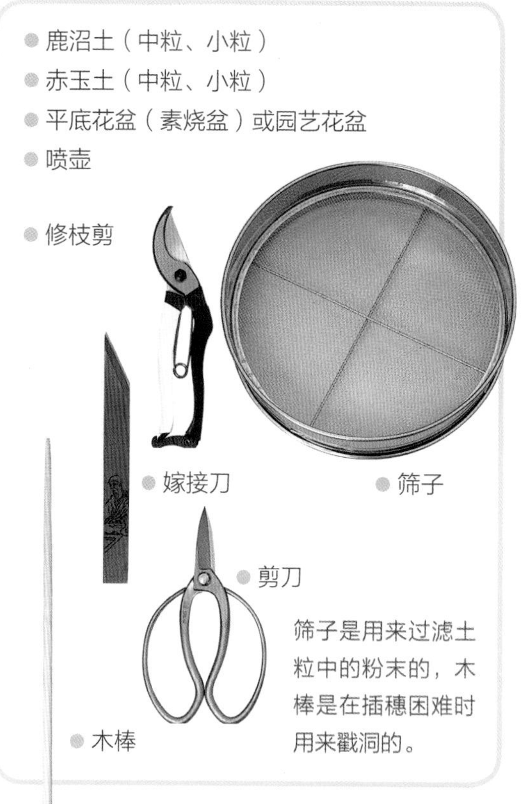

嫁接繁殖的必备工具

用修枝剪或剪刀切断砧木，用嫁接刀修整切口。先将嫁接口用嫁接胶带包裹住，再用带孔的塑料袋罩住嫁接苗并用扎带系紧袋口。

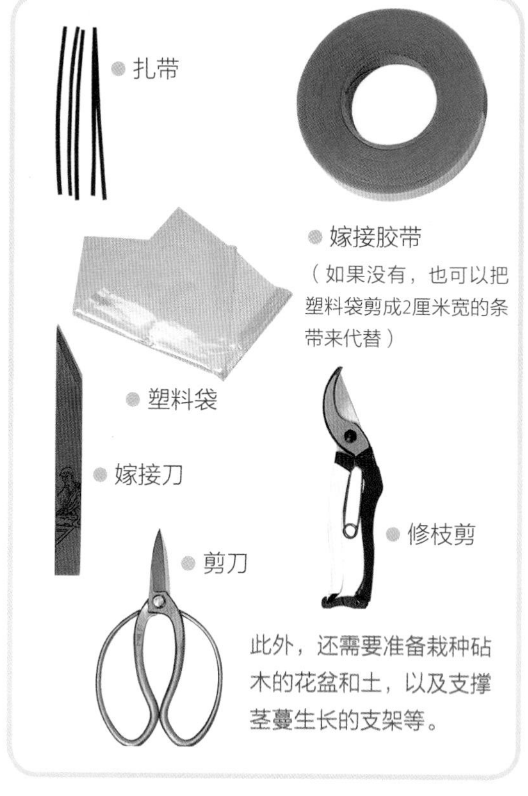

小知识　关于嫁接胶带

专门用于嫁接的胶带在园艺店等处有售。绑缚时若拉着胶带的一侧强力捆扎，胶带在拉伸的同时接穗也被拉伸，形成层会容易偏离原位。最好从接穗的背面（未削去表皮的那面）向两端同时拉伸，然后按压住胶带一侧（以防其恢复原样）再进行捆扎。

小知识　正确选用刀具

不同的场合应使用不同的刀具。如果刀不太锋利且刀刃薄，根据力度不同，切口有时会弯曲。

比如剪绳子、塑料类就用专门的剪刀，用于修剪树木的修枝剪就专门用来修枝，这样能保持刀具锋利且更耐用。

压条繁殖的必备工具

用嫁接刀处理压条部位，用剪开的塑料钵包住压条部位，用订书机固定后装入赤玉土，若还不稳定就用绳子捆扎。另外，也可以先用装有水苔的塑料袋包裹，再用绳子绑缚。生根后用剪刀剪断并剥离包裹物。

- 赤玉土（中粒、小粒）
- 绳子
- 塑料钵（或塑料袋）

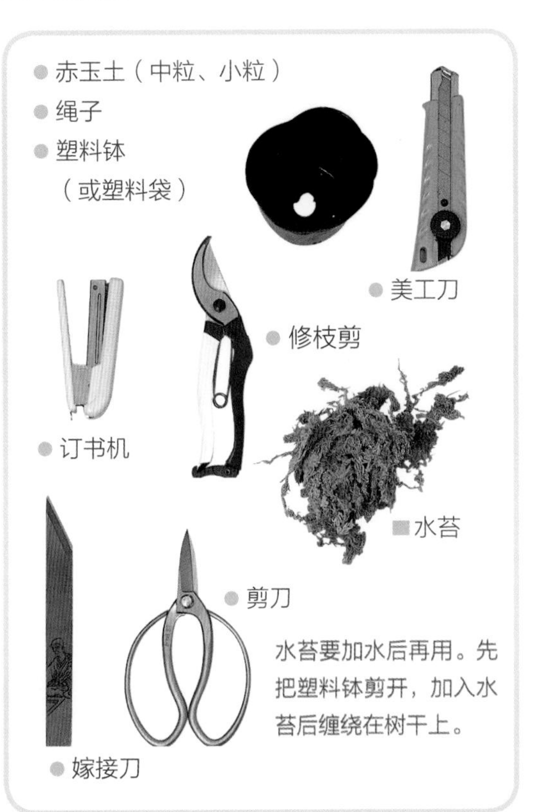

水苔要加水后再用。先把塑料钵剪开，加入水苔后缠绕在树干上。

实生繁殖的必备工具

在平底花盆或者园艺花盆中装土播种后，用筛子加土掩埋种子。从盆底供水（腰水），置于半阴凉处，注意保持盆土潮湿。

- 平底花盆（素烧盆）或园艺花盆
- 筛子
- 喷壶
- 赤玉土（中粒、小粒）
- 蛭石
- 泥炭板
- 厚纸板
- 用于底部供水的容器（盛水、供水）

土壤的使用方法与插穗的修剪方法

本书重点介绍了扦插、压条、嫁接的方法，还介绍了实生、分株等多种繁殖方法。下面将总结土壤的使用方法、插穗的修剪方法、磨石的种类及修整方法、磨刀技巧等各种繁殖方法中常用的操作技巧。

土壤的种类和选择

扦插等使用的土壤种类有鹿沼土和赤玉土。这两种都是经过高温处理的火山灰，它们无菌、无肥，最适合作为扦插用土。这些土有大粒、中粒和小粒之分，还有硬质和软质之分。扦插要选择硬质的土。软质的土遇水、霜时会变成粉末，随着时间的推移也会碎裂，所以不推荐。

扦插插床的基质可用鹿沼土或赤玉土，为了使排水顺利，先在花盆底部放一层中粒的土，然后在上面铺一层小粒的土。市面上出售的多为软质土，在运输过程中，由于土和土之间的摩擦而变成粉末的情况较多，所以在使用之前要将粉末过滤掉。另外，扦插后浇水的时候，应浇大水至从盆底流出的水变得干净，这样大部分的粉末也会流出来，水量小就会留下粉末，以后每次浇水的时候就会造成堵塞从而使排水变差。

为什么说粒状的土好呢？这是因为土和土之间有间隙，水在这里流动并从盆底流出的时候，携带着从上层吸入的氧气。因为排水良好，一粒一粒的土又含有植物必需的水分、养分（团粒结构）。与此相反的就是混凝土（单粒结构），即用沙子填满石头之间的缝隙，用水泥加固以保持强度。

在盆栽中，除掉土壤中的粉末使其成为排水良好的花土是很重要的。

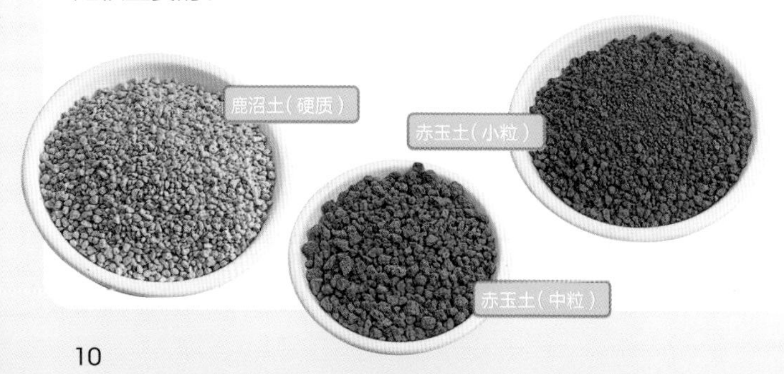

盆栽土的配制

鹿沼土和赤玉土最适合用来做插穗的“插床”。要选择里面不含杂菌和肥料的干净花土，过滤 1 次，去除粉末后再使用。使用 6 号的平底花盆或育苗箱、塑料泡沫箱等打了几个洞的容器。

1

为了防止害虫侵入，必须在盆底铺上防虫网。

2

为了保持排水良好，放入一层 2~3 厘米厚的中粒鹿沼土。

3

再在器皿里放入一层小粒的鹿沼土并整平，使用赤玉土时也采用相同的处理方法。

插穗的修剪方法

统一插穗长度的时候请采用以下技巧。切粗枝的时候，把枝条贴在刀刃上，按住后一削即可。

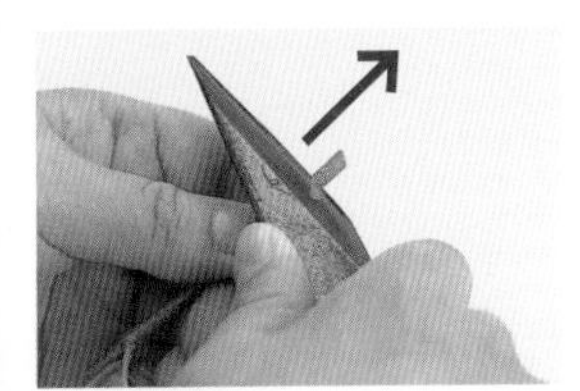

1

用刀刃抵住插穗，右手横着（按箭头所示方向）一削，切口就会很平整。

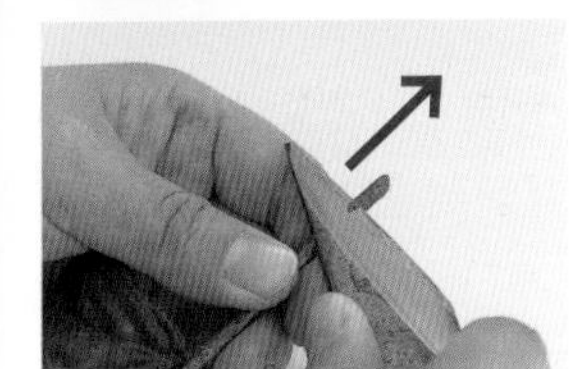

2

把插穗翻过来，将刀抵在插穗前（按箭头所示方向）削去表皮。

小知识　磨石的修整

使用过多的磨石中间会有凹陷，这样就不利于磨刀了，需在石头等平的东西上研磨，使得磨石表面变得平整。

把磨损的一侧按在平的石头上前后研磨，使凹陷处变得平整。

在研磨磨石的时候注意不要弄伤手指。图为正确研磨磨石的方法。

小知识　用报纸包裹刀具

最好把不用的刀具用报纸包起来。报纸上的油墨能防止霉菌产生，同时也能吸收湿气。

刀具的保养

磨石的种类

按照磨砂的粗细，分为粗砂磨石、中砂磨石、细砂磨石。

磨刀技巧

要正反交替研磨刀具两面。磨到另外一边的全部刀刃边缘都起毛边（或飞边）时翻转刀面，依相同要领继续研磨，直到另一边刀刃又起毛边，交替多次。嫁接的时候，刀具要像刮胡子的剃刀般锋利，如果不够锋利，可能会使切口弯曲、损坏。所以需要使用打磨好的刀具。刀刃变钝时，按照粗砂磨石、中砂磨石、细砂磨石的顺序进行研磨；微钝时先用中砂磨石然后用细砂磨石；略微有点不够锋利时只需使用细砂磨石。

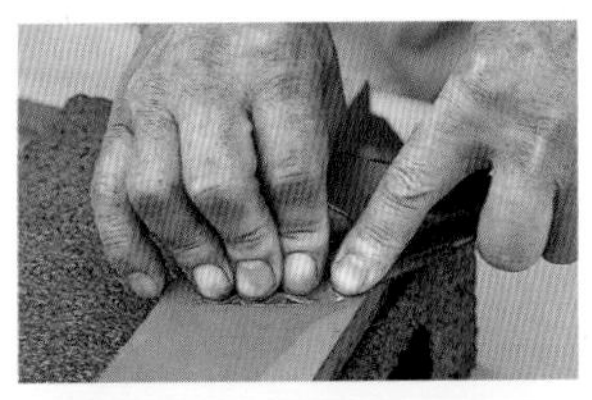

1

用手指固定刀刃，注意不要太用力，把刀刃向前推。

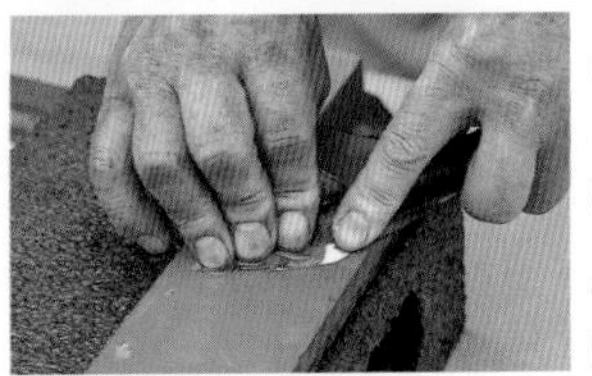

2

研磨正面后也要研磨反面。这样刀刃才能不起卷。

扦插的基本操作

扦插有各种各样的方法，本书着重介绍一些对初学者来说比较简单且失败较少的方法。请大家实际操作一下吧。

扦插的种类

顶枝扦插

用植物的顶枝作为插穗，因为这种枝条壮实，所以很容易成活。

剪枝扦插

把壮实的枝条剪成插穗，1 根枝条可以剪成好几段。

密闭扦插

密闭是为了抑制叶和茎的蒸腾作用。用塑料袋罩住插穗以促进其生根。

土团状扦插

把红土揉成团，插上插穗，放在半阴处深 10~15 厘米的浅沟中，铺上土种植。此方法用于插穗的切口容易干燥的植物。

露地扦插

一种把插穗直接插在地里的方法。如瑞香等在 9 月进行露地扦插，能很快成活。

扦插的时期

一般按时间划分有春插、梅雨插、夏插等。本书分 2~3 月的春插和 6~8 月的夏插。因为梅雨季节和夏季的区别不明显，所以把初夏到盛夏时期进行的扦插称为夏插。

春插在新芽长出之前进行，使用 1 年生的壮实枝条作为插穗。夏插则是在当年长出的新芽伸长成枝条并稍变硬的生育期进行扦插。落叶树主要在春季进行扦插，常绿树在春、夏两个季节都可以进行扦插。

春插插穗的制作

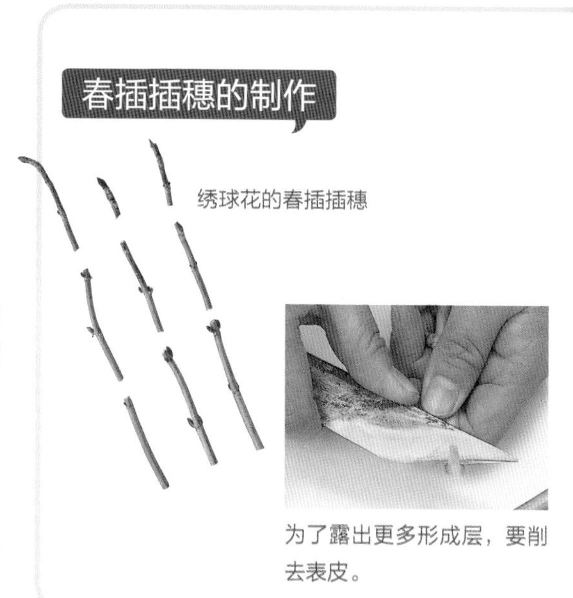

绣球花的春插插穗

为了露出更多形成层，要削去表皮。

夏插插穗的制作

蜡瓣花的夏插插穗

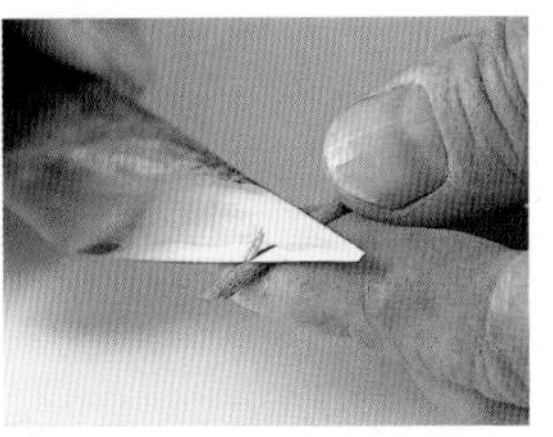

切口要利落平整。

准备好的插穗要立即浸水。

将浸过水的插穗插入土中，然后浇水。

选插穗的方法

也可以一边修剪植物一边选择剪下来的枝条作为插穗。修剪时要把枝条的顶部修圆，从树冠线凸出来的枝条全都不要，因此剪下来的枝条可用作插穗。

最适合作为插穗的是长在植株上部的南侧经常沐浴阳光的枝条，背阴处的枝条不适合，也不能使用即使用力弯曲也不会折断的软枝条。选择标准是枝条弯曲易断、有顶芽或侧芽、没有病虫害。

×

以该枝条为例，用力弯曲也不断，这样的不能用。右边的有病虫害，也不能用。

制作插穗的技巧

首先用锋利的小刀以 45 度角将插穗利落地切平整。接着将剪下的枝条翻过来，削去表皮，尽可能多地露出形成层，这是诀窍。方法请参照第 11 页插穗的修剪方法。注意切口要平滑，不要切成锯齿状。

剪下的插穗要立即放入盛水的容器中浸泡 1~2 小时，使其充分吸收水分。

去除下端叶片的方法

山茶等枝条的叶片很容易就能摘下。但瑞香和柏树类的枝条，摘叶时易连同树皮一起剥下，所以要用手握住枝条，并朝枝条顶端方向摘叶，或者用剪刀剪下叶片。

直接摘叶

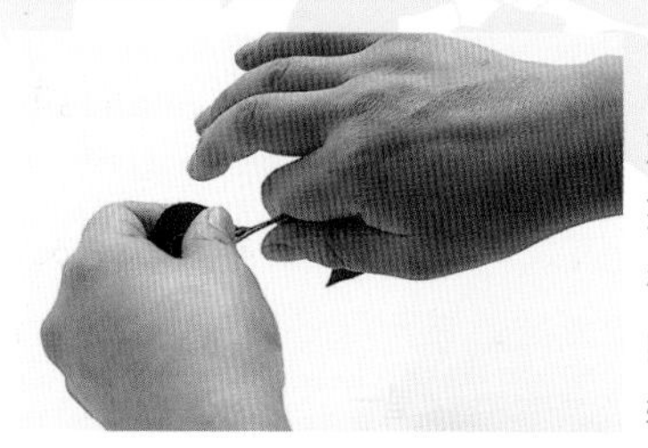

对于冬红短柱茶，只要用右手往枝头的相反方向撸，叶片就会轻易脱落。

因为这种方法不会损伤叶片的基部，所以很多常绿树都这样去叶，非常方便。

拽掉、剪叶

对于针叶树的叶片，要沿着枝条方向一片一片地拽掉，或用剪刀剪下。

对于针叶树的叶片，硬撸会伤及树皮，不推荐。

制作插床

适合用鹿沼土和赤玉土作为基质，因为这两种土无菌、无肥料、能促进生根。为保证排水良好，先在平底花盆的底部铺上中粒的鹿沼土，然后在上面盖上一层小粒的鹿沼土。当然，使用前都要用筛子筛一遍，把细小的粉尘除去。一般会使用透气性好的平底素烧盆或者陶盆作为容器，还可以用育苗箱。

小知识　多种植物可以在同一个容器中扦插

在空间不足的情况下，可以在大的育苗箱中扦插多种植物。大量扦插的时候，插穗之间最少要保证两指的距离。如此操作，育苗箱内可以容纳相当多的插穗。把插穗插深点可以减少水分的蒸发，最好笔直地插入插穗的一半。但如果插床较浅，可将插穗稍微斜插，以增加插穗和土密切接触的部分。

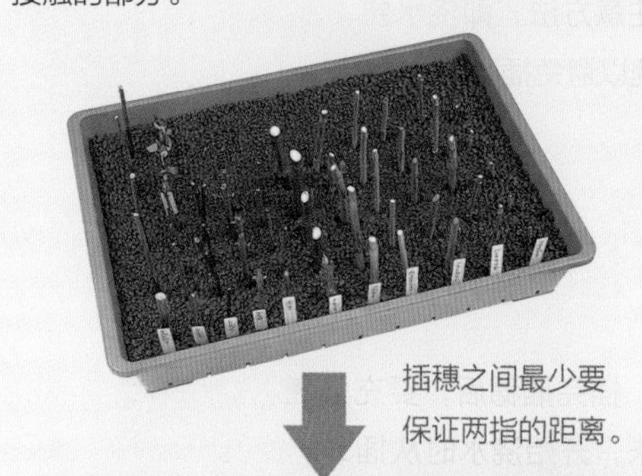

插穗之间最少要保证两指的距离。

这就是 3 个月后的样子。健壮的大叶片伸展后就可以移栽到花盆里。

湿土扦插的技巧

先把土弄湿再进行扦插时，因为此时土湿紧，所以要用木棒戳出洞后再插入插穗。最后要用手将洞压实，使插穗和土紧贴。

干土扦插的技巧

在干燥的土中扦插时，插好插穗后要浇适量的水，这样土和插穗的接触更加紧密。但是要注意方法，即浇水要迅速以避免插穗干燥。

扦插后的管理

插完插穗后，要充分浇水。因为土中混杂有粉末，开始浇水时从插床的底孔流出来的水呈黄色，持续浇水会渐渐变清，浇至冲洗掉土中的粉末即可。如果疏忽了这点，粉末附着到插床底部，就会造成排水不良。

之后直到发芽都要避开阳光直射，进行半遮阴管理。保持一定湿度，尽量控制水分蒸发。可以使用自动喷雾装置进行水分管理，不过一般的处理方法是在插床上用遮阳网等，只要保持土不干，注意浇水就可以。同时也要注意不要浇水过度，以免根腐烂。

给常绿树浇水，有时也可以浇叶水。在生根之前不需要施肥。

生根后慢慢增加光照。密闭扦插时，如果新叶长出，请一点点地打开密封的袋子。

生根

也有插穗立即生根的情况，不过大多数需要经半年至 1 年培育后移栽至花盆。

鹿沼土的特征是保水能力好，根容易生长、伸展。根展开后直到上盆前都要专注于根的培育——让它们稍微干燥，这是一个诀窍。而赤玉土排水好，容易生出壮实的黑色根。因为其接近上盆后的用土（多数是由赤玉土和腐殖土混合），根容易适应上盆后的环境。

上盆

插穗生根后，大多数在第 2 年的 2~3 月发芽前上盆最为适合。上盆后要供给肥料。把缓效性肥料等作为基肥施用，每月施液肥 1~2 次。对一些根少的植物，要注意别弄断根。种植的时候要把根展开。

嫁接的基本操作

嫁接的成功与否，取决于砧木和接穗的选择。
嫁接后砧木的根是否能强劲生长，取决于是否有结实的接穗。
从选择好的砧木开始吧。

嫁接的概念

嫁接方法有切接、劈接、腹接、芽接、靠接、根接等。另外，根据砧木的处理方法不同，又大致分为地接和移植嫁接。

砧木在日语中被称为“共台”，意为要尽量使用与接穗亲缘关系相近的砧木。比如因为桃和梅同属，所以嫁接可以成活。但是，也许是因为它们是远亲，所以当枝干变粗的时候，有时会从嫁接的树上脱落。嫁接梅时要选择梅的实生苗或野生梅的无性繁殖苗，桃要选择桃的实生苗。另外，在培育实生砧木时，最好在嫁接之前先切断垂直向下的直生根（主根）后再移植，使之萌发更多的侧根。

选择修剪砧木的位置时，观赏盆栽等植物应选在尽可能低的位置。如果不以观赏为目的，请根据接穗的粗细在笔直且容易接合的位置切割。

嫁接的关键是如何将砧木的形成层与接穗的形成层紧密连接在一起。刀具的锋利程度决定了嫁接成活的好坏。如果用不锋利的小刀来修剪接穗或砧木，切口会变脏、不平整，形成层会受伤。

嫁接胶带的缠绕方法也有诀窍。如果只拉紧胶带的一端，在拉长胶带的同时，接穗也会被拉动，这样形成层就容易对不齐。因此，最好从接穗的背部（没有削掉表皮的那面）挂上胶带，同时拉起两端，为了防止其恢复原状，可先把一边压住，再用另一边捆绑，缠绕 2~3 圈就足够了。

操作结束后，为了防止干燥，罩上打有透气孔的塑料袋，可促进根部生长。

梅的切接部分，可以接入不同种类的接穗。

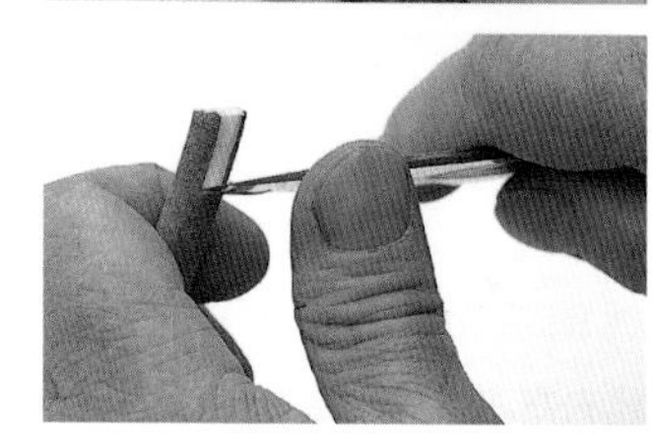

切断砧木后削去一角，会更容易看清形成层。在形成层上切出裂缝，绿色的形成层就会更好地露出来。切割深度最好比接穗的切口短 5 毫米左右。

嫁接的种类

切接

用刀在砧木的表皮和木质部之间劈出切口，把壮实的接穗插入，然后对齐形成层进行绑缚的方法。

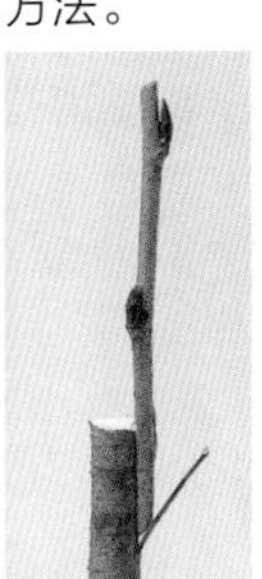

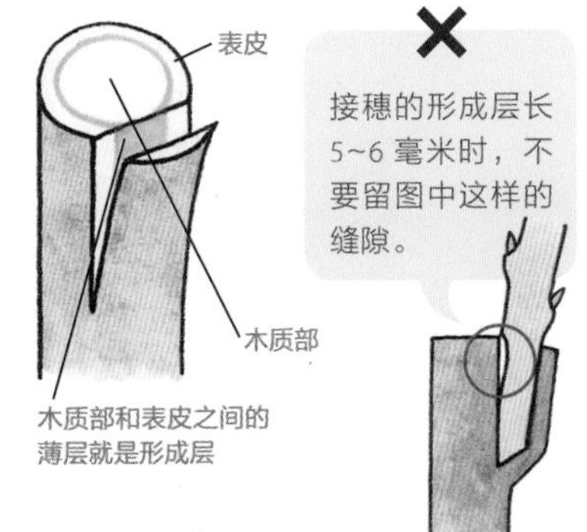

劈接

切割砧木中心，插入接穗，对齐形成层进行绑缚的方法。

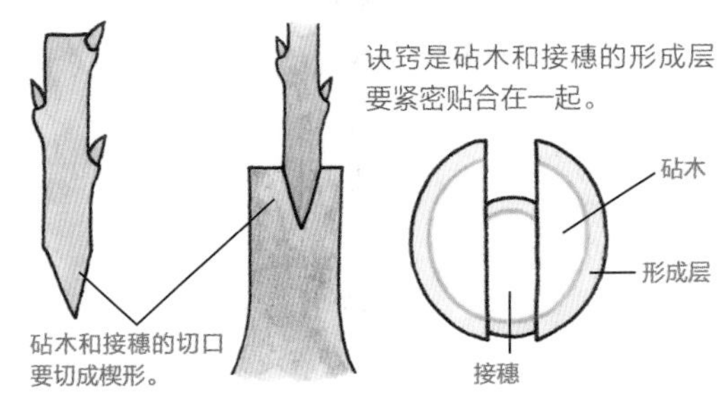

腹接

削去砧木的表皮，插入接穗，将两者的形成层绑缚在一起的方法。

和切接不同，这种方法是把砧木的表皮削去薄薄的一层再插入接穗，这样做砧木的负担较小。即使失败了，砧木也可以继续使用。

芽接

把壮实的芽接在砧木上的方法。削去砧木表皮，把饱满的芽接到此处，将其与砧木形成层绑缚在一起。

用刀切下 1 个芽，然后将其作为接穗插入砧木的切口中进行绑缚。

靠接

砧木和接穗两者都各自带根进行嫁接的方法。将砧木和接穗两者的枝条都进行削皮处理，然后将它们的形成层绑缚在一起。

砧木和插穗两者的表皮都要削掉，将两者形成层贴合在一起，用嫁接胶带进行绑缚。注意两者的形成层一定要紧密贴合。

根接

在弄不到作为砧木的苗木的情况下，选择壮实的粗根，在表皮和木质部之间用刀切出切口，然后把接穗插入其中，将两者的形成层绑缚在一起。

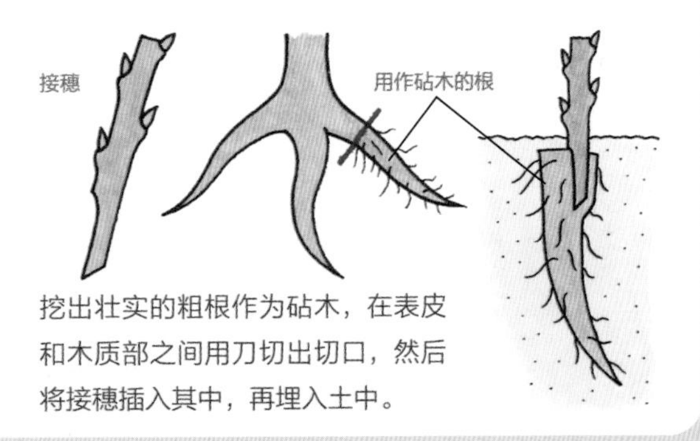

挖出壮实的粗根作为砧木，在表皮和木质部之间用刀切出切口，然后将接穗插入其中，再埋入土中。

地接和移植嫁接

根据处理砧木方式的不同分为以下两种情况。

地接

地接是指砧木在原地进行嫁接的一种方法。枫树、柿树等进行地接，成活后生长良好。枫树、梅树等（枝条下垂的品种）地接时需要用支柱支撑。砧木和接穗都要进行抹芽管理。盆栽的砧木嫁接也称为地接。

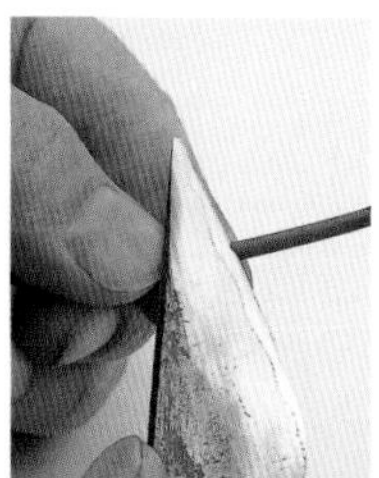

大花四照花的嫁接。把枝条切成一节一节的作为接穗。

进行腹接，所以需要削开砧木的表皮。

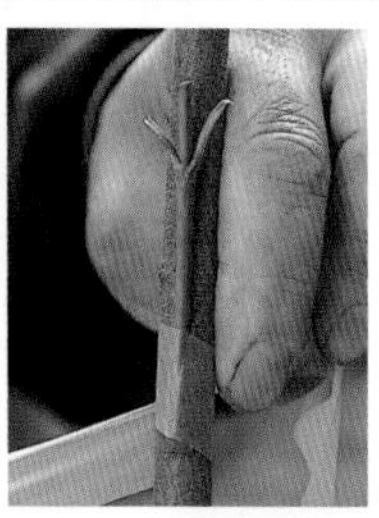

将两者的形成层贴紧，用嫁接胶带绑缚。

如图中所示，腹接就完成了。

第 2 年春季剪砧。

移植嫁接

这是把砧木挖出来后再进行嫁接的方式。为了让幼苗更好地成长，嫁接前要把砧木的根培育得壮实。根壮，植株存活率就高。嫁接后可以种植在地里或者花盆里，要充分浇水。在砧木生根期间注意施肥。接穗发新芽时记得修剪，只留 1 个芽就可以，这样可以让植株长得更好。枫树、大花四照花等在夏季嫁接的植物，在当年的 2~3 月把砧木上盆就可以了。

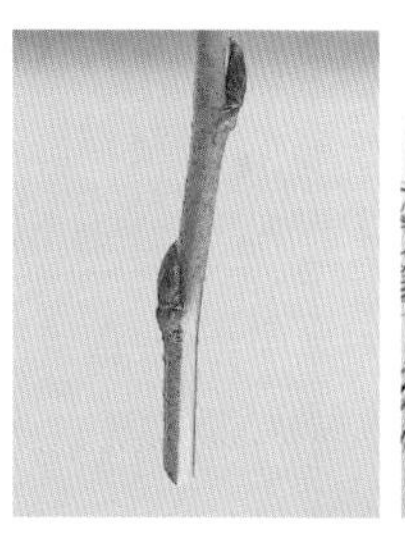

樱花的移植嫁接。准备好需要嫁接的接穗和挖出来的砧木。

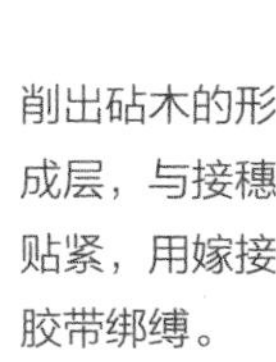

削出砧木的形成层，与接穗贴紧，用嫁接胶带绑缚。

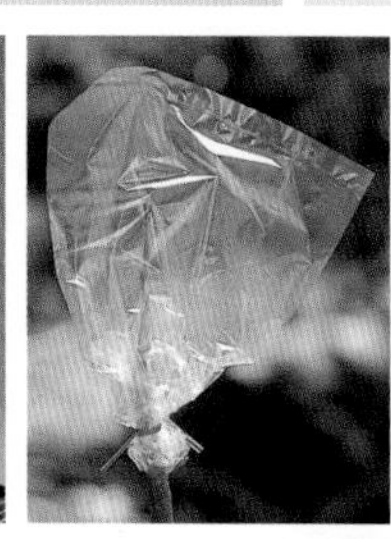

嫁接完成后栽入盆中，再罩上塑料袋。

修剪枝叶，保证接穗有充分的营养生长。

嫁接要点

形成层需要紧密贴合

以下图片能清楚地看到枫树的形成层。请仔细观察右图中鼓起的地方是左图的哪个部分，那个部分就是形成层。

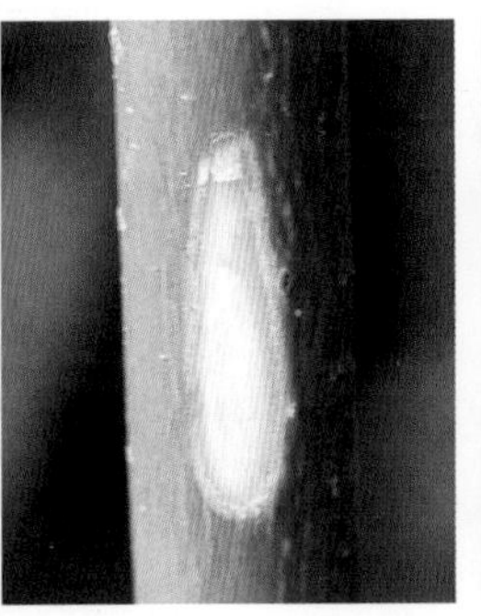

制作接穗时留下叶柄

给枫树嫁接的时候，制作插穗时把叶片去掉，留下叶柄。嫁接完后浇水，叶柄下的芽就会膨胀，不久叶柄会脱落。这是成活的标志。

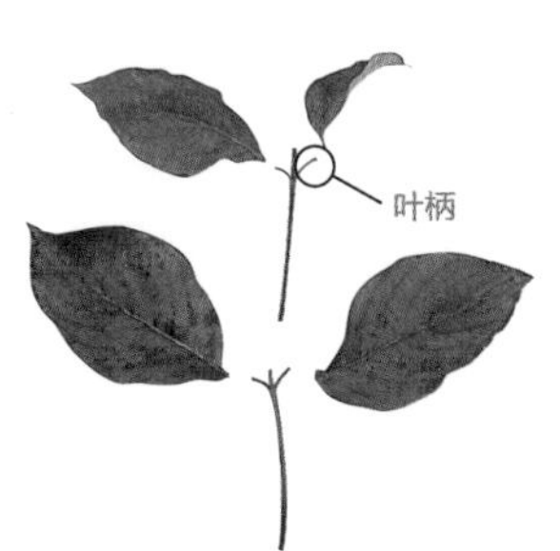

小知识　什么是高枝接

高枝接是指嫁接时不成活，保留成活的砧木的嫁接方法。右图中是用山红叶枫作为砧木，在较高的位置用垂枝红枫在多处进行腹接。有一部分未成活时，保留山红叶枫长出的枝条，反复进行嫁接，最终整株树成为垂枝红枫的枝条。

嫁接后的管理

摆在半阴处，给予充足的水分，细心呵护。嫁接成活后将塑料袋摘下。把旁出的枝条修剪掉，只保留主干。嫁接苗很脆弱，为了防止其被强风吹断，最好用柱子支撑。

枫树成活后枝芽会生长开来。

柑橘成活后的树枝很柔弱，最好用柱子支撑加以辅助。

成活的银杏发出了许多芽，抹除砧木上所有的芽，只保留接穗上1个生长旺盛的芽，使营养集中到此芽上。

压条的基本操作

压条对有盆栽种植经验的人而言是一种相当熟悉的方法，适用于拯救叶片枯萎的植株、容易生长得过于庞大的植株、想要改变其造型的植株。请先从细枝开始尝试吧。

压条的概念

能扦插的植株基本都能压条。压条的优点在于可以立即观赏。根系发达的盆栽也可进行压条，这样的枝叶健康，更便于观赏。

而且，扦插的植株根系不发达时可以利用该法帮助根部成长。不过这种方法无法一次生产很多新株。

环状剥皮法。去掉表皮可以看见颜色不一样的木质部。剥皮这步很关键，宽度太窄，上下会容易贴在一起。应根据枝条的粗细来剥皮，一般剥取约 2 厘米宽比较合适。

压条的种类

压条的方式有环状剥皮法、舌状剥皮法、半月形削皮法。另外，如果想对栽培中的植株进行压条，还可以采用埋土法（盛土法）、波状压条法。

植物通过导管（植物内部的管道）把根部吸收的水分输送到上部。叶片吸收二氧化碳，释放氧气，营养物质被传递到形成层使叶片和根生长。如果阻断该运输过程，植株会因想修复被阻断的部分而形成不定根。

环状剥皮法

环状剥去宽 2~3 厘米的树皮，用被水润湿了的水苔将其包裹，促使其生根。

小知识　植物的汁液

破开橡皮树树干表皮的时候会流出浆液，对其过敏的人最好戴手套。

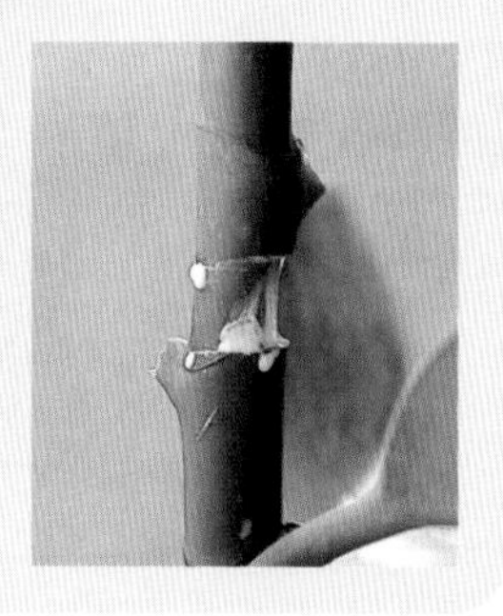

如果剥皮宽度太窄，上下组织可能会贴合在一起，从而导致无法生根。这点请大家注意。

舌状剥皮法

这种方法比环状剥皮更不易伤害植株。先在树皮上削出舌形，再用湿润的水苔包裹伤口，促使其生根。

半月形削皮法

在树皮上削出 3~4 个半月形后再用水苔包裹以促使其生根。环状剥皮后枝条上部可能会坏死，在某些情况下半月形削皮法比较安全。

对植株伤害小。将水苔用塑料袋包裹在伤口处。

埋土法

选择离根部近发育好的树干部分，剥去宽 2~3 厘米的树皮（环状剥皮法），再用铁丝缠起来埋入土中、刨开土面露出根部的方法。

剥皮后埋入土中，促进生根，然后分株。

波状压条法

萌蘖枝很适合使用波状压条法。压弯枝条，剥去一部分树皮，用铁丝固定，埋入土中。1 年后会生根，将压条部分的下部截掉。

利用萌蘖枝，可以让植株长出新株。像下图那样固定好后覆土就行。

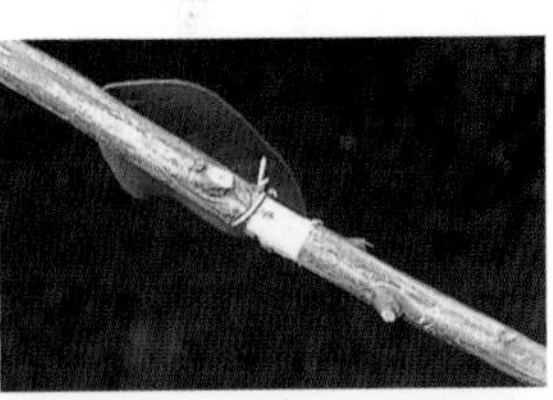

※ 萌蘖枝：砍去植株后从树根或树桩长出来的新芽长成的枝。

水苔和赤玉土

采用环状剥皮法、舌状剥皮法、半月形削皮法进行压条时，需要用到水苔和赤玉土这两种材料。

水苔

优点	缺点
不易干	上盆费事

虽然水分不易蒸发是其长处，不过在移植到花盆里的时候需要将根间的水苔清理掉，比较费事。清理掉水苔后填入赤玉土，再用木棒疏松土壤。由于根间有空隙，所以用木棒把土捅入根间的空隙并压实，使根系和土紧密结合。用塑料袋将水苔裹住，与透明塑料袋相比，用黑色塑料袋更易生根，这是因为根有逆光性。但是，温度过高时可能会失败。要不定时浇水以保持湿度。

先用塑料袋包裹，再用绳子绑缚。

赤玉土

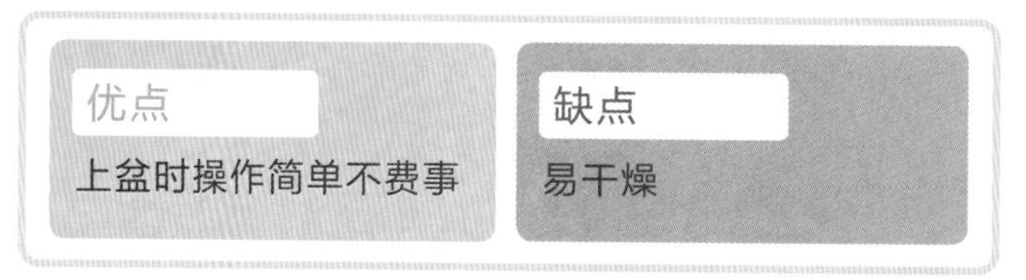

优点	缺点
上盆时操作简单不费事	易干燥

用赤玉土的时候，需要用塑料钵固定枝条，这是适合用在向上生长的枝条上的固定方法。因为其更易干燥，注意多浇水。养成后移植到花盆时操作简单，不费时间。

在笔直的枝干上可以用塑料钵包起来，然后填入赤玉土。

压条后的管理

为了不让赤玉土和水苔变干，需要浇水。可以用塑料钵包裹水苔，把上面的绳子松一点，方便浇水。

另外，给母株充分施肥，促使其生长。

为了能尽快欣赏到花和果实，压条一般使用比较粗的树干和枝条。但是，枝条太粗也会破坏根和叶片的平衡，所以为了减少叶片的蒸腾作用，要进行修剪，还可以保持枝条间通透。

另外，要把植株置于阴凉处进行半遮阴管理，等生根之后，慢慢地增加光照。

压条后要充分浇水，土变干后继续浇水。等到根系伸出塑料钵时，立即从下部剪断，取掉小钵后上盆。

上盆

在用赤玉土等包裹压条处的情况下，在根长至和上部的枝条保持平衡时就可以剪断，立即上盆，最好适当修剪一下，保持枝条间通透。如果使用水苔，要用镊子等仔细去除水苔，重新种植。发新芽前的 2~3 月是最合适的时间。

如果健康地成长，根部就会从钵中伸出来。出现这种情况时，就可以上盆了。

如果用的是赤玉土，就可以直接上盆了。

为了让新株的外观更好看，可以剪下几片叶，这样还能减少水分蒸发。

实生的基本操作

实生繁殖是最自然的、一次性能繁殖很多新株的方法。让种子顺利发芽的秘诀是确保适当的温度、水分和氧气。如果用经过改良的园艺品种的种子进行实生繁殖，恢复其原始品种性质的概率很高，这点需要注意。

实生繁殖

实生繁殖不仅限于树木，也是植物繁殖最自然、简单的方法。实生繁殖最大的优点是，能一次性增加很多有相同性状的子株。而且如果苗木从一开始就在固定的环境下生长，就不会因急剧的环境变化而受到损伤，能够一边适应环境一边生长，培育嫁接用的砧木苗时也比较方便。另外要注意的是，园艺品种是通过品种改良而产生的，所以即使用它们的种子播种，也不一定能得到同母株一模一样的性状。

实生繁殖中，有时在果实完全成熟前采收的种子发芽率更高，这是因为等到果实完全熟透了皮会变硬，很难吸收水分。可以连带果肉摘下来，直接放进塑料袋里，不要晾干，保存到播种时就行。果肉中含有抑制发芽的物质，所以播种前记得去除果肉，用水洗干净后再播种。

保存的种子在第 2 年 3 月左右播种。

辛夷的荚果和种子

木槿的果实和种子

大花四照花的果实

日本紫茎的果实和种子

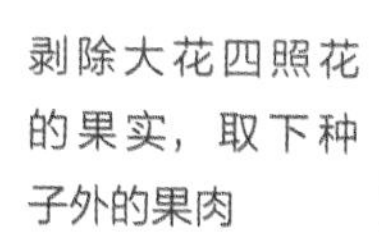

剥除大花四照花的果实，取下种子外的果肉

四照花的果实和种子

种子的保存

在日本关东以北，冬季气温在 5℃以下，种子接触到这样的空气后，经自然低温处理后发芽。如果没有 5℃以下的场所或时期，请把种子放入冰箱保持 5℃以下，进行人工低温处理。

对落叶杜鹃、马醉木、红杜鹃，应在蒴果裂开之前采种，把种子放入纸袋后保存在冰箱中，播种在第 2 年春季的 3~4 月进行。因为蒴果的种子比芝麻粒还小，所以可以将其撒入蜂窝结构的泥炭板内。对有些好光性的种子，则不需要在上面盖土。

保存杜鹃的种子，第 2 年春季播种。把泥炭板用水泡涨备用。

用厚纸板托着种子，手指轻轻地敲击纸张，均匀且薄薄地撒下种子。

播种后的管理

浸盆，腰水管理（把盆放在水中，底部供水），放在温暖的半阴处，注意别让种子干燥。在上面用报纸或玻璃板盖一盖，发芽后如果苗长得拥挤，注意间苗培育。

吃完柿子等果实后其实是播种的良机。用筛子撒土，然后浇水，注意不能让盆土表面干燥。

上盆时期的管理

1 年后的 3~4 月，在新芽伸展前上盆。为了使其多长侧根，需要将长出的主根尖端稍微切掉一些，移植至花盆中。

细小的杜鹃种子长出嫩芽。对状态不好的幼苗进行间苗的同时，加强管理使其长出真叶。

较大的柿子的种子培育出来的新苗。当叶片重叠、间隔不够时，要提前上盆。

作业年历

本书列举了 80 多种观赏苗木的繁殖方法，对常用的方法、容易成功的方法和效率高的方法进行了优先介绍。选择适宜的时期和正确的方式做好这些工作是繁殖走向成功的第一步。

页码	苗木	1月	2月	3月	4月	5月	6月	7月	8月	9月	10月	11月	12月
106	桃叶珊瑚												
30	绣球花												
108	马醉木												
110	大花六道木												
148	杏												
150	无花果												
32	银杏												
152	梅												
36	落霜红												
38	野茉莉												
40	金雀花												
112	台湾含笑												
60	海棠花												
154	柿												
178	榕树												
156	柑橘类												
158	猕猴桃												
114	夹竹桃												
116	金桂												
118	栀子花												
160	胡颓子												
162	板栗												
120	月桂												
42	麻叶绣线菊												
180	柏树类												
88	辛夷												
182	橡皮树												
44	樱花												
164	石榴												
122	茶梅												
124	皋月杜鹃												
46	紫薇												
48	山楂												
50	山茱萸												
126	石楠杜鹃												
184	茉莉												
128	瑞香												
186	天竺葵												
130	云片柏												
132	黄杨类												

……扦插
……嫁接
……压条
……实生
……分株

表的使用方法

扦插、嫁接、压条、实生、分株等繁殖时间用不同颜色进行了标记，并不是说一定就要在这个时期操作，而是在这个时期操作成活率是最高的。基本原则是在发芽前要完成操作，以保证植株的根和芽在生长旺盛期正常生长。表中时间以日本关东地区气温作为标准，关东以北地区推迟半个月、关东以南地区提早半个月操作为宜。

页码	苗木	1月	2月	3月	4月	5月	6月	7月	8月	9月	10月	11月	12月
134	杜鹃												
136	山茶												
52	台湾吊钟花												
138	檵木												
54	蜡瓣花												
188	龙血树												
166	梨												
68	夏椿												
140	南天竹												
56	卫矛												
58	松田山梅花												
190	朱槿												
62	大花四照花												
66	玫瑰												
68	日本紫茎												
70	少花蜡瓣花												
72	火棘												
168	枇杷												
192	叶子花												
74	红醋栗												
76	紫藤												
176	葡萄												
170	蓝莓												
142	光叶石楠												
78	红花七叶树												
194	垂叶榕												
80	木瓜												
82	日本金缕梅												
144	朱砂根												
84	木槿												
86	紫珠												
88	木兰类												
92	枫树												
172	桃												
98	四照花												
100	紫丁香												
174	苹果												
146	红叶石楠												
104	连翘												
102	蜡梅												

其他繁殖方法

各种繁殖方法中最简单、失败率最低的方法是分株繁殖。采用实生繁殖时，从种子到能够欣赏要花很多时间，而采用分株繁殖能立即欣赏，非常便利。除此之外，还有各种各样的繁殖方法。

分株繁殖

从植株基部长出根，如果要培育直立树，可以进行分株繁殖。

随着生长，盆栽的植株的根系会扩展到整个盆内，严重的会造成根系密布，土壤板结，浇水时难以渗透和排出。这样会使整个植株状态变差。此时需要换大一号的盆，但是如果你不想这么做，也可以采用分株繁殖的方法处理。这不仅是培育新植株的方法，同时也可以让母株复壮。

时期：常绿树在新芽伸展前的 3~4 月中旬，落叶树在落叶期的 12 月左右至新芽开始长出来的 3 月左右都可以实施分株。

小型植株的分株：把母株全部挖出，把土清理干净。确认长势较好的枝条和从母株长出来的较粗的根须，将 2~3 根作为 1 个新株进行操作。用手分不下来时，可以使用剪刀等处理。分得太小可能会造成生长迟缓。另外，如果根系不发达，可以修剪上部的枝叶，以减少水分的蒸腾。

大型植株的分株：植株大的情况下，只需把要分株的那个部分挖出来，把土清理干净，确认粗根的生长情况，用剪刀或者锯子把它从母株上分离开来，再把母株埋回去。分株完毕的部分请选择在具备母株同样种植条件的场所进行栽种。种时洞挖大些，加入腐殖土等。

管理方法：不论什么情况，水分都要保持充足，进行半阴的遮光管理。直到状态稳定之后才能施肥。

克隆苗繁殖

洋兰可以用实生繁殖的方法培育，最近也流行用克隆苗繁殖的栽培方法。克隆就是准备好 2 种要配种的植株，通过人工授粉让其结果，再采种并在无菌状态下进行培育的方法。

分球繁殖

像郁金香和水仙这样的球根植物，会自然地生成小球。从开花结束到枯萎的期间使球根变大，地上部分枯萎后就从土里挖出球根，进行分球繁殖。

新茎分株繁殖

吊兰和草莓之类的植物到秋季可发出数个新茎分枝。当每个新茎分枝具有 4~5 片叶而且有较多新根时即可分株移栽。方法是将植株整株挖出，剪掉衰老的根茎并将新茎分开，每株新茎苗要有良好的根系，然后尽快定植。

小知识　蔬菜使用嫁接苗的理由

蔬菜一般采用实生繁殖。比起繁殖，更重要的是运用嫁接苗可以使其远离虫害和连作的危害。豆科、十字花科作物在同一片土地上连续耕种，会造成作物生长发育异常。症状一般为生长发育不良，产量、品质下降，极端情况下造成局部死苗，不发苗或发苗不旺。这种情况下就需要使用嫁接苗。另外，结果情况较好的茄子和番茄等，很多经过改良的品种也都是嫁接苗。这种情况下，砧木的幼苗和接穗的幼苗都是从实生苗开始培育的，选用抗病虫害的砧木进行芽接。

2

第二章

庭院落叶树

绣球花

紫阳花、八仙花 / 虎耳草科

落叶灌木（高 1~2 米）

原产于东南亚，花期为 6~7 月。植株茂盛呈圆形，看起来像花朵的其实是萼片，真正的花是中央部分。有山绣球、大西洋绣球等许多种类。花色根据土壤酸碱度的不同而有变化。

生长月历	1	2	3	4	5	6	7	8	9	10	11	12
状态						开花	开花					
修剪	■	■									■	■
繁殖		扦插	扦插			扦插	扦插	扦插				
施肥		■	■				■					
病虫害					■	■	■					

在春、夏季进行扦插，一定要注意保证水分充足

绣球花的扦插分为春插和夏插。春插在新芽发芽前的 2~3 月，用 1 年生的壮实枝条进行扦插。夏插在 6~8 月进行，选择节间短的枝条作为插穗。把插穗切成 8~10 厘米长的枝段。如果在梅雨时期扦插，插穗上端留 2 片叶，去除下端的全部叶片。将叶片剪去一半，注意要斜着剪。浇完水后，把插穗插入插床进行半遮阴管理。第 2 年春季上盆。

1

剪枝

6~8 月是合适的时期。请使用苗木在向阳处生长的枝条，并且是春季长出的健壮的新枝。

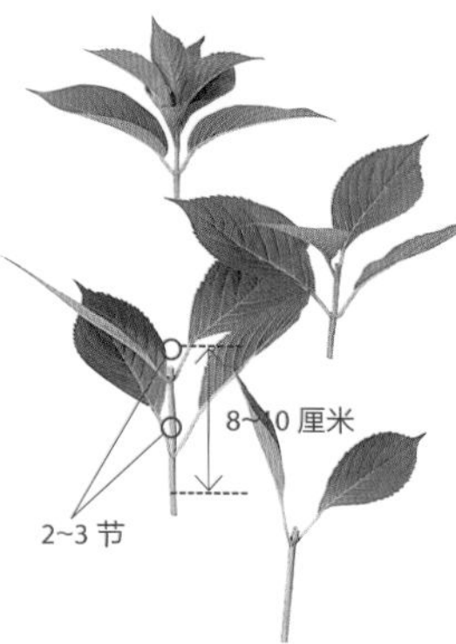

2

选插穗

将叶片和茎都健壮的枝条切成长 8~10 厘米的枝段，最好带 2~3 个节。可以用壮实的新芽，柔软的不能用。

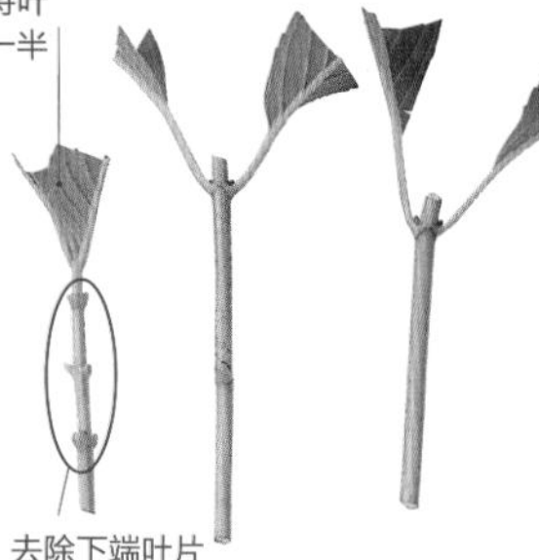

3

制作插穗

调整插穗的长度，保留 1~2 片叶，去除下端的叶片。再把保留的叶片剪掉一半。

4

削插穗

用小刀切出 45 度角的斜面。在斜面的另一侧削去薄薄的表皮，使其露出 1~2 厘米长的形成层。

5 浸水

将插穗浸入装水的容器 30~60 分钟，使其充分吸收水分。

6 插入插床

在平底花盆内装入鹿沼土并铺平。插入的深度为插穗长度的 1/2。

7 已生根的插穗

过段时间插穗就抽芽生根了。上盆在第 2 年的春季进行。

扦插

难易度 ★★★

春插

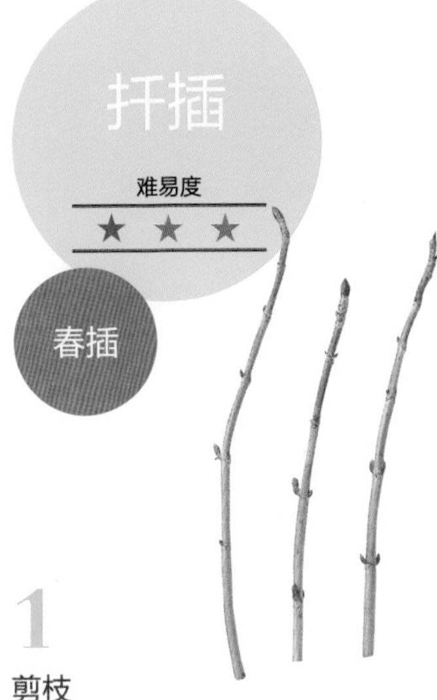

1 剪枝

2~3 月进行的扦插是春插。使用 1 年生的壮实枝条。

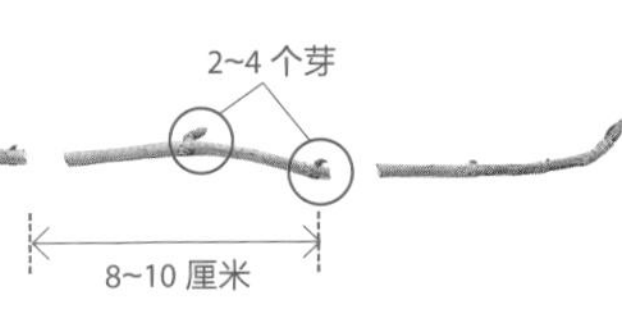

2 选插穗

选取壮实的枝条切成长 8~10 厘米的枝段，以带 2~4 个芽为宜。避免使用切口看不到绿色形成层的枝条和柔软的枝条。

3 制作插穗

用小刀把枝条切出 45 度角的斜面。固定枝条不动，用刀一削即可。

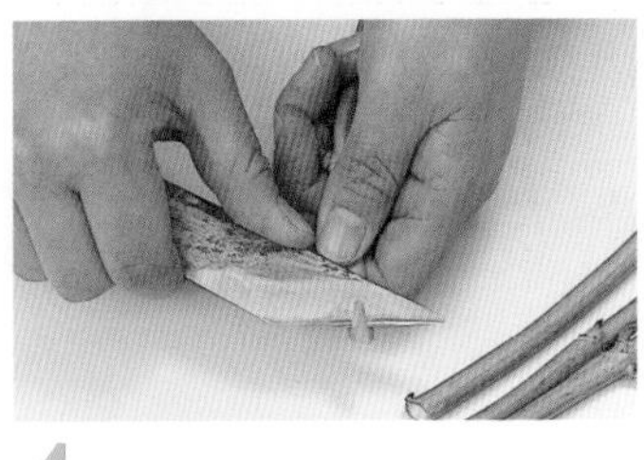

4 削插穗

在斜面的另一侧削去薄薄的表皮，使其露出 1~2 厘米长的形成层。目的是扩大切口的吸水面积。

5 完成插穗制作

准备好长度一致、切口也一致的插穗。参差不齐不利于管理。

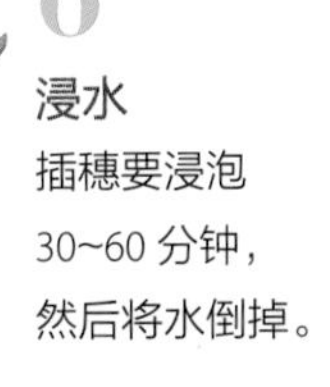

6 浸水

插穗要浸泡 30~60 分钟，然后将水倒掉。

7 插入插床

在盆里放入赤玉土，将插穗插入 1/2 左右，诀窍是要插得均匀。

8 完成扦插

完成扦插后浇透水，在温室等温暖的地方进行培育。

银 杏

鸭脚树、公孙树 / 银杏科
落叶乔木（高 30~45 米）

能长至高度为 45 米、树干粗度为 2 米多的大树。多作为行道树或在公园、神社、寺庙等地栽种。叶片呈扇形，宽 5~7 厘米，秋季变为美丽的黄叶。雌雄异株。雌株上结银杏的果实。

生长月历	1	2	3	4	5	6	7	8	9	10	11	12
状态										黄叶		
修剪												
繁殖			扦插、嫁接、实生					压条 扦插			实生	
施肥												
病虫害												

嫁接

难易度 ★★★

2~3 年生的实生苗

1 选砧木

2~3 月为最佳嫁接时期。一般采用切接法。使用 2~3 年生的壮实的实生苗作为砧木。

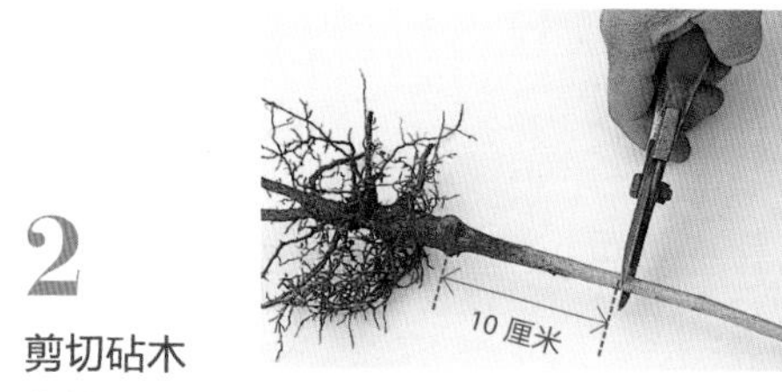

2 剪切砧木

从地面以上 10 厘米处进行剪切。在看上去容易嫁接的笔直的部分操作。

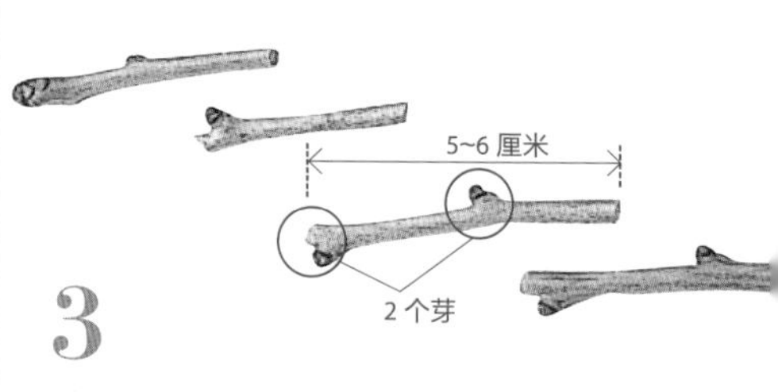

3 剪取接穗

剪取时要在壮实的枝条上留 2 个芽，注意要防止切口干燥。

银杏只有雌株结果，应选择雌株进行繁殖

银杏的繁殖能力强，可以使用嫁接、扦插、压条、实生等方法。

嫁接的时期是 2~3 月，一般用切接法。选择结实的 1 年生枝条，剪成长 5~6 厘米的枝段，最好带 3~4 个叶芽。嫁接的部分要切整齐。用 2~3 年生的实生苗作为砧木，剪切好连接部分。在切口处插入接穗，用嫁接胶带绑缚。1 年后接穗成活，取下嫁接胶带，并去除砧木上萌生的芽。

在新芽发芽前的 2~3 月扦插最容易。把 1 年生的壮实枝条切成 8~10 厘米长的枝段，取下下端的叶芽作为插穗，调整切口的形状以利于吸收水分。插入插床后及时浇水，要避免阳光直射，进行半遮阴管理。就这样培育约 2 年后，在落叶后的 3~4 月进行移栽。

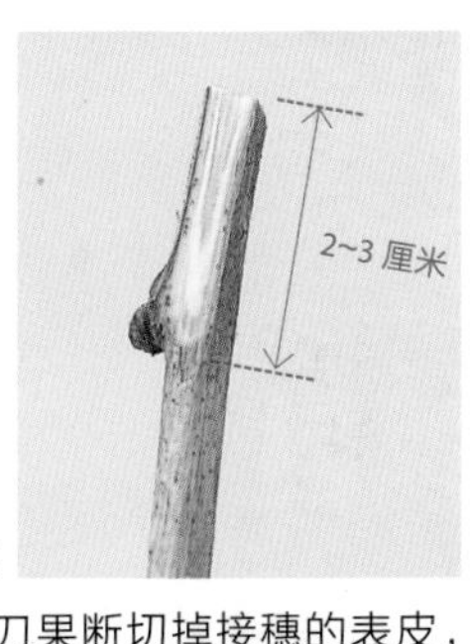

4 制作接穗

用锋利的刀果断切掉接穗的表皮，露出 2~3 厘米长的形成层。

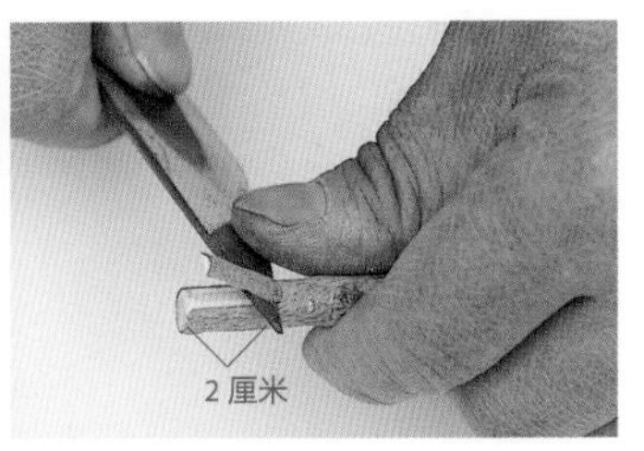

5 削砧木

用刀切入砧木的木质部和表皮之间，露出形成层。

6 完成砧木制作

在砧木上切出长 2 厘米左右的间隙。要点在于接穗的切口要比砧木的稍长一些。

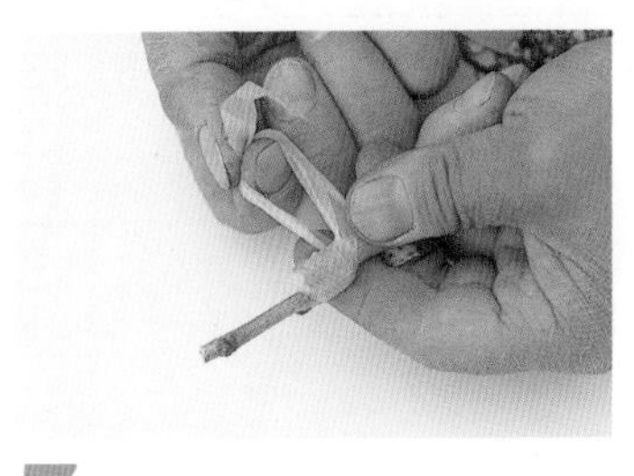

7 绑缚

把砧木和接穗的形成层紧密贴合起来，用嫁接胶带缠紧。

8 完成嫁接

扎好嫁接胶带，以防止砧木的切口干燥。

9 套袋

将砧木种在盆里，罩上塑料袋以防止干燥，在塑料袋上开 1 个孔。

10 发芽

从砧木和插穗处都会长出新芽。

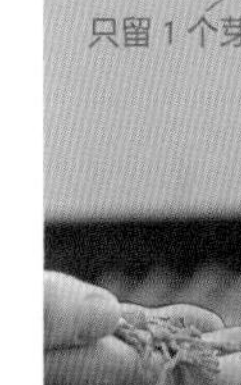

11 抹芽

去掉塑料袋。把砧木上的芽全部抹掉，接穗上也只留 1 个芽。

12 育芽

只留下 1 个健康的芽，促进其生长，继续抹除多余的芽。

实生繁殖是在 11 月左右采集果实，取出其中的种子，可以马上播种，也可以在第 2 年 2~3 月播种。种子需保存在阴凉的地方，或者直接把果实埋在土里。插穗、接穗最好都使用实生繁殖的雌株。

13 成活

到步骤 10 的时候，接穗其实就已经成活了，但芽还在生长。再过半年叶片茂盛，植株就会健康地成长起来。注意不要暴晒。

14

后续管理

从砧木上也接二连三地冒出芽来，记得要把这些芽抹除。

银杏的嫁接苗圃

下面 2 张图片是银杏的嫁接苗圃。粗树干上缠着嫁接胶带的部位为嫁接的地方。银杏的嫁接苗圃中，整整齐齐地排列着许多高度不足 1 米的砧木。生长旺盛的银杏，即使是这么粗壮的枝干也能很简单地进行嫁接。银杏树不仅可以作为行道树，作为其种子的白果也可以食用，所以常选用果多、果大的品种作为接穗进行嫁接。而且只要嫁接苗成活，很快就能收获果实，效率很高。几个月后，这片苗圃里的银杏苗就所剩无几了。

扦插

难易度

★★★

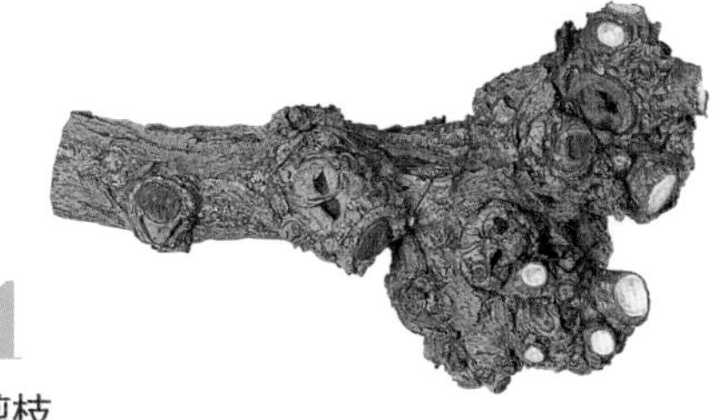

1

剪枝

剪下作为插穗的枝条。因为银杏长势好，所以可能会出现很粗的插穗，又因经反复修剪，像这样有疙瘩的情况会很多。

2 **修整以露出形成层**

因为是用锯子锯下来的，所以插穗的形成层会受损。因此要用小刀修整一下。用锋利的小刀斜切表皮，枝条周围的应全部切掉。

3 **完成插穗制作**

为了使水分容易吸收、更容易生根而削去表皮。

4 **插入插床**

在深盆中放入鹿沼土，种植银杏的插穗。

5

后续管理

3 个月后叶片就长出来了，2 年左右就会生根。长得好就在落叶后的 3~4 月上盆。

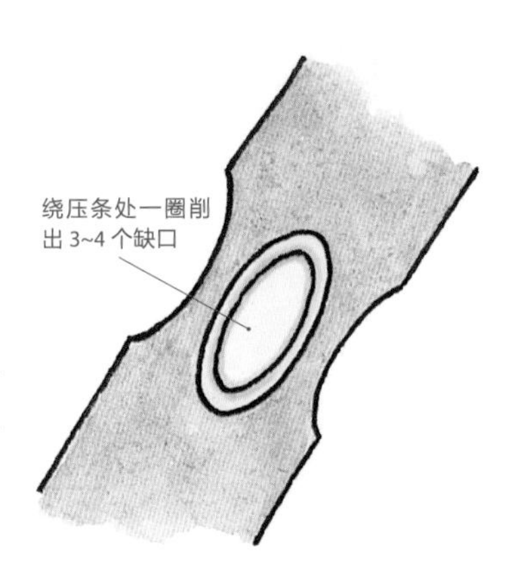

1

确定压条的位置

确定好压条的位置，绕树干一圈用小刀将表皮削出 3~4 个半月形的缺口。

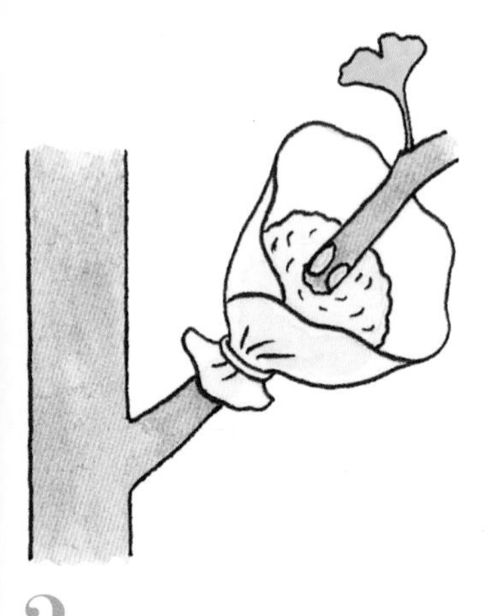

2

包上湿水苔

在压条处套上塑料袋，用事先弄湿的水苔包住压条位置，再用塑料袋包裹，用绳子绑缚。

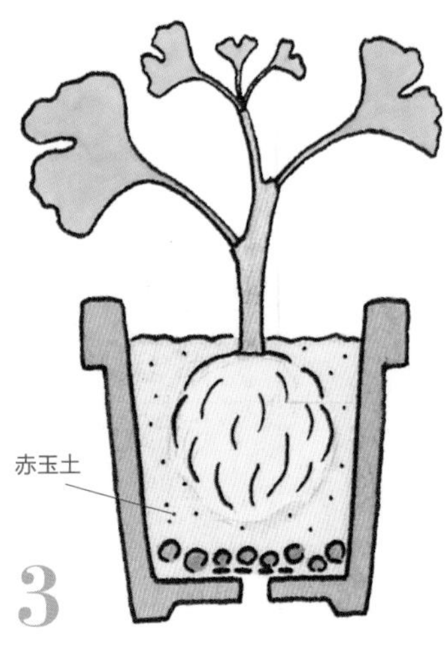

3

上盆

确认生根后，在压条的位置将根部切离，小心地去除去水苔，用赤玉土种植在花盆里。

实生

难易度
★ ★ ★

1 **采种**

银杏的种子也被称为“白果”，可以食用。去除果肉，将种子用清水冲洗干净。

2

播种

在平底花盆里放入赤玉土，铺平，均匀地撒上种子。然后覆土、浇水。

小知识 用赤玉土代替水苔

作为代替用塑料袋包裹水苔的方法，也可以切开塑料钵绕在树干上，用订书钉封住切口，放入赤玉土进行压条。注意选择容易固定塑料钵的地方，防止土撒出来。总之，嫁接、扦插、实生，哪种方法都容易成活。

落霜红

毛冬青 / 冬青科
落叶灌木（高 2~4 米）

叶和枝条的形状与梅相似。有白落霜红及果实硕大的品种、枝头结满果实的品种等。雌雄异株，6 月左右会开出浅紫色的小花，10~11 月红色的圆形果实就会成熟。

生长月历	1	2	3	4	5	6	7	8	9	10	11	12
状态	结果				开花						结果	
修剪												
繁殖				嫁接、实生							实生	
施肥												
病虫害												

嫁接

难易度

★★★

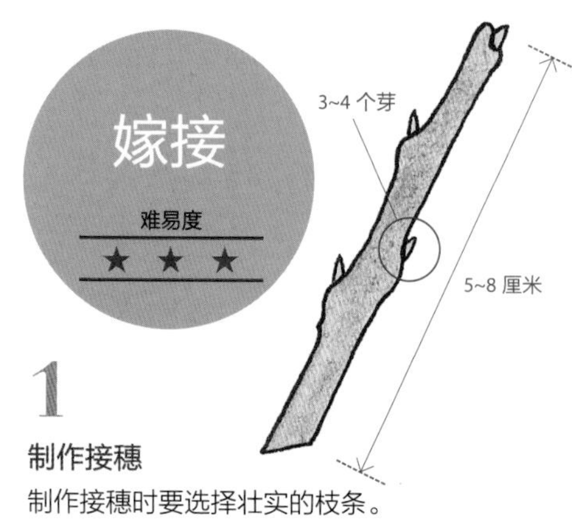

1

制作接穗

制作接穗时要选择壮实的枝条。

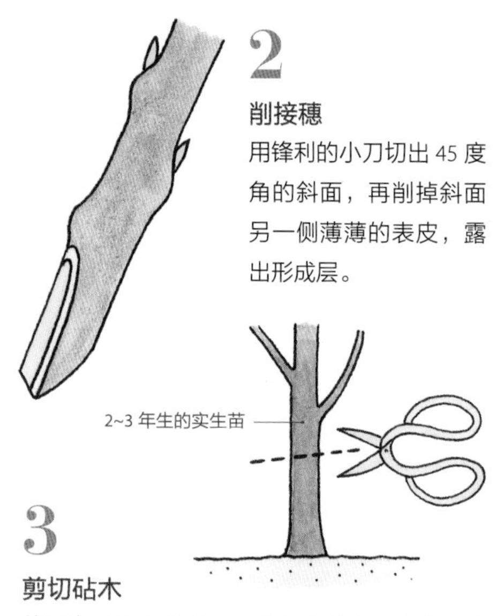

2

削接穗

用锋利的小刀切出 45 度角的斜面，再削掉斜面另一侧薄薄的表皮，露出形成层。

3

剪切砧木

使用在日晒充足处生长的健康苗木。在准备嫁接的位置剪切，应选择枝干笔直、便于嫁接的部分。

用种子播种，发芽率较高，园艺品种最好选择用枝条嫁接

2~3 月为适合的嫁接时期。要从 1 年生枝条里选择壮实的作为接穗。有红色果实的为雌株，接穗要从雌株中选择。按 5~8 厘米的长度将枝条切成段，最好带 3~4 个叶芽。切口的形状要整齐，砧木要用实生繁殖的落霜红，选择 2~3 年生的壮苗。削砧木，分离表皮与木质部，插入接穗，然后用嫁接胶带绑缚。为了防风和保持干燥，需套上塑料袋，1~2 个月后视情况取下塑料袋。砧木发出的新芽要全部抹除，以促进接穗上的芽生长。如果采用实生繁殖，可以在 10 月中旬 ~11 月时摘取落霜红的果实，将其碾碎后去除果皮和果肉，取出种子并用水洗净，在当年或第 2 年 2~3 月播种。育出雌株、雄株各占一半左右。如果苗过密，可以进行间苗培育。第 2 年 3 月左右上盆。

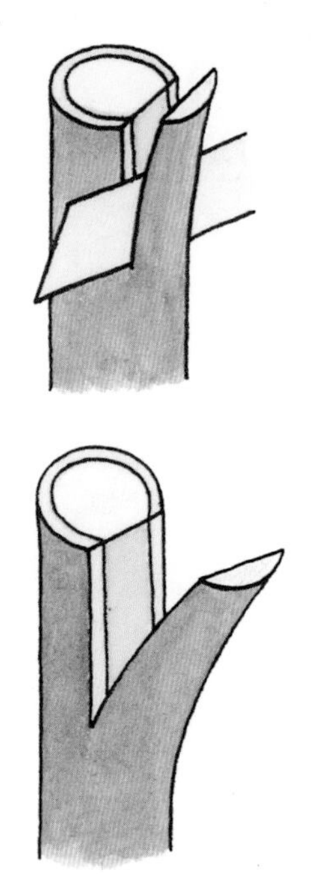

4

削砧木

切出 2 厘米深的切口，比接穗的切口稍短一些就好。切口在表皮与木质部之间，露出形成层。

5

绑缚

在砧木的切口处插入接穗，让彼此的形成层紧密地贴合在一起，用嫁接胶带绑缚。

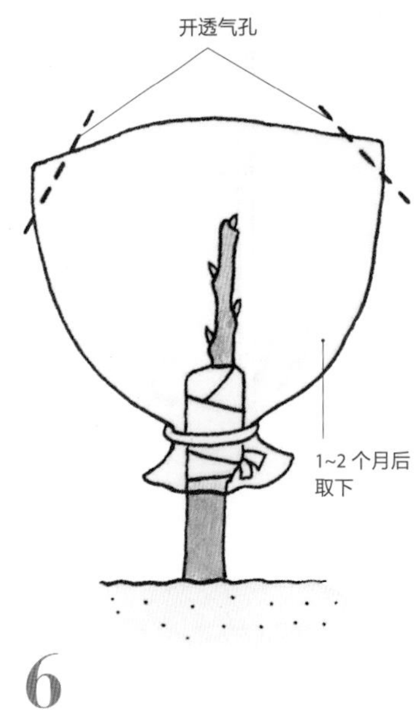

6

套袋

套上开有透气孔的塑料袋，底部用简易的扎带扎紧，以防止干燥。

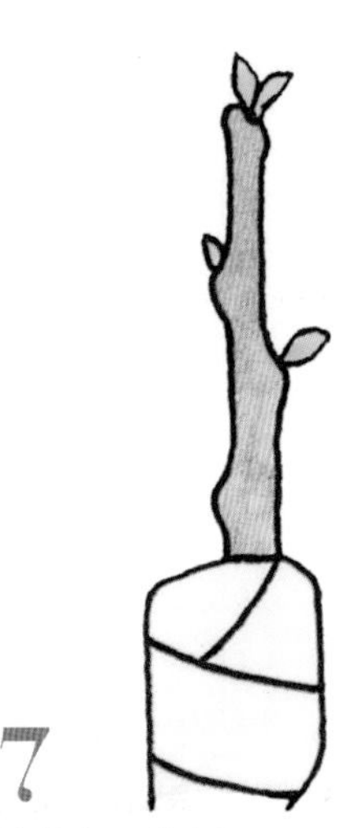

7

让芽自由生长

落霜红接穗不用抹芽，让芽自由生长。但是，要把砧木上的芽抹除。

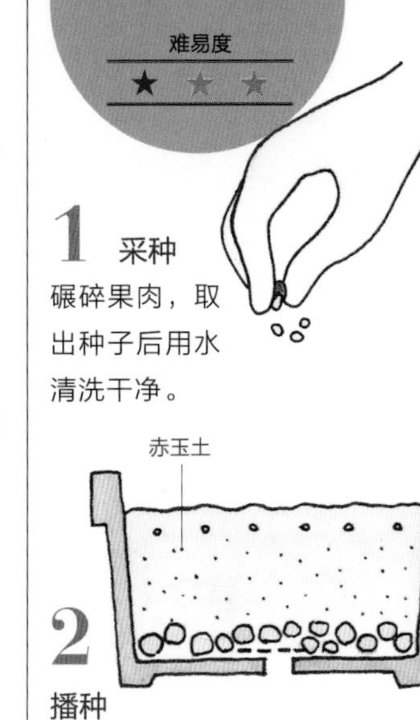

1 采种

碾碎果肉，取出种子后用水清洗干净。

2

播种

在平底花盆里铺上赤玉土（小粒），然后均匀地撒上种子，再用筛子轻轻地筛土覆盖在上面。浇水，放在明亮的背阴处管理。

3

发芽

土干后继续浇水，直到发出新芽。在确认生根后上盆。在盆底放入中粒土，用赤玉土和腐殖土混合的土（比例为 6：4）种植。这种苗木也可以作为砧木用于嫁接。

野茉莉

茉莉苞、齐墩果、野花培、安息香 / 安息香科
落叶小乔木（高 7~15 米）

花期为 5~6 月，白色的花垂着开放．有垂枝和红花等品种。10 月左右会结出泛白的绿色椭圆形果实，1 个果实里有 1 粒种子。

生长月历	1	2	3	4	5	6	7	8	9	10	11	12
状态					开花	开花				结果	结果	
修剪	■	■										■
繁殖		■	■ 嫁接、实生								实生	
施肥		■	■									
病虫害						■	■	■				

用实生苗培育嫁接用的砧木，砧木选生长了 3~4 年的最合适

2~3 月是嫁接的最合适时期。砧木选用 3~4 年生的壮实苗。接穗用壮实的枝条，以带 4 个芽为宜。斜着切断枝条，调整好切口的形状。把插穗插入砧木的切口处，缠上嫁接胶带。一边给砧木抹芽、一边让接穗充分吸收养分。实生繁殖需在 11 月采集成熟的种子，立即播种发芽率会更高，或者把种子保存至第 2 年的 2~3 月播种。

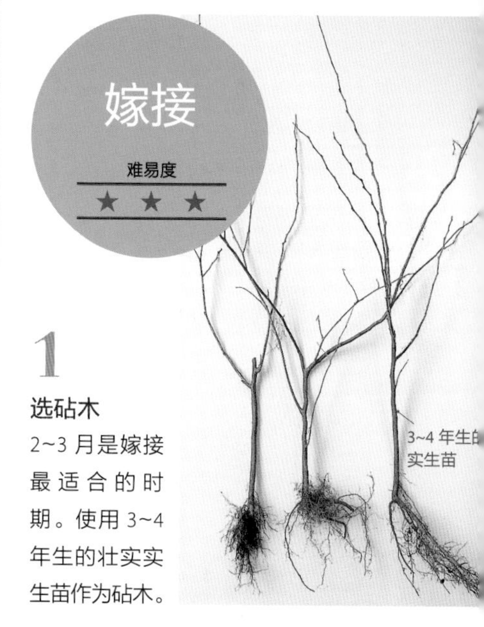

1

选砧木

2~3 月是嫁接最适合的时期。使用 3~4 年生的壮实实生苗作为砧木。

2

剪切砧木

用剪刀在枝干上稍加角度剪断。选择笔直且容易嫁接的位置剪切。

3

2~4 个芽

剪取接穗

把壮实的枝条切成带 2~4 个芽的接穗。为了不让切口干燥，可以用嘴衔着。

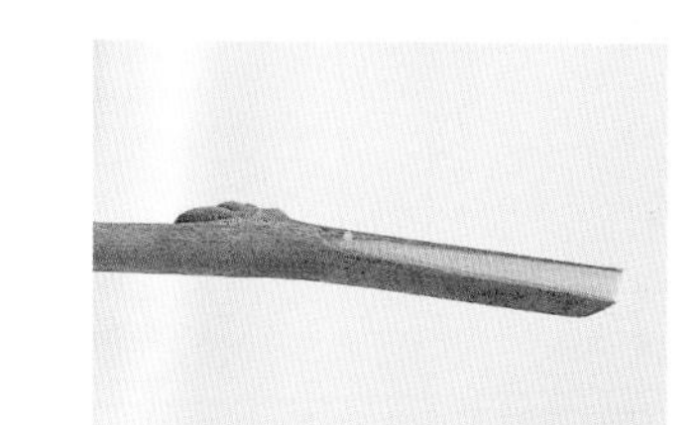

4

削接穗

可以清楚地看到形成层。诀窍是比砧木露出的形成层再长 5 毫米。

5 削砧木

把锋利的刀插入砧木木质部与表皮之间，露出形成层。

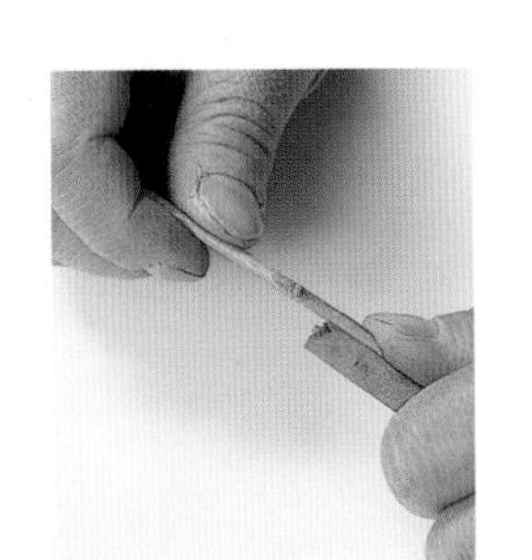

6 将砧木和接穗贴合

把砧木和接穗的形成层紧密贴合，用嫁接胶带从上方盖住嫁接口，然后缠紧。

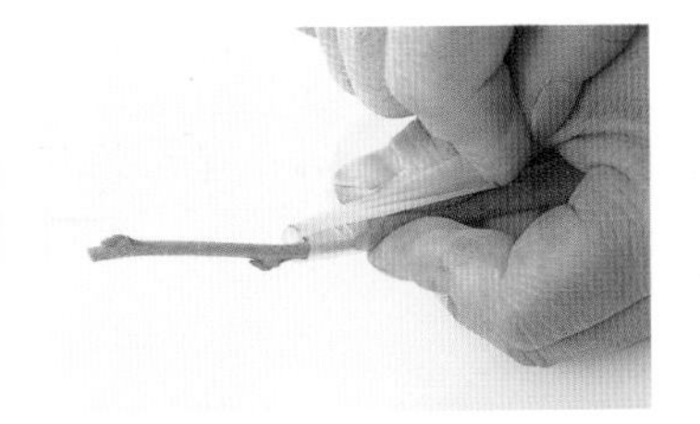

7 绑缚

为了不让切口进水，要把砧木的切口盖住、一圈一圈的反向缠上嫁接胶带。

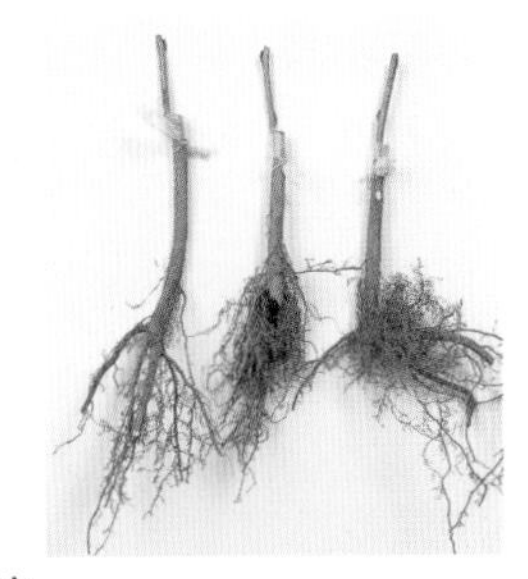

8 完成嫁接

在嫁接完成的位置绑缚好嫁接胶带，注意不要让切口干燥。

9 栽入盆里

准备一个大小适中的花盆，用赤玉土种植嫁接苗、浇足水。

10 套袋

为了防止嫁接苗干燥，套上有孔的塑料袋。

11 发芽

砧木和接穗上都长出了新芽。

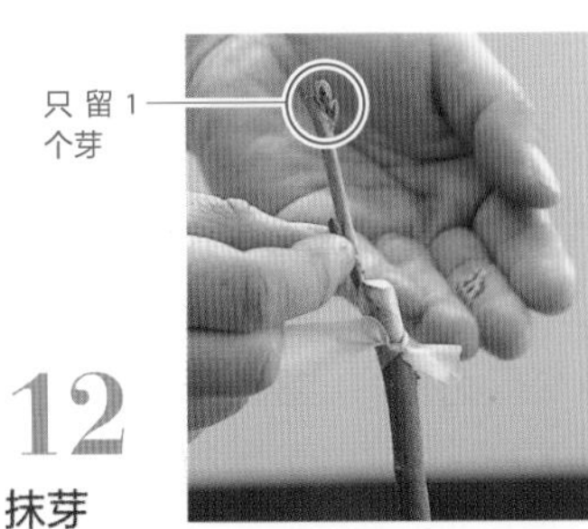

12 抹芽

取下塑料袋。把砧木上的芽全部抹除，接穗上的芽只留下 1 个，以促进它生长。

1 采种

将熟透的果实捣碎，取出种子。

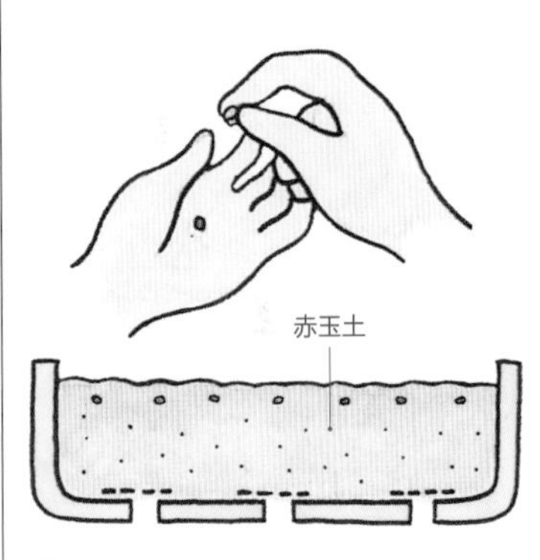

2 播种

在平底花盆中放入赤玉土（小粒）并铺平，均匀播种，用筛子从上面筛土覆盖，浇足水，放在阴凉处管理。注意不要让种子发生移动。

13 育芽

留下 1 个健康的芽继续培育，注意要防止其干燥。

金雀花

金雀儿 / 豆科

落叶灌木（高 1.5~3 米）

原产于欧洲，4~5 月在细枝上开鲜艳的黄色蝴蝶形的花朵。树干直立。枝条呈扫帚状分开。在欧洲，人们将它的枝条扎起来制成扫帚，所以也叫“扫帚树”。

生长月历	1	2	3	4	5	6	7	8	9	10	11	12
状态				开花	开花					结果	结果	
修剪	■	■				■						■
繁殖		扦插	扦插、实生			扦插	扦插	扦插				
施肥		■										
病虫害						一般无	一般无					

扦插

难易度 ★★★

1 剪枝

6~8 月是合适的扦插时期。请使用春季生长的新枝，并且是节与节之间充实健康的枝条。

2 选插穗

将枝条切成长 8~10 厘米的枝段，带 2~3 个节为好。使用叶片和茎部结实的枝条。避免用柔软的新芽。

扦插和实生繁殖都可以，简单且容易成功的方法是扦插。实生繁殖需在秋季采种，第 2 年春季播种

扦插分 2~3 月的春插和 6~8 月的夏插。春插要选择 1 年生的壮实枝条，夏插要选择当年春季生长的健壮枝条。把每一个插穗都切成长 8~10 厘米的枝段，用锋利的小刀调整好切口后浸水 30~60 分钟，使其充分吸收水分。在 6 号的平底花盆里放入鹿沼土作为插床，将插穗插入 1/2 左右，插完后充分浇水，放在阴凉处管理。为不让其干燥要时常浇水，以促进生根。春插的在秋季上盆，夏插的在第 2 年 3 月上盆，盆土可以用赤玉土等基质。

实生繁殖时，在 10 月左右采集黑色的成熟种子，放入纸袋中保存，第 2 年 3 月播种。因为不容易发芽，所以种子最好用温水浸泡后再播种。如果幼苗拥挤，可以一边间苗一边培育。第 2 年 3 月左右时可以上盆。

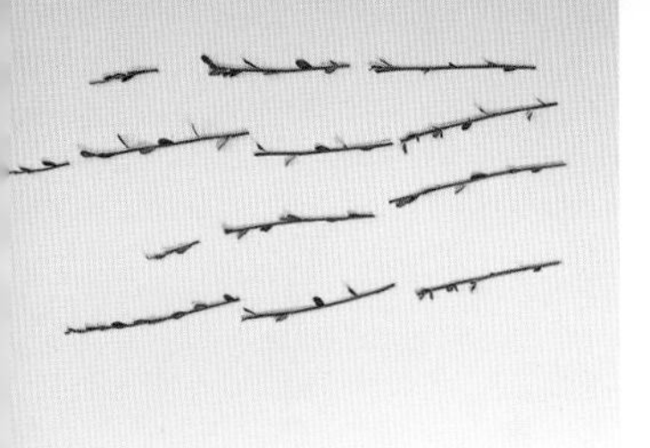

3

制作插穗

将插穗调整至长度一致，均保留几片叶，去除其他的叶片。徒手就可以简单地完成。

4

完成插穗制作

插穗的长度和切口都需要控制好。

5

削插穗

用小刀切出 45 度角的斜面。在斜面的另一侧削去薄薄的表皮。

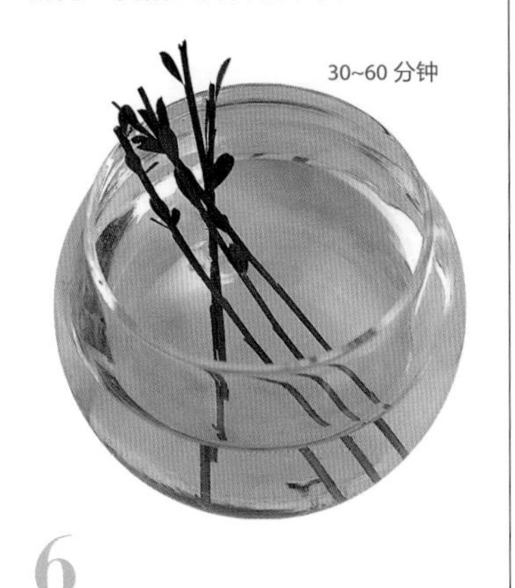

6

浸水

将插穗放入有水的容器中浸水 30~60 分钟，使其充分吸收水分。

7 插入插床

在平底花盆内用筛子筛入鹿沼土，铺平。将插穗插入其长度的 1/2，并使其分布均匀。

实生

难易度

★★★

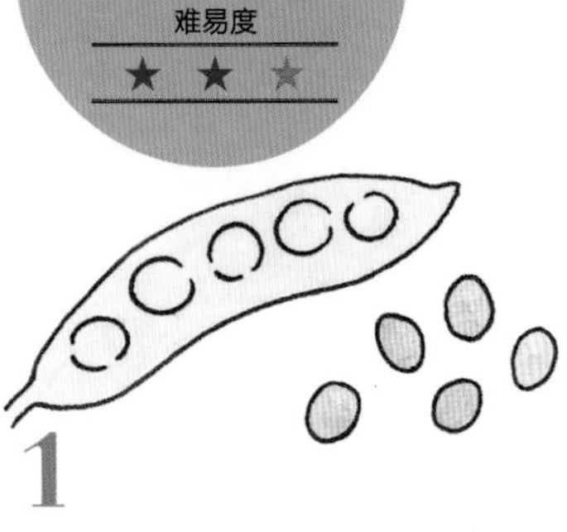

1

采种

选择成熟的果实，从中取出种子。

2

播种

在平底花盆中装入赤玉土（小粒），播种。用筛子轻轻地筛土覆盖。浇足水后进行透光遮阴管理。

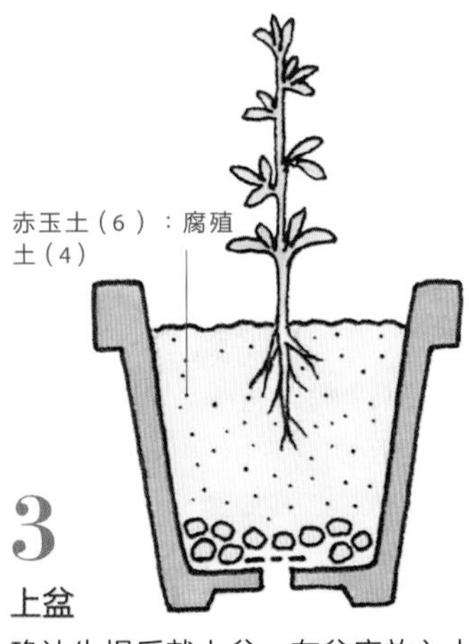

3

上盆

确认生根后就上盆。在盆底放入中粒土，用赤玉土和腐殖土混合（比例为 6：4）种植。

麻叶绣线菊

石棒子、麻叶绣球 / 蔷薇科

落叶灌木（高 1~2 米）

原产于中国。枝干从地际长出，呈株立形。茎细、下垂。4~5 月开白色的 5 瓣花，聚集成球状盛开时非常漂亮。相似的花有粉团，但花稍大。

生长月历	1	2	3	4	5	6	7	8	9	10	11	12
状态				开花								
修剪												
繁殖				扦插 分株			扦插					分株
施肥												
病虫害												

1

剪枝

一般在 6~8 月扦插。用春季长出的新枝，选节与节之间壮实、有活力的枝条作为插穗比较好。

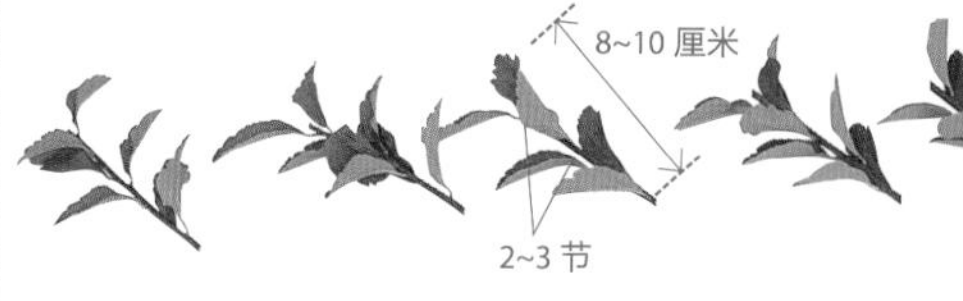

2

选插穗

以带 2~3 节、长 8~10 厘米为标准。使用叶片和茎结实的枝条。最好避免使用柔软的新芽。

1 根枝条可以制成许多插穗。母株过大时可以分株，3 根枝条可以分成 1 株

最佳扦插时期是 2~3 月和 6~8 月。插穗选 1 年生的壮实枝条，剪成长约 10 厘米的枝段。去除位于下端的叶芽，斜着切断并调整切口形状，然后浇水。准备好插床，把插穗插入一半左右。生根之前不需要施肥。半遮阴管理，或者用寒冷纱等遮光以避免阳光直射。土变干就浇水。新芽长出来且生根后就正常培育，在第 2 年春季换 3 号或 4 号盆。

分株则在 12 月 ~ 第 2 年 3 月左右的落叶期进行。为了不伤根，要先把植株挖出来，把土弄掉。确认根部情况，按 3 根枝条成 1 株的形式进行修剪。去除受损的根，种植到盆里。如果根的长势不好，可以稍微修剪一下枝条，以减少水分蒸发。进行半遮阴管理直至成活。

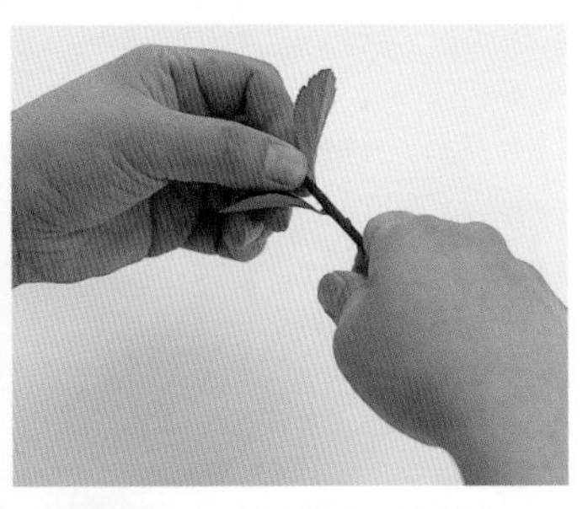

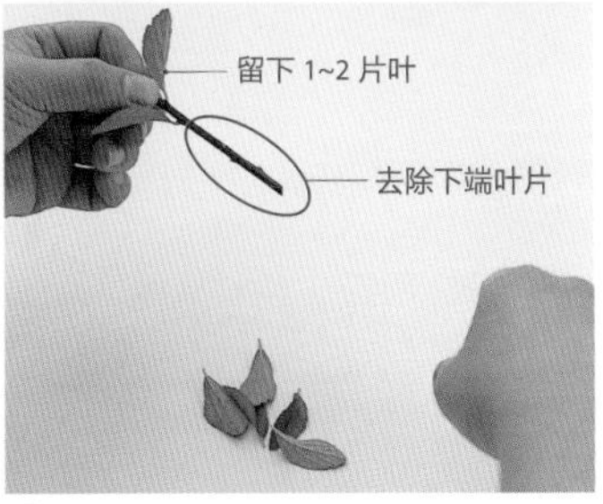

3

制作插穗

留下 1~2 片叶，去除下端叶片。用手捋一下枝条很容易就能摘掉叶片。

4

削插穗

用小刀把插穗的切口切成 45 度角左右的斜面。

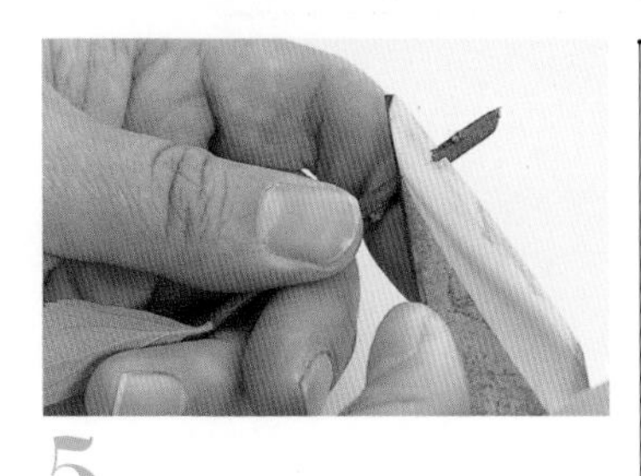

5

露出形成层

在斜面的另一侧削去薄薄的表皮，使露出的形成层面积变大。

6

完成插穗制作

准备好长度一致、切口也一致的插穗。长度不齐会很难管理。

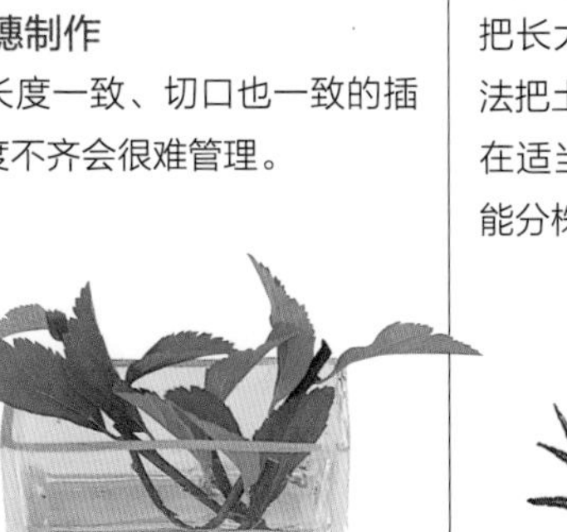

7

浸水

30~60 分钟

将插穗在盛有水的容器中浸泡 30~60 分钟，使其充分吸收水分。

8

插入插床

在平底花盆里放入鹿沼土，插入深度为插穗长度的 1/2 左右。

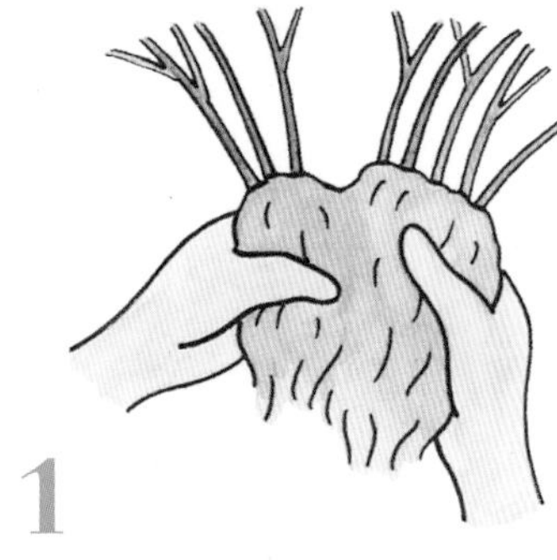

1

去土，分株

把长大的植株挖出来，用敲打的方法把土去掉，确认枝干基部生根后，在适当的部位进行分株。当用手不能分株时可以使用剪刀。

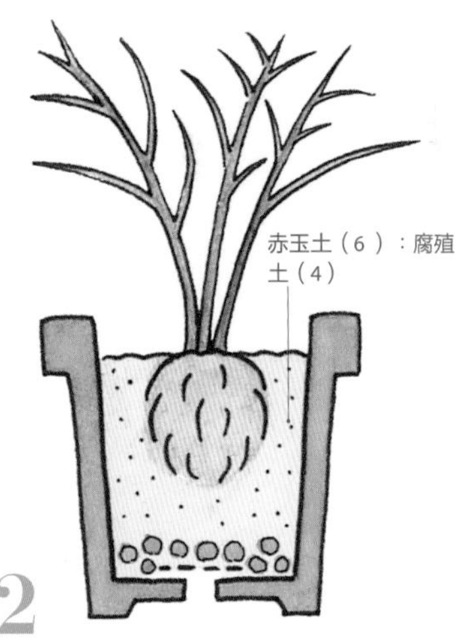

2

移植

剪掉受损的根和长得很长的根后，分别移栽到比植株大一圈的花盆里。为了更好地排水，在盆底放入中粒土，用土是赤玉土和腐殖土的混合土（比例为 6：4）。

樱花

樱 / 蔷薇科

落叶乔木（高 5~25 米）

作为代表日本的花，用作行道树和庭院树。花期为 3~4 月。有开浅粉色花的染井吉野樱、野生种的重瓣樱、开着下垂花朵的垂枝樱等品种。

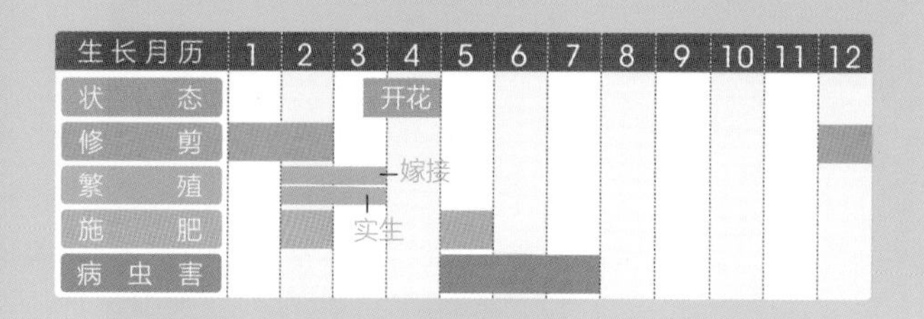

选择树势强、根系发达的砧木，一般用切接法繁殖

可在 2~3 月采用切接法繁殖。在使用江户彼岸系和豆樱系作为接穗的情况下，选择树势强、根系发达的日本山樱实生苗作为砧木。接穗上要有 2~4 个芽，长 5~6 厘米，在要嫁接的位置切断砧木，在表皮和木质部之间插入接穗。实生繁殖的最佳时期也是 2~3 月。

嫁接

难易度 ★★★

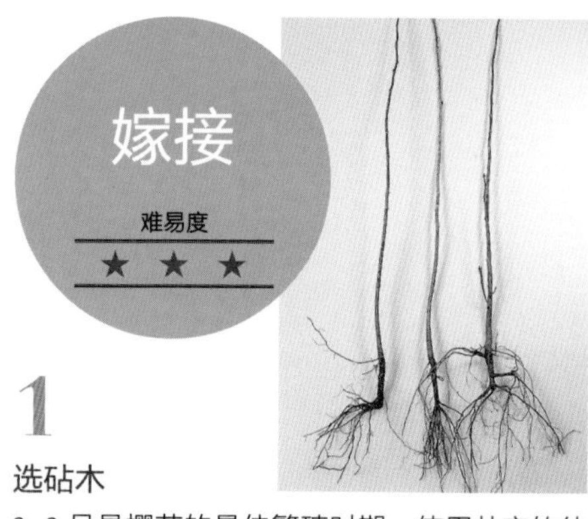

1 选砧木

2~3 月是樱花的最佳繁殖时期，使用壮实的幼苗作为砧木。

2 剪切砧木

用修枝剪按一定的角度剪切砧木。宜使用笔直且容易嫁接的部分。

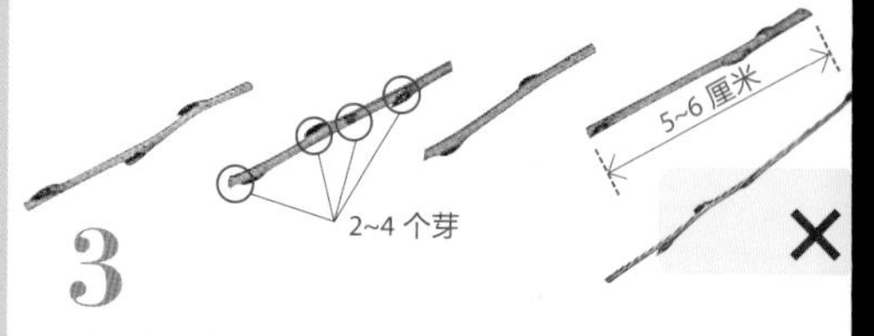

3 剪取接穗

将壮实的枝条切成长 5~6 厘米、带 2~4 个芽的枝段，注意避免切口干燥。

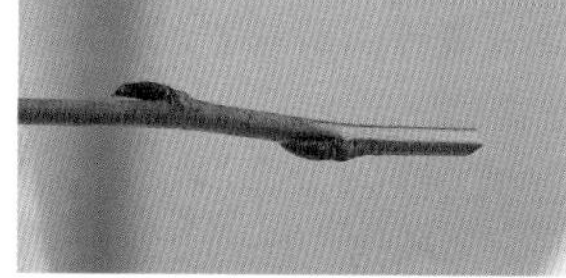

4 削接穗

露出接穗的形成层。以比砧木露出的形成层长 5 毫米左右为宜。

5 露出砧木的形成层

在砧木的木质部和表皮之间插入刀口，露出形成层。

6 将砧木和接穗贴合

将砧木和接穗的形成层紧密地贴合。

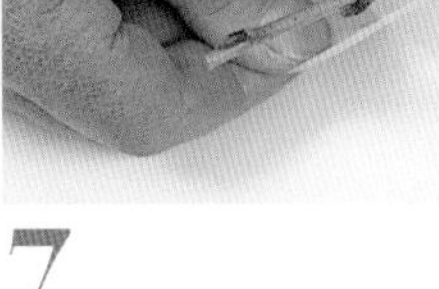

7 绑缚

将嫁接口用嫁接胶带盖上并紧紧缠住。

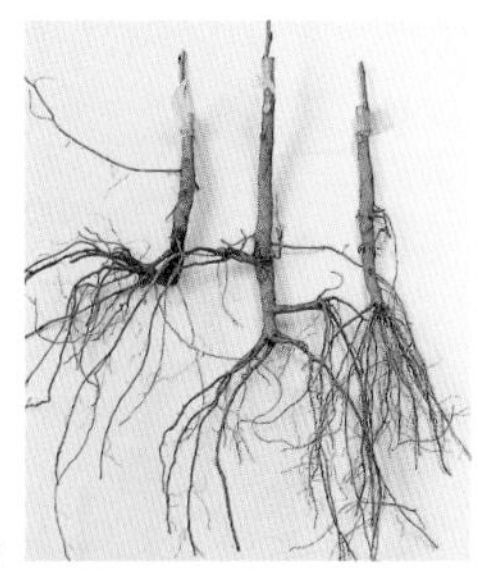

8 完成嫁接

嫁接时，尽快操作以防止砧木的切口干燥是一大秘诀。

9 栽种

在适合砧木大小的盆里放上赤玉土，然后种上嫁接苗，浇水。

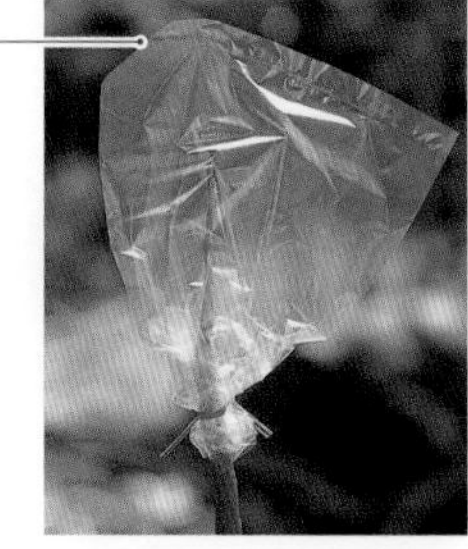

10 套袋

为了防止干燥，将嫁接苗的上半部分用开孔的塑料袋包住，在下半部分轻轻固定。

11 发芽

砧木和嫁接枝都长出新芽后，将塑料袋取下。

12 抹芽

将砧木上的芽全部摘掉，嫁接枝上只留下 1 个芽。

13 育芽

留下 1 个发育良好的芽，继续摘除其他的芽。培育过程中要时刻注意防止干燥。

小知识 用实生苗培育砧木

樱花是用嫁接的方式进行繁殖的，但其砧木是用山樱的实生苗培育的。采集成熟的山樱种子后进行保湿保存。到第 2 年 2 月，去除果肉并用水洗干净后播种。播种后为防止干燥，可以用稻草覆盖。

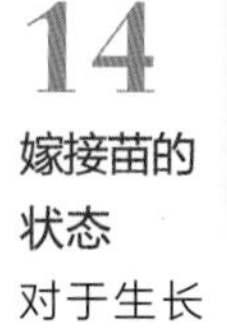

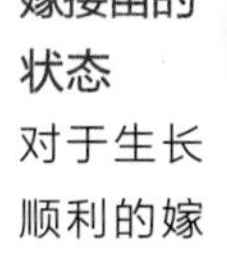

14 嫁接苗的状态

对于生长顺利的嫁接苗，在从砧木上长出新芽时，要保持耐心，坚持抹芽。

15 嫁接苗的后续管理

经过半年的培育之后，嫁接苗大概长到高 1 米左右，并且随着生长慢慢地适应光照。为了嫁接苗不会倾斜倒下，要立 1 个支柱。

紫薇

无皮树、百日红 / 千屈菜科
落叶乔木（高 5~10 米）

原产于中国南部。花期是 7~10 月。因为花期持续百日，所以也被称为“百日红”。树皮光滑。花的直径为 3~4 厘米，荷叶状的花一朵接一朵地开放。到了 11 月左右，球形果实成熟。

<table>
<tr><th>生长月历</th><th>1</th><th>2</th><th>3</th><th>4</th><th>5</th><th>6</th><th>7</th><th>8</th><th>9</th><th>10</th><th>11</th><th>12</th></tr>
<tr><td>状态</td><td></td><td></td><td></td><td></td><td></td><td></td><td colspan="4">开花</td><td>结果</td><td></td></tr>
<tr><td>修剪</td><td colspan="2"></td><td></td><td></td><td></td><td></td><td></td><td></td><td></td><td></td><td></td><td></td></tr>
<tr><td>繁殖</td><td></td><td colspan="2">扦插</td><td colspan="5">压条</td><td></td><td></td><td></td><td></td></tr>
<tr><td>施肥</td><td></td><td></td><td></td><td></td><td></td><td></td><td></td><td></td><td></td><td></td><td></td><td></td></tr>
<tr><td>病虫害</td><td></td><td></td><td></td><td></td><td colspan="3"></td><td></td><td></td><td></td><td></td><td></td></tr>
</table>

扦插

难易度 ★★★

1

剪枝

2~3 月扦插比较合适，使用 1 年生的健壮枝条。

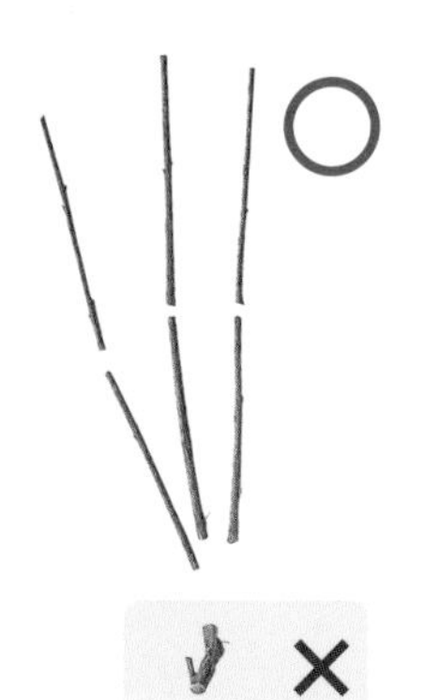

2

选插穗

每个插穗长 8~10 厘米、带 2~4 个芽。使用壮实的枝条，避免使用枯萎和柔软的枝条。

在落叶期进行扦插，因为插穗上没有叶片，应注意不要把插穗的上下弄反。做好的插穗要马上泡在水里

扦插在 2~3 月进行较为适宜。选择 1 年生的健壮枝条，切成长 8~10 厘米的枝段，修好切口，用水浸泡 30~60 分钟。在适当大小的盆里放入赤玉土（小粒）做成插床，插上插穗。因为在落叶期扦插，所以没有叶片，插穗的上和下变得难以分辨。必须确认芽的生长方向。如果把调整好的切口浸入水中就不会出错了。扦插完后浇足水，放置阴凉处，土表干了就浇水。

在 4~8 月的时候采用埋土法进行压条，在从植株根部延伸出来的萌蘖枝中，选择健壮的在压条处缠绕铁丝，用钳子用力拧紧。在根部尽可能地填满土，等待生根。为了防止干燥，最好先盖上稻草或落叶。另外，即使是园艺品种也可以用实生苗繁殖。

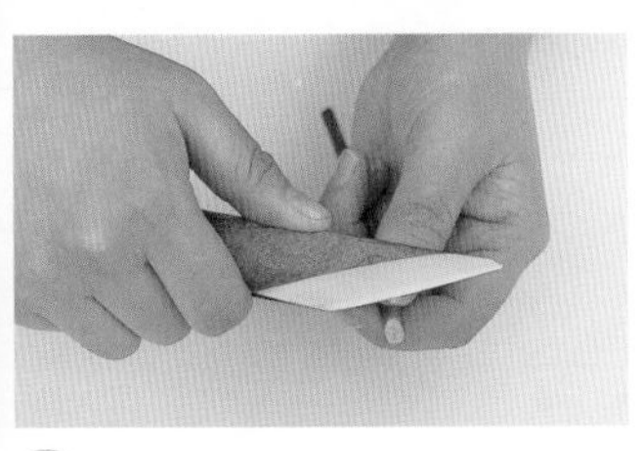

3

制作插穗

用小刀把切口切成 45 度角左右的斜面。另一侧也要削去薄薄的一层表皮。

4

完成插穗制作

准备好长度一致、切口也一致的插穗。注意不要长短不一。

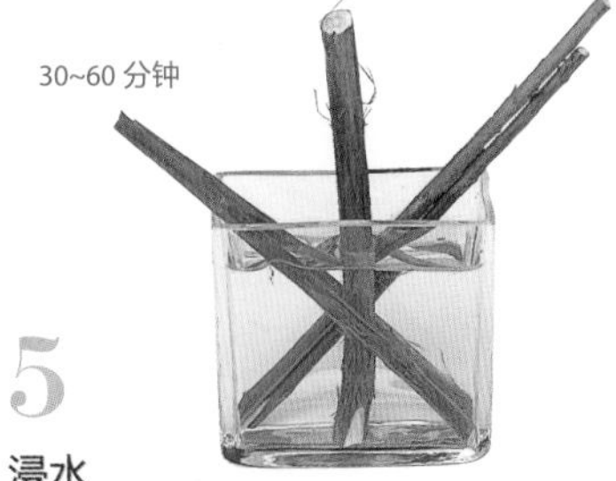

5

浸水

要将插穗在水里浸泡 30~60 分钟，使其充分吸收水分。

6

插入插床

在平底花盆中放入赤玉土，插入插穗长度的 1/2 左右。诀窍是插得均匀。

7

扦插完成

插完浇水。将花盆置于半阴处，直至生根，注意防止干燥。

8

生根

过了半年左右根就长得很长了。生根后要在阳光充足的地方培育。

压条

难易度

★★★

1

缠上铁丝

在 4~8 月进行压条。挖出根部的土，在干枝根部缠上铁丝，用钳子用力拧紧。

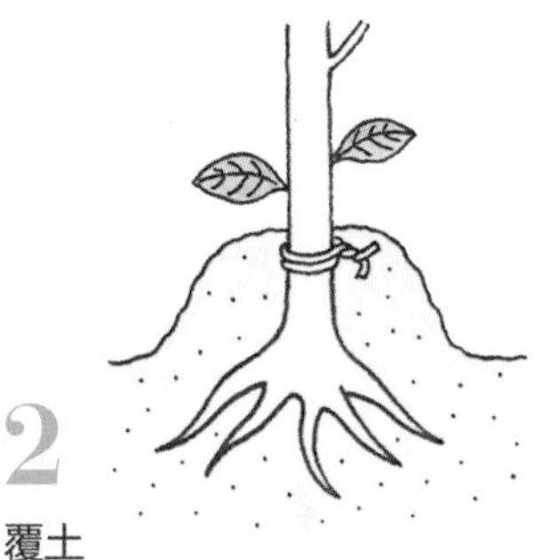

2

覆土

将整个根部埋在土中。土变干后就浇水，保持一定的湿度，使其容易生根。

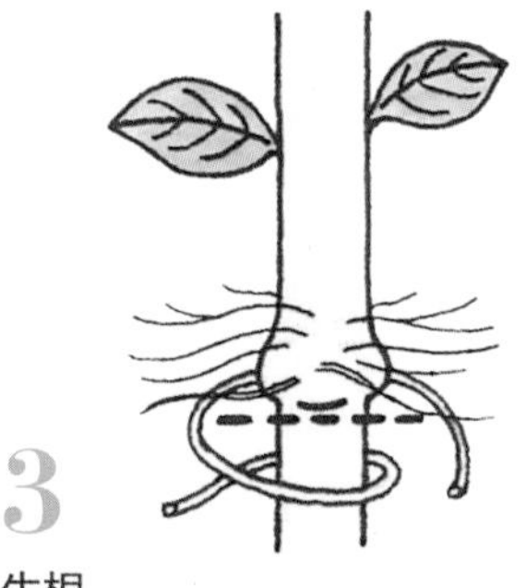

3

生根

需半年左右生根，生根后切断植株，取下铁丝，上盆。充分浇水，放在透光的阴凉处管理。

山 楂

野山楂、大红子、山里红 / 蔷薇科
落叶小乔木（高 2~3 米）

原产于中国。江户时代作为药用植物传入日本。作为庭院观景、盆栽很受欢迎。5~6 月开花，花与白梅花相似。10~11 月结出红色的果实。
也有原产于欧洲的西洋山楂。

生长月历	1	2	3	4	5	6	7	8	9	10	11	12
状态					开花	开花				结果	结果	
修剪	■	■										■
繁殖		实生		压条	压条	压条	压条	压条				
施肥		■										
病虫害					■	■	■					

压条繁殖时，要进行环状剥皮。管理时要注意补充水分，防止干燥

4~8 月是适合压条的时期。确定了压条的位置之后，在枝条上进行宽幅为 2 厘米的环状剥皮，并用铁丝捆扎。如果剥皮的宽幅小，形成层会增生、隆起并粘在一起，这点要注意。把塑料钵套在树干上并固定，放入赤玉土。注意不要太干燥。如果生根顺利，4~5 月后进行分离。采用实生繁殖时在 2 月左右播种。播种前从果实里取出种子，记得要用水洗一遍。

难易度 ★★★

选定压条位置

选好压条的位置，用刀子切 2 圈，2 道切口的间距为 2~3 厘米。间距过窄，形成层增生时容易粘在一起。

2~3 厘米

2 剥去表皮

用刀子竖着切出 1 个缝，将表皮撕下，露出木质部。

缠上铁丝

露出木质部后，在剥去表皮的下方缠上铁丝。

4 套上塑料钵

准备一个合适的塑料钵，从底部孔洞处切开，套在枝条上，用订书机封好。

5

用绳子绑缚

当稳定度不好的时候，把绳子钉在塑料钵上，绑在枝条上固定好。

6

填土

在塑料钵里装入足够的赤玉土。

7

浇水

浇足水，至水从钵底流出来。土变干后继续浇水，观察浇水过程。

8

剪枝

半年左右生根。确认生根后用锯子等锯掉钵底。

9

上盆

准备新的花盆，用赤玉土种锯下来的树苗，浇足水。

实生

难易度 ★★★

1

采种

摘下已经成熟的果实，从果肉中取出种子。

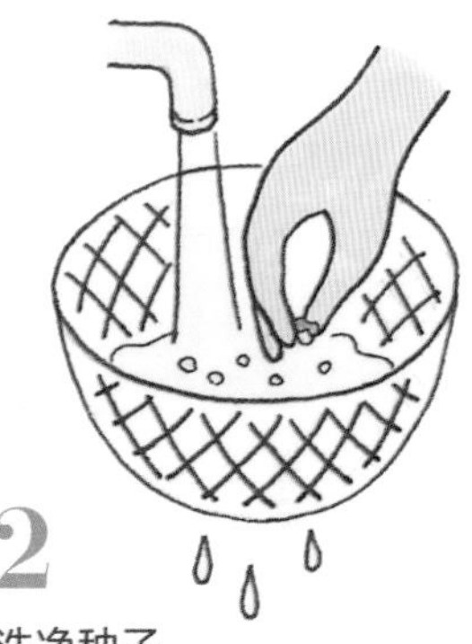

2

洗净种子

因为果肉中含有抑制种子发芽的成分，所以要用水洗净种子。

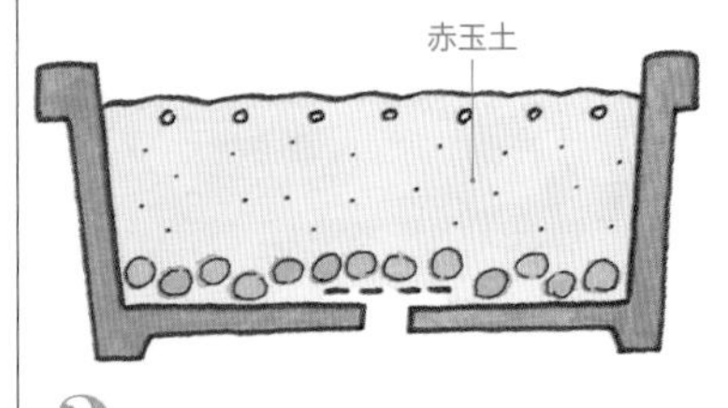

3 **播种**

在平底花盆的盆底放上赤玉土（大粒），然后放入赤玉土（小粒），铺平后播种。用筛子轻轻地撒上土，浇水后放在阴凉处。

山茱萸

山萸、枣皮、药枣 / 山茱萸科
落叶小乔木（高 5~10 米）

原产于中国、朝鲜。因其果实可以入药，在江户时代被引入日本。3~4 月开黄花，花序直径为 4~5 厘米。枝条上开满花的场景非常壮观。10 月果实成熟，成熟的椭圆形果实呈红色。

生长月历	1	2	3	4	5	6	7	8	9	10	11	12
状态			开花							结果		
修剪												
繁殖		嫁接		压条								
施肥												
病虫害												

在修剪后的 2~3 月嫁接较为适合，也可以采用波状压条法繁殖

园艺品种一般采用嫁接的方式繁殖。山茱萸在落叶期的 2~3 月嫁接。接穗应有 2~4 个壮实的芽，切口斜切。砧木使用壮实的 2~3 年生的实生苗。在嫁接的位置斜切砧木，在表皮和木质部之间切一个切口，插上接穗，用嫁接胶带绑缚。4~8 月可以采用压条法繁殖。把从母株基部长出来的枝条弯曲固定，埋入土中以促进其生根。

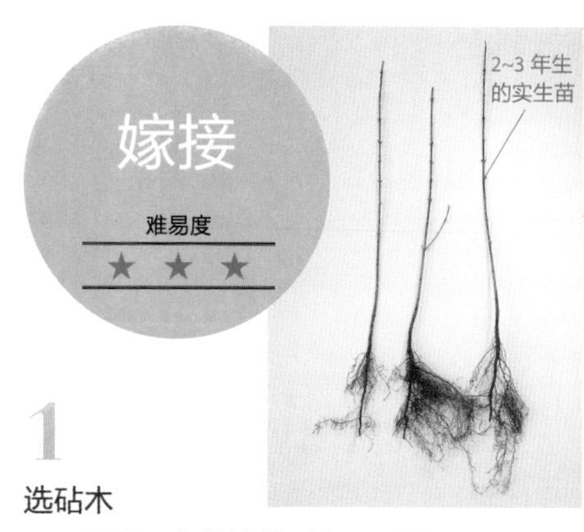

1 选砧木

2~3 月是适合的嫁接时期。砧木要用壮实的幼苗。

2 剪切砧木

选择容易进行嫁接的位置。在笔直且容易嫁接的部位修剪。

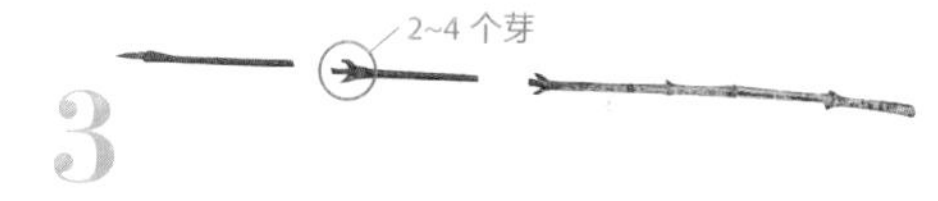

3 剪取接穗

在健壮的枝条上选择带 2~4 个芽的部分切断，为了防止切口干燥。

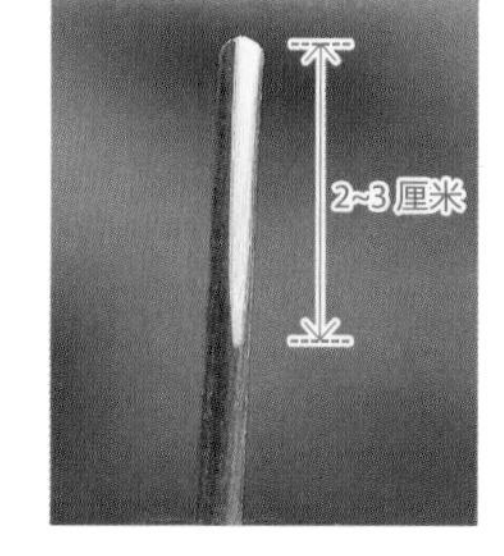

4 制作接穗

用锋利的小刀迅速地削作为接穗的枝条，削出 2~3 厘米长的形成层。

5 削砧木

在砧木的木质部和表皮之间插入锋利的小刀，露出形成层。

6

将砧木和接穗贴合

将砧木和接穗的形成层贴合在一起，用嫁接胶带盖住并紧紧绑在一起。

7

栽种

用赤玉土种植嫁接苗，将其栽种于 5 号花盆或者塑料钵中。

8

套袋

为了防止干燥，在嫁接苗上套一个开有透气孔的塑料袋。

9

发芽

图中是长了 3 个月左右的嫁接苗。砧木和接穗上都长出了新芽。

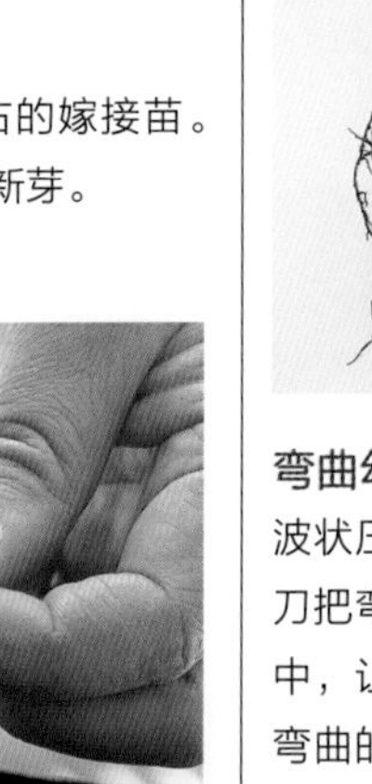

10

抹芽

将砧木上的芽全部摘除，接穗上只留下 1 个芽。

11

育芽

留下 1 个发育良好的芽后继续抹芽。在培育过程中要注意防止干燥。

弯曲幼苗

波状压条就是弯曲枝条，然后用小刀把弯曲部分的表皮剥掉，埋入土中，让其长根伸展。这也是让枝干弯曲的目的。这对于初学者来说也很容易操作。

12

嫁接苗的后续管理

发育良好的情况下，半年之后芽会长 1 厘米左右。在此过程当中要防止阳光直射。

台湾吊钟花

满天星、日本吊钟花 / 杜鹃花科

落叶灌木（高 1~4 米）

春季树上开满吊钟状的可爱花朵，秋季燃烧般的红叶非常美丽。花色除了白色之外，还有红色的红灯台、花的顶端呈红色的布纹吊钟花等。树形规整，作为庭院树木很受欢迎。

生长月历	1	2	3	4	5	6	7	8	9	10	11	12
状态				开花	开花							
修剪						修剪					修剪	
繁殖		扦插	扦插、实生			扦插	扦插	扦插				
施肥		施肥										
病虫害						病虫害	病虫害					

扦插

难易度 ★★★

1 剪枝

扦插的最佳时期为 6~8 月。选用当年生的健壮枝条作为插穗。

2 选插穗

剪取带有 2~4 个芽、长度为 8~10 厘米的枝段。保留 2~3 片叶，摘掉下端的叶片。

在光照充足之处生长的枝条长势良好。插穗应选用这种长势良好的健壮枝条，第 2 年春季即可移植到花盆中

扦插在 2~3 月和 6~8 月进行。选用春季长出的健壮枝条，以手能折断枝条为标准，抽穗的长度为 10 厘米，保留 1~2 片叶，摘掉下端叶片。切口要斜切、整齐，放在水中浸泡 1~2 小时。使用 6 号平底花盆或插床。为了便于排水，在底层铺中粒的鹿沼土，上面铺小粒的鹿沼土，铺平。将插穗等距离地插入，插入深度为插穗长度的 1/2，插入后用手轻轻压实，浇足水，放置在半阴处，促使其生根。在第 2 年 3 月发新芽之前上盆。注意上盆时不要伤及根部，用土为鹿沼土和腐殖土的混合土，比例为 7：3。布纹吊钟花和红灯台是山里的野生品种，可用种子培育。将秋季采集的种子低温保存，于第 2 年 3 月播种。由于种子很小，可直接撒在浸湿的泥炭板上，通过底部给水保持盆土湿润。避免阳光直射，半遮阴管理。

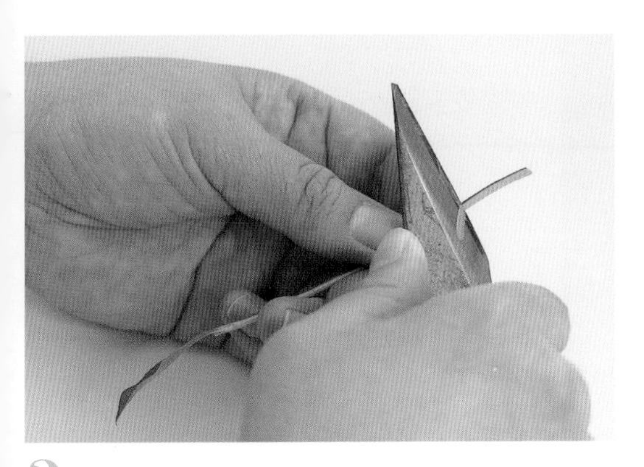

3 制作插穗

用锋利的小刀一刀切出 45 度左右的斜面，削掉背面的表皮，露出 2~3 厘米长的形成层。

1~2 小时

4 浸水

将切好的插穗放入水中浸泡 1~2 小时，使其吸足水分。

5 插入插床

将插穗插入装有鹿沼土的平底花盆中。要点是插得均匀。扦插结束后浇透水，置于半阴凉处。

6 置于明亮的遮阴处

扦插后要避免阳光直射，应放在明亮的遮阴处管理。也可以盖上遮阳网等来遮光。

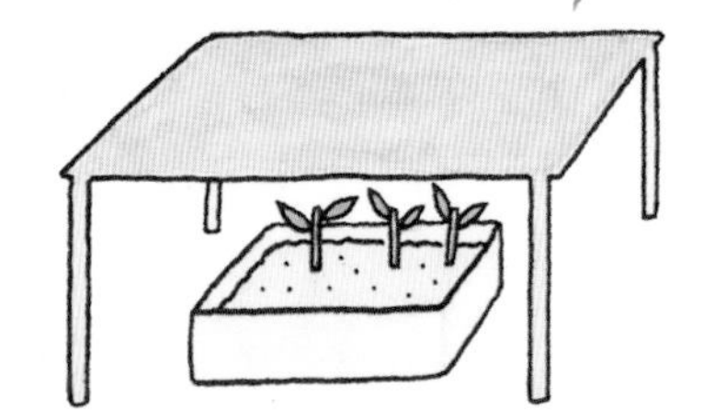

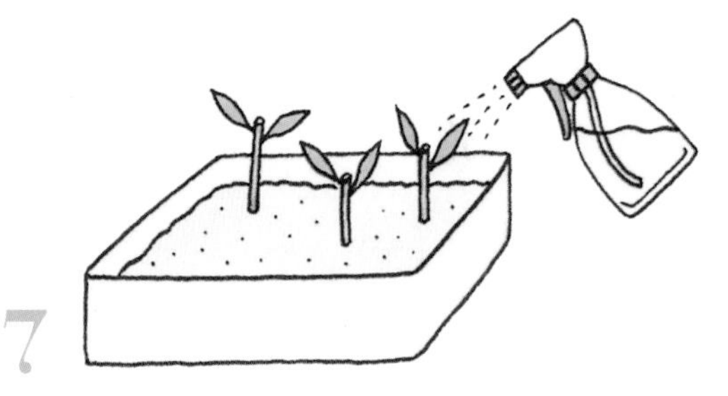

7 常给叶片喷水

盆土干时要浇水，干燥的时候也可以常给叶片喷水。

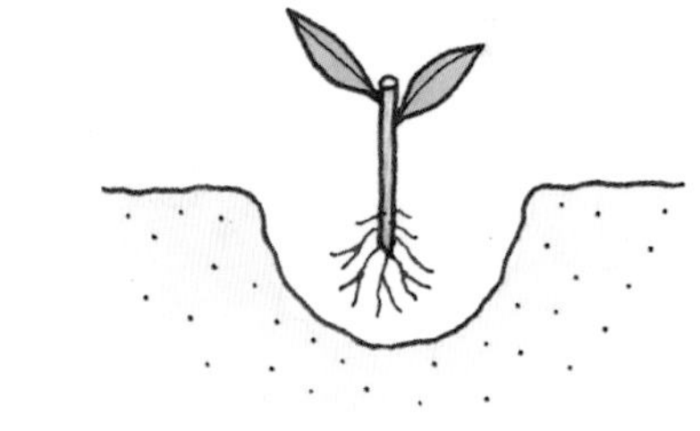

8 生根

生根后，小心地挖出苗木，注意不要伤及新长出的根。

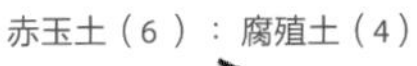

9 上盆

准备 5 号大小的盆，移苗。在盆底铺上中粒土，用土为混合比例为 6：4 的赤玉土和腐殖土。

蜡瓣花

穗序蜡瓣花、土佐水木 / 金缕梅科

落叶灌木（高 2~4 米）

因其长在日本高知县（土佐）的山地而得名“土佐水木”。早春时节的代表花木，花期为 3~4 月。在叶片长出之前，自枝条前端和节上会开出由 7~10 朵浅黄色小花组成的下垂的穗状花序。枝条丛生。

生长月历	1	2	3	4	5	6	7	8	9	10	11	12
状态			开花									
修剪												
繁殖		扦插	分株			扦插			压条			分株
施肥												
病虫害												

扦插

难易度 ★★★

1

剪枝

6~8 月为最佳时期。使用 1 年生的健壮枝条。选择叶片和茎都健壮的枝条。

2

选插穗

剪取长度为 8~10 厘米且带有 1~2 个芽的枝条。只保留 1 片叶，叶片大的则要剪掉一半，且要摘掉下部叶片。

扦插时，因其叶片大、水分蒸发得多，所以要将叶片剪掉一半。分株可在落叶期的 12 月 ~ 第 2 年 2 月进行，将 2~3 根枝条分为 1 株

扦插分在 2~3 月进行的春插和在 6~8 月进行的夏插。春插使用长在光照充足地方的 1 年生的健壮枝条，夏插用当年春季长出的、长势良好的枝条。不论春插还是夏插，插穗的长度均为 8~10 厘米，并用锋利的刀将切口切成斜面。将枝条放入水中浸泡 30~60 分钟后插入插床。插床的基质为鹿沼土和赤玉土。注意等距离扦插且插入深度为插穗长度的 1/2，结束后浇透水并置于有光的背阴处。但要注意保持土壤湿润，一旦土表干裂就要浇水。第 2 年春季根据苗的大小换盆。

分株的最佳时期是在落叶期的 12 月 ~ 第 2 年 2 月。将 2~3 根枝条分为 1 株。对于根系欠发达的植株，要疏剪上部枝条，抑制水分的蒸发。

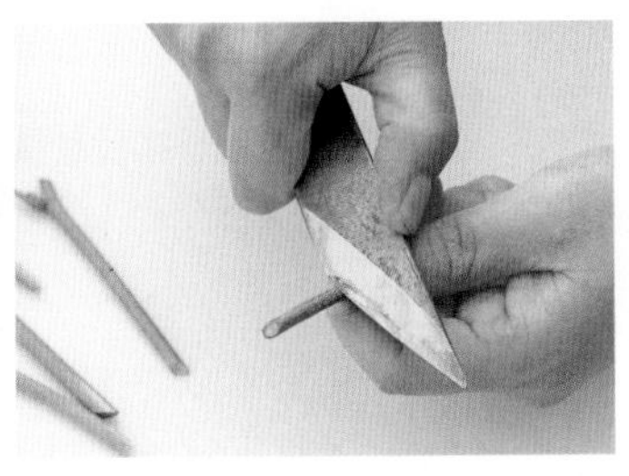

3

制作插穗

一刀切出 45 度左右的斜面。捏住枝条后用刀削一下即可。

5

完成插穗制作

按长度切好、备好插穗。这样做便于之后的管理，操作时注意不要伤及形成层。

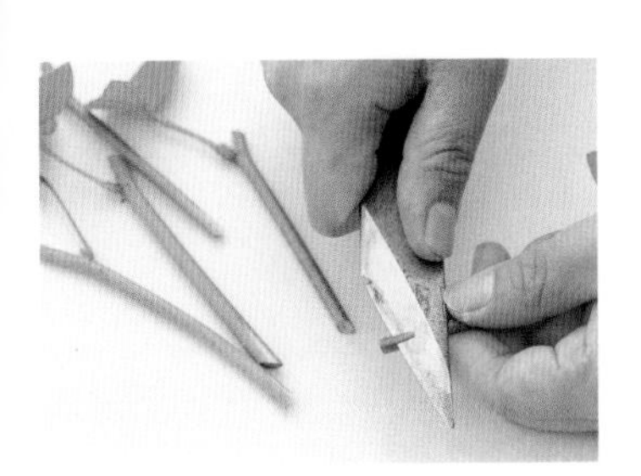

4

削插穗

在插穗的背面削掉薄薄的表皮，露出 2~3 厘米长的形成层。注意：刀钝会伤及切口，影响生根。

6

浸水

将枝条在水中浸泡 30~60 分钟，吸收足够的水分以利于生根。

7

插入插床

将插穗长度的 1/2 插入装有鹿沼土的平底花盆中。要点是等距离扦插。扦插结束后浇透水，进行半遮阴管理。

分株

难易度 ★★★

1

挖出植株

将长得很大、从根部长出许多枝干的植株挖出。

2

分株

抖落泥土，在从枝干处长出根的地方用修枝剪刀分株。根太大时可使用锯子锯断。

3

种植

去掉受损的根，种植分好的植株。

4

填入腐殖土

如果土壤贫瘠，可以填入腐殖土。使用腐殖土可能会出现泥土下陷的情况，可以给植株多培点儿土。

卫矛

鬼见羽 / 卫矛科

落叶灌木（高 2~4 米）

枝条具有宽木栓翅。秋季红叶具有观赏价值，美丽似锦。花呈不显眼的浅绿色。自枝条垂下的蒴果成熟后裂开，露出小小的红橙色种子。

生长月历	1	2	3	4	5	6	7	8	9	10	11	12
状态					开花					红叶		
修剪												
繁殖			扦插	实生			扦插			实生		
施肥												
病虫害												

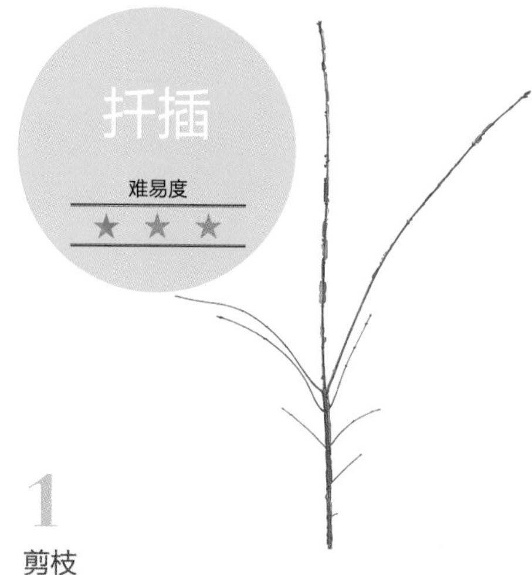

1

剪枝

一般在 2~3 月进行春插。使用 1 年生的健壮枝条，不用在光照不足处生长的软枝和枯枝。

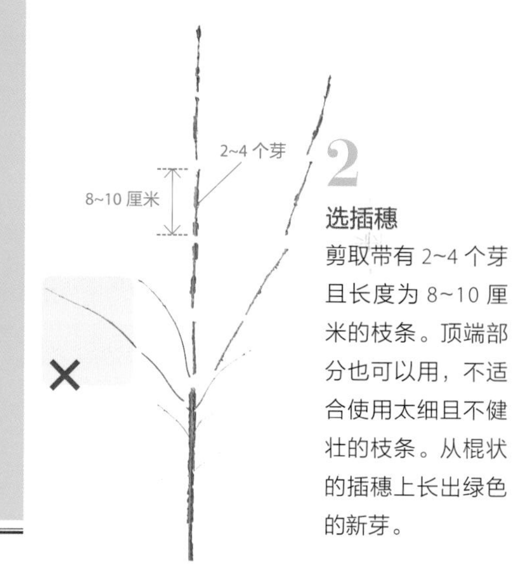

2

选插穗

剪取带有 2~4 个芽且长度为 8~10 厘米的枝条。顶端部分也可以用，不适合使用太细且不健壮的枝条。从棍状的插穗上长出绿色的新芽。

在春夏两季扦插易生长，且都能够很快地成长。若培养实生苗，可在 10 月中旬左右采种

扦插可以在 2~3 月（春插）和 6~8 月（夏插）进行。春插选用 1 年生的健壮枝条，夏插选用当年春季长出的长势良好的新枝。插穗的长度为 8~10 厘米，用利刀将切口切成斜面。夏插时，留 1~2 片上端的叶片，摘掉下端的叶片。不论春插还是夏插，都要将插穗在水中浸泡 1~2 小时后扦插。可用 6 号平底花盆作为插床。为了便于排水，可在盆底铺垫中粒的鹿沼土，其上面放小粒的鹿沼土并将其铺平。插穗插入深度为其长度的一半，浇水后进行半遮阴管理，生根后再逐渐将插穗移至阳光下培养，于第 2 年 3~4 月上盆。幼苗不耐寒，冬季可放入温室越冬。培育实生苗时，在 10 月中旬采种，播种用土为赤玉土，1 年后上盆。

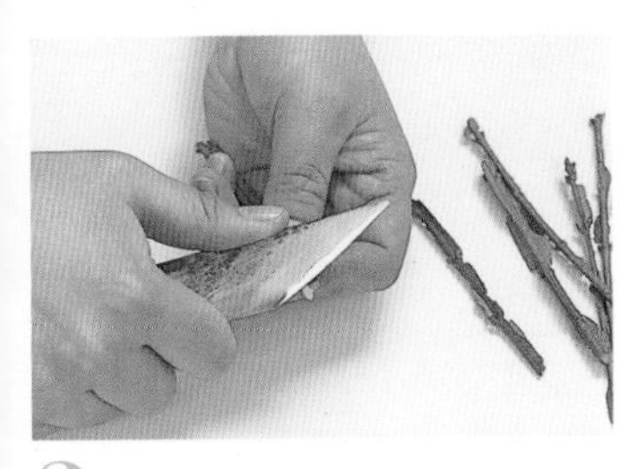

3 制作插穗

用锋利的刀一刀削出切口为 45 度左右的斜面。注意不要削到手指。捏住枝条，用刀刃前端削即可。

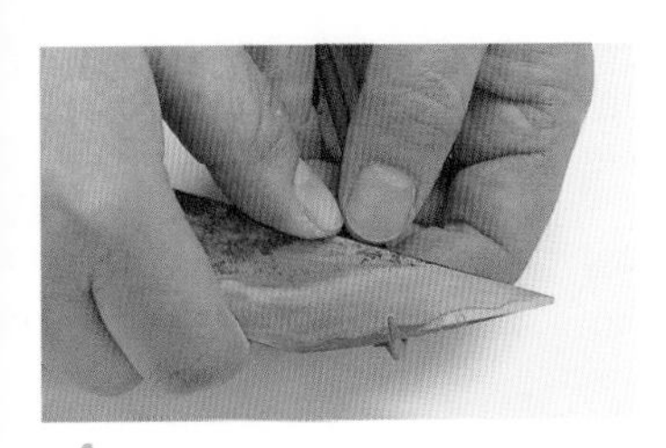

4 削插穗

在插穗的另一面也削掉薄薄的表皮，露出 2~3 厘米长的形成层即可。

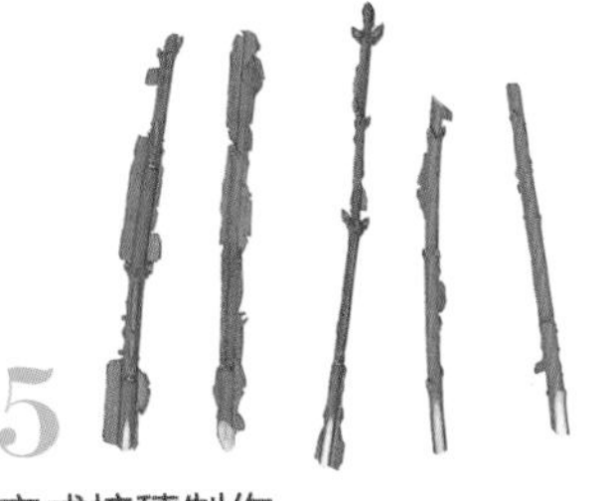

5 完成接穗制作

因为是在落叶期进行扦插，有时会弄错枝条的上下端，要注意看芽的生长方向。

1~2 小时

6 浸水

将插穗按一定长度切好，在水中浸泡 1~2 小时，吸足水分才易生根。

7 插入插床

在平底花盆中放入鹿沼土或赤玉土，将插穗插入其长度的 1/2 左右。为了不伤及切口，可先用木棒等戳个洞后再插入插穗。

8 扦插后管理

扦插结束后浇透水。放置在温室等温暖的场所，避免阳光直射，尽可能放在背阴处管理。

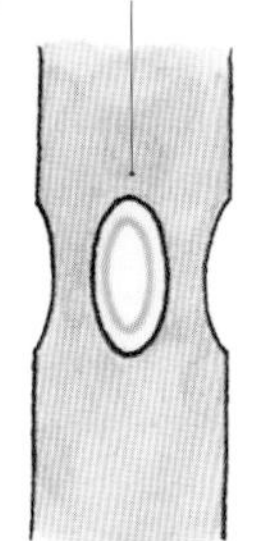

1 确定压条的位置

选定压条的位置，用刀在枝干上削去 3~4 处表皮。

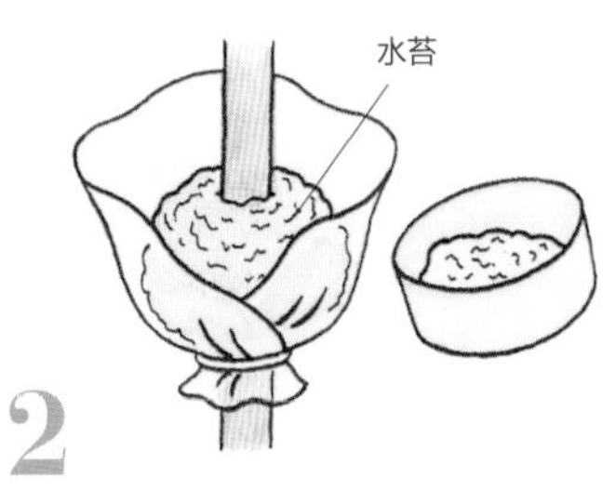

2 包上水苔

在压条处套上塑料袋，将削去表皮的地方用已湿透的水苔裹住。

3 用塑料袋包裹

为了防止水苔掉出来，用绳子将塑料袋的上部扎牢。

4 浇水

为了保持水苔湿润，要经常从上部的扎口处浇水。生根后从压条处的下方将其剪离母体，除去水苔，移栽至盆中。

松田山梅花

梅花空木、萨摩空木 / 虎耳草科
落叶灌木（高 2~4 米）

5~6 月开出像梅花的白花。开大朵的 4 瓣花，带有清香，茎空心，绿色的叶片边缘呈锯齿状。用作庭院树木、栅栏等。

生长月历	1	2	3	4	5	6	7	8	9	10	11	12
状态					开花	开花						
修剪	●	●										●
繁殖	分株	扦插、分株	扦插、分株			扦插	扦插	扦插			分株	分株
施肥		●										
病虫害					●	●	●					

扦插

难易度

★ ★ ★

1

剪枝

一般在 2~3 月扦插，使用 1 年生的健壮枝条，选取在光照充足之处生长的壮实枝条。

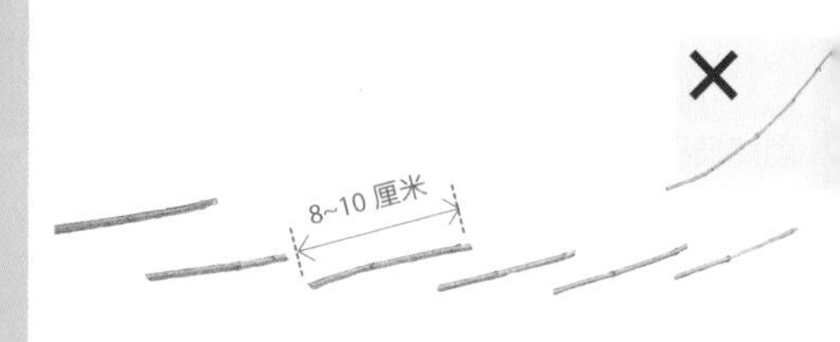

2

选插穗

剪取 8~10 厘米、带有 2~4 个芽的枝条，不选太细且不健壮的枝条。

插穗应在水中浸泡 1~2 小时，吸收足够的水分。1 年生的枝条呈灰色，当年新枝呈红褐色，建议使用当年的新枝作为插穗

扦插可以在 2~3 月（春插）和 6~8 月（夏插）进行。春插选用 1 年生的健壮枝条，夏插选用当年春季生长的长势良好的枝条。插穗的长度为 8~10 厘米，用利刀将切口切成 45 度左右的光滑斜面后再削掉背侧的薄薄的表皮。

在梅雨季节扦插时，保留 1~2 片叶，摘掉插穗下端的叶片。在水中浸泡 1~2 小时后将插穗插入鹿沼土或赤玉土中至其长度的 1/2，插好之后浇透水，放在半遮阴处管理。生根之后再慢慢地移至光照充足处，于第 2 年 3 月左右上盆。

分株的最佳时期是在落叶期的 11 月 ~ 第 2 年 3 月。在植株长成大株后分株繁殖。2~3 根枝条分为 1 株。在根部长势欠佳时，为了防止水分蒸发和促使根系生长，最好疏剪上部的枝条。

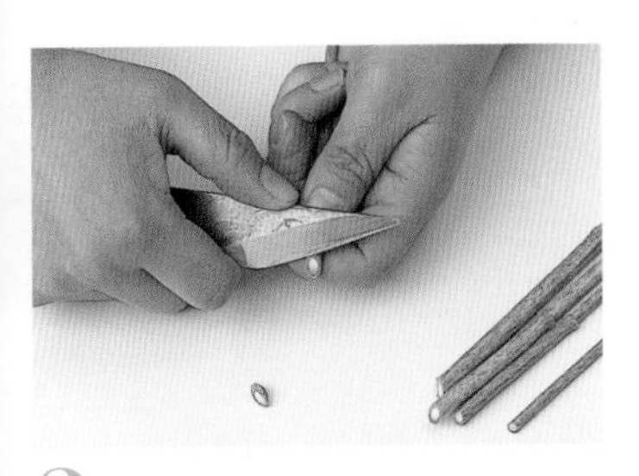

3 制作插穗

将切口切为角度为 45 度的斜面。

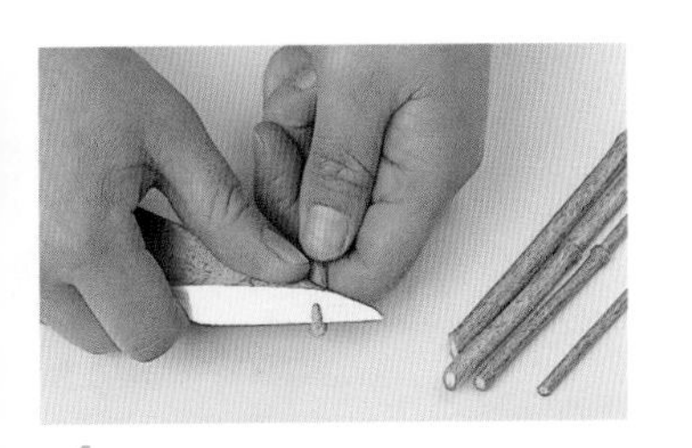

4 削插穗

削掉插穗斜面另一面的薄薄的表皮。

5 完成插穗制作

准备好接穗。因为是在落叶期扦插，所以要认真辨别芽的生长方向，不要弄错了枝条的上下端。

6 浸水

将插穗按一定长度切好后，将其放在水中浸泡 1~2 小时，吸足水。

7 插入插床

在盆中装鹿沼土或赤玉土，将插穗插入其长度的 1/2 左右。

8 扦插后管理

扦插结束后浇透水，移至温室等温暖的背阴处管理。

9 生根

图为半年后的插穗，长出了新芽和许多细细的根，移栽到 3 号盆中，用土为赤玉土。

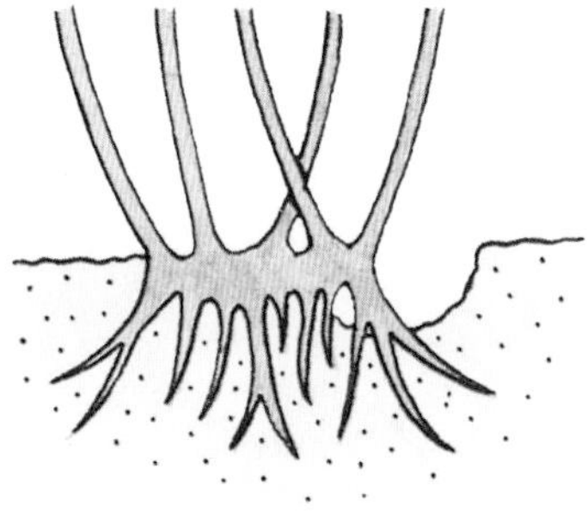

1 挖出植株

分株的最佳时期为 2 月下旬 ~3 月的落叶期。选择已长大的植株，连根挖起。

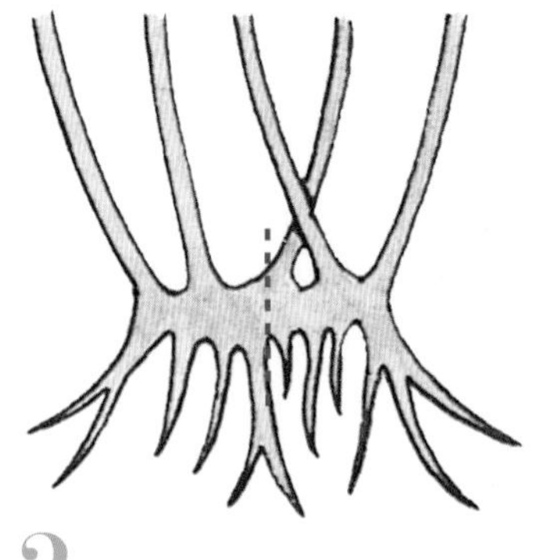

2 分株

在易分开的地方（如虚线所示）用锯子锯开。

3 地栽

将植株再次种入土中，浇透水，摇一摇树苗，使根部与土壤贴合紧密。

海棠花

垂丝海棠 海棠 / 蔷薇科

落叶小乔木（高 3~8 米）

4 月，乍一看似樱花的粉红色花朵压满枝头。下垂的花朵华丽优雅。在原产地中国，该花据说是形容美人的花。有重瓣和垂枝品种，作为庭院树木特别受欢迎。

生长月历	1	2	3	4	5	6	7	8	9	10	11	12
状态				开花								
修剪	■	■			■							■
繁殖		嫁接	嫁接	压条	压条	压条	压条	压条				
施肥		■										
病虫害						■	■	■				

1

确定压条的位置

确定好要压条的位置，用锋利的刀在枝条上削去 3~4 处表皮。

2

削去表皮

将枝条的表皮削出半月形的缺口。在削去枝条的表皮时，如果采用环状剥皮法，枝条可能会枯萎，故削成半月形较好。

压条时在枝条的周围用刀削去 3~4 处表皮，环状削皮法易损伤树木。嫁接的砧木可以选用苹果属的树木

压条在处于植株生长期的 4~8 月进行。选取枝数多、长势好的部分，用 2~3 年生的健壮枝条压条。选定位置后，用刀在枝条周围削 3~4 处，用塑料钵包套住削去表皮的枝条，用订书机钉住并用绳子将其绑缚在枝条上，放入赤玉土后浇透水。如果生根顺利，在第 2 年春季发芽之前与母株分离后种植。

嫁接的最佳时期在 2~3 月。接穗选用 1 年生的带 2~3 个芽的粗壮枝条，切口要整齐并浸入水中。选择 2 年生的根部强壮的苹果属树木的实生苗作为砧木，将要嫁接的部分斜着切断后，切出 1 个接口，绑缚好接穗。嫁接后，为了保持湿润要包上塑料袋。砧木易发芽，一旦出芽，就要马上抹除，以利于接穗的生长。

3 用订书机固定

准备大小适中的塑料钵，用剪刀剪至底部，将要进行压条部位的枝条套住，切口处用订书机固定。为了避免塑料钵松动，最好将其固定在枝条上。

4 填土

用钉书机把绳子固定在塑料钵上，并将绳子系在枝条上以固定住塑料钵，倒入赤玉土，浇水，这样压条就完成了。

嫁接

难易度

★★★

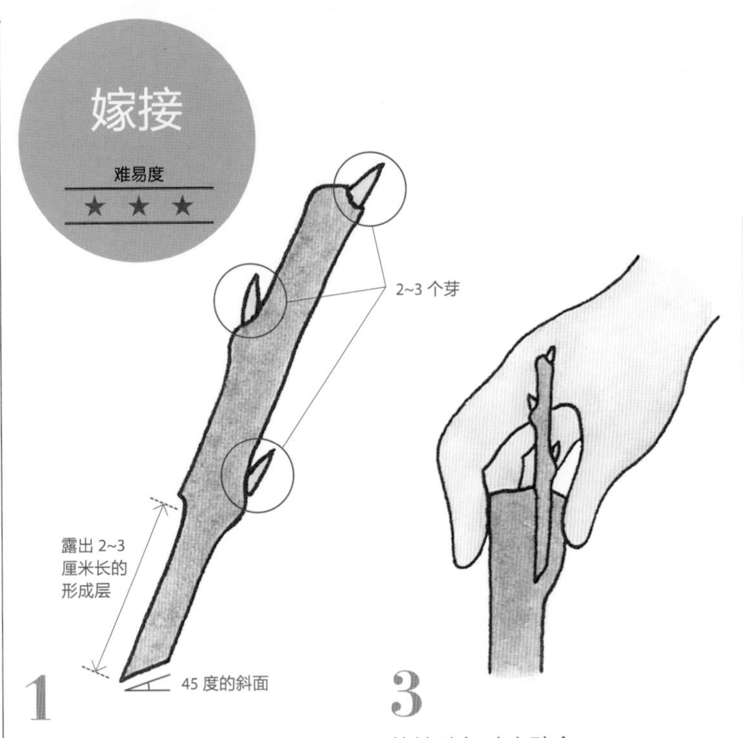

1 制作接穗

选择健壮的枝条。切取带 2~3 个芽的枝段，切面呈 45 度角且切面平整，用刀将背面的表皮削掉。

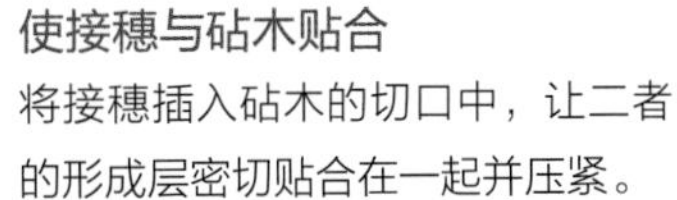

3 使接穗与砧木贴合

将接穗插入砧木的切口中，让二者的形成层密切贴合在一起并压紧。

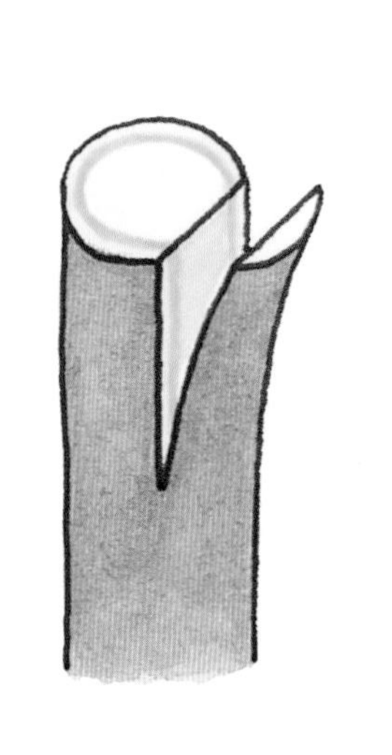

2 削砧木

用刀在表皮和木质部之间切一刀，露出形成层。要点是切口要比接穗稍微短一点。

4 绑缚

缠上 2~3 圈嫁接胶带，缠好之后打个结。在放有赤玉土的 7 号盆中培植，浇水之后移至有光的背阴处管理。

大花四照花

狗木、红花山茱萸 / 山茱萸科
落叶小乔木或乔木（高 5~12 米）

原产于北美洲。花期在 4~5 月，看似花瓣实为苞片，真正的花是中心的浅绿色部分，夏末所结的红色果实，还有秋季的红叶值得一看。除了白花品种之外，红花和斑叶等园艺品种也被广泛使用。

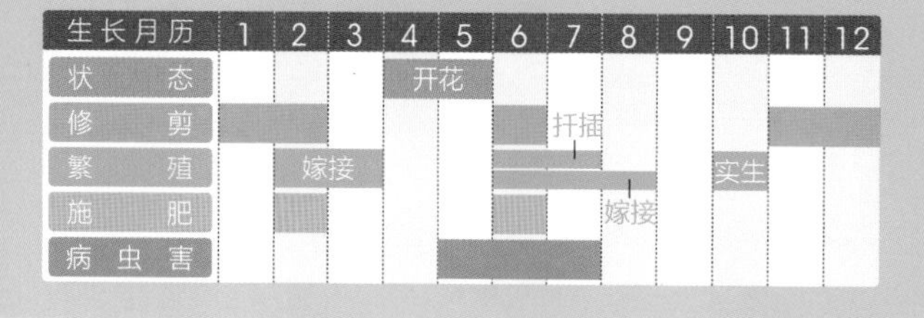

生长月历	1	2	3	4	5	6	7	8	9	10	11	12
状态				开花	开花							
修剪	■	■				■					■	■
繁殖		嫁接	嫁接			扦插、嫁接	扦插、嫁接	嫁接		实生		
施肥		■				■						
病虫害					■	■	■					

砧木应选用 2~3 年生的实生苗。用嫁接胶带绑缚嫁接的部位

2~3 月或 6~8 月是嫁接的最佳时期。接穗选用 1 年生的健壮枝条，剪取的长度为 6~8 厘米，带 2~4 个芽。砧木选用 2~3 年生的大花四照花实生苗，砧木上长出的嫩芽要全部抹除，接穗上也只保留 1 个嫩芽。扦插在 6~7 月进行。若培育实生苗，在 10 月采种撒播。若喜欢红花品种，就用红花品种的枝条作为接穗进行嫁接。

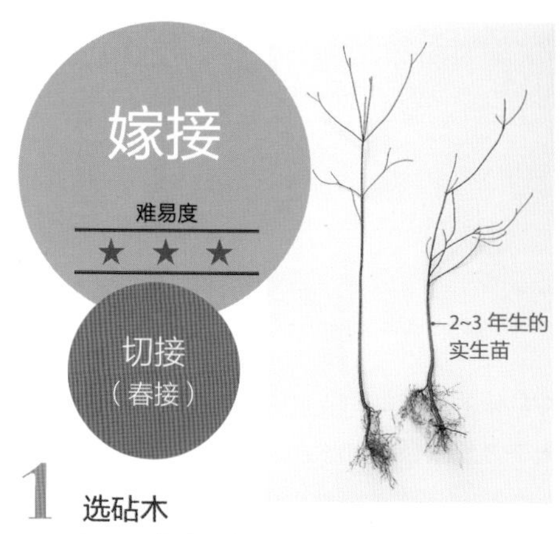

1 选砧木

2~3 月最适合进行切接。砧木为约 2 年生的实生苗，选用长在光照充足处的健壮苗木。

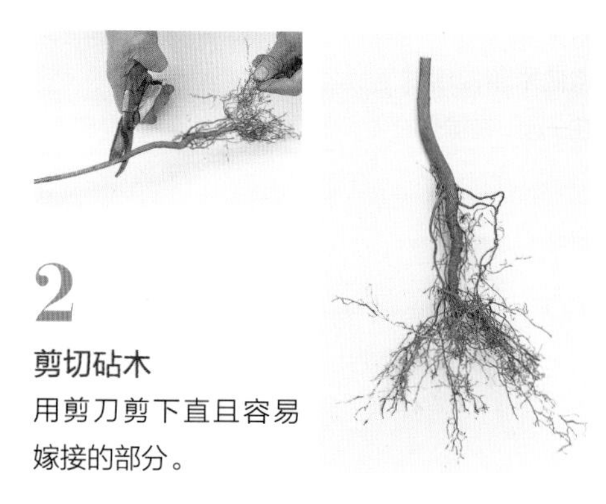

2 剪切砧木

用剪刀剪下直且容易嫁接的部分。

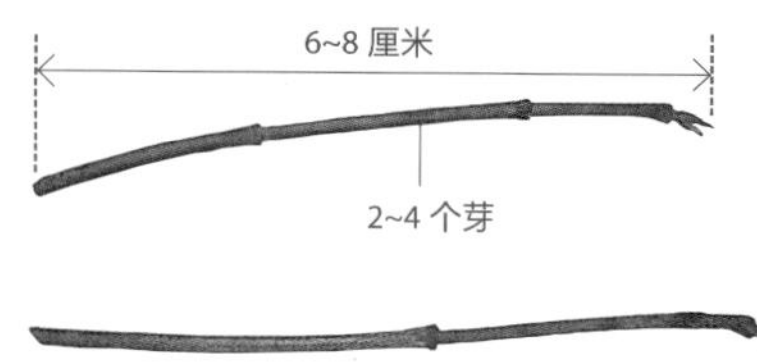

3 剪取接穗

剪取带有 2~4 个芽的健壮枝条。每段枝条的切口呈 45 度角且要一刀切断。注意切口要保持湿润。

4 完成接穗制作

用锋利的刀薄薄地削掉接穗的表皮，露出 2~3 厘米长的形成层，长度最好比砧木的形成层长 5 毫米左右。

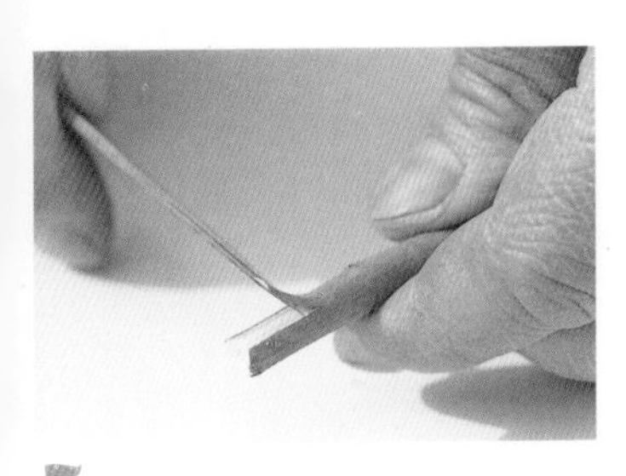

5 削砧木

在砧木的木质部与表皮之间用刀切入 2~3 厘米，露出形成层。

6 将接穗和砧木贴合

将砧木和接穗的形成层紧紧地贴合在一起。在操作时注意不要伤及切口。

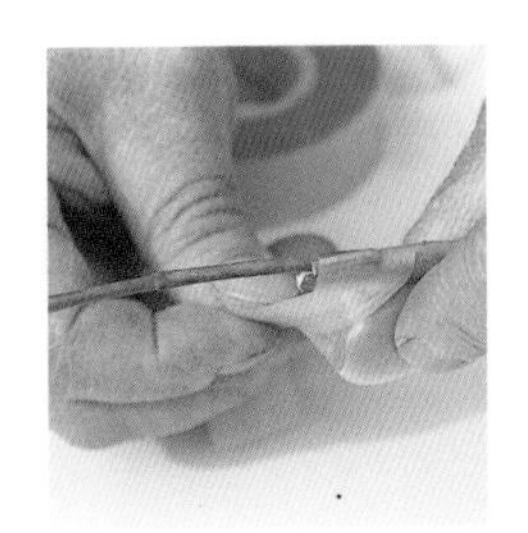

7 绑缚

将砧木与接穗的形成层贴合在一起后，用嫁接胶带盖住并缠牢。

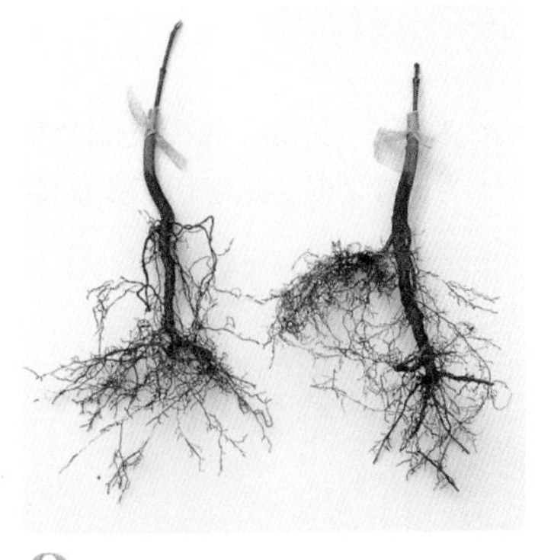

8 完成嫁接

系牢嫁接胶带且注意保持砧木切口湿润，至此嫁接完成。

9 套袋

将嫁接苗种入盆中后浇透水，为了保持湿润，从嫁接枝条的上方套入开孔的塑料袋。在长出新芽之前维持该管理状态。

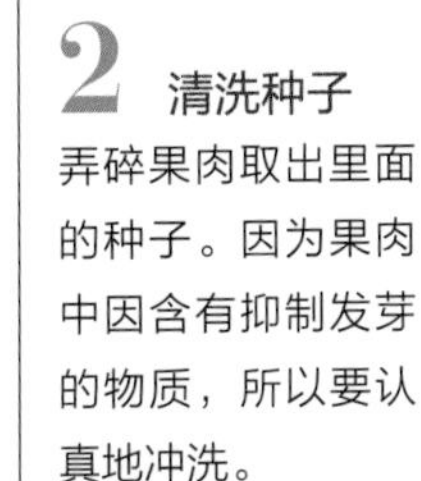

10 发芽

砧木和接穗都长出新芽。圈内的为砧木的芽。

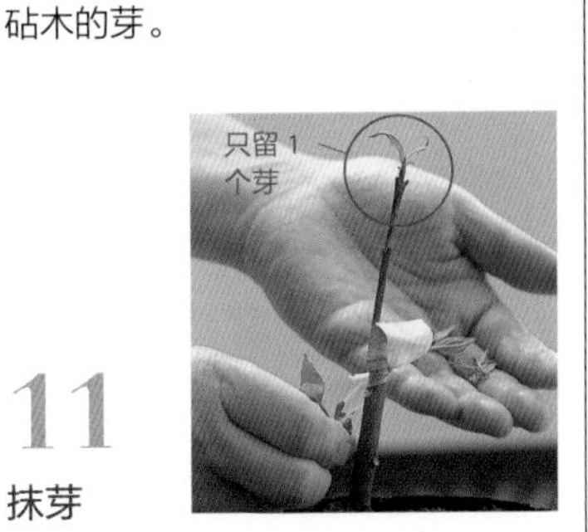

11 抹芽

拿掉塑料袋，将砧木上的芽全部摘除，接穗上也只留 1 个芽，以促使其生长。

12 育芽

只保留 1 个长势良好的芽，其余的都抹去，以促使其生长。

1 采种

实生繁殖栽培出的基本上都开白花。

2 清洗种子

弄碎果肉取出里面的种子。因为果肉中因含有抑制发芽的物质，所以要认真地冲洗。

3 播种

在盆中放入赤玉土，将种子均匀地撒入，在种子上加盖厚度为种子厚度 1 倍的旧土。

13 成活

成活后会冒出更多的芽。半年后叶片生长茂盛。

嫁接

难易度 ★★★

腹接（夏接）

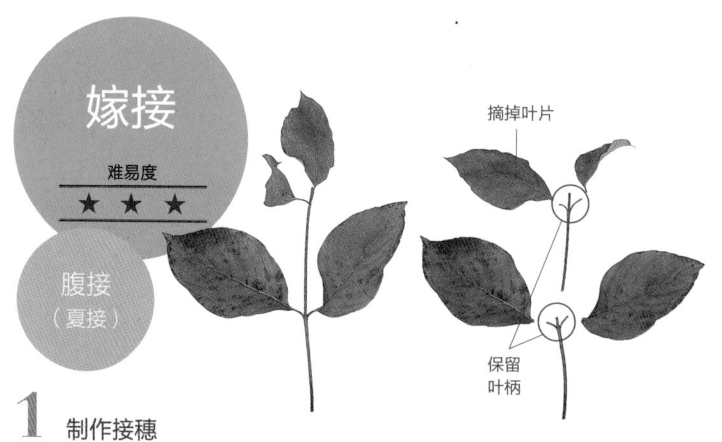

1 制作接穗

用带有 2 个芽的健壮枝条制作接穗。摘掉叶片，只保留叶柄。

2 削接穗

用利刀一刀削出 45 度的斜面。按住枝条用刀往前一削就完成了。

3 露出接穗的形成层

用刀削去接穗斜面另一面的表皮，露出形成层。如果刀钝，可能会伤及形成层。

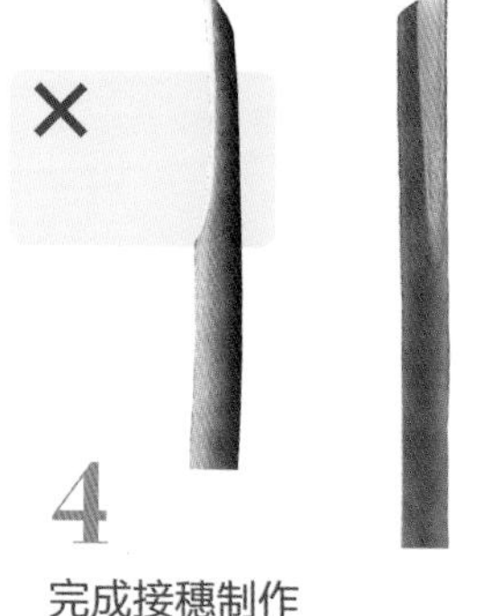

4 完成接穗制作

左边接穗的形成层切口呈弓形，故很难和砧木紧密贴合。腹接的时候，特别要注意接穗的切口要直。

5 削砧木

削掉砧木薄薄的表皮后，就可看见形成层。这部分与接穗形成层完美贴合是嫁接成功的关键所在。

6 将砧木和接穗贴合

将砧木的形成层与接穗的形成层紧密贴合。

7 绑缚

为了固定砧木与接穗的形成层，用嫁接胶带将二者缠紧。

8 成活

不久，接穗上残留的叶柄会变成褐色，叶柄脱落是成活的标准。因为腹接不需要切断砧木，如果没成活，可多次进行嫁接。也就是说此法具有不浪费砧木的优点。确认其成活之后剪砧。

9

完成嫁接

接穗的叶柄自然脱落，说明嫁接苗成活。虽然已成活，但因为嫁接苗还很小，所以要小心管理。第 2 年春季剪砧。

扦插

难易度 ★★★

密闭扦插

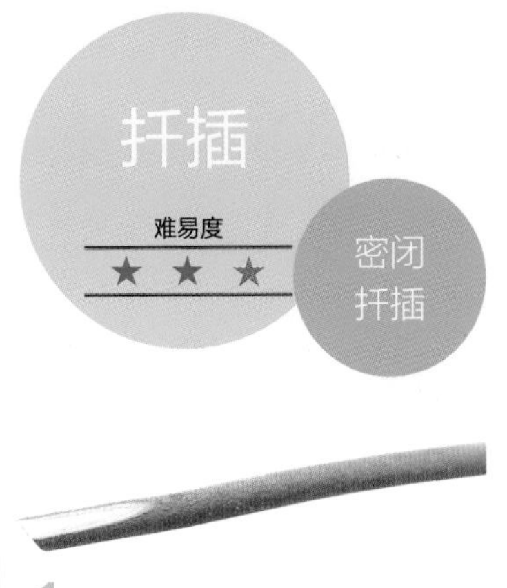

1

剪枝

上图为插穗的切口。插穗的长度为 8~10 厘米，用刀一刀切出 45 度的斜面，削掉其背面的表皮，露出形成层，以便更好吸收水分。

2

插入插床

将插穗在水中浸泡 1~2 小时。在平底花盆中放入鹿沼土作为插床，等距离插入插穗。

3

立支柱

准备 2 根长度为 30~40 厘米的铁丝。将铁丝弯成"U"形，呈交叉状插入花盆边缘作为支柱。

4

套袋

浇水后，套上塑料袋将整个花盆包住，以防止水分蒸发。

小知识 大花四照花的形成层

嫁接的关键是将砧木和接穗的形成层贴合在一起。形成层就是表皮与木质部之间的薄层，会随着植株的生长而生长。

这是大花四照花的枝条被削掉表皮后的状态。在表皮与木质部分之间看见的绿色部分就是形成层。

几个月后，形成层生长，略微凸出一点。

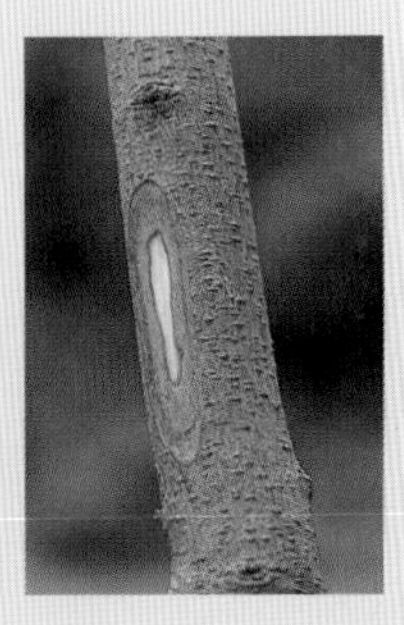

玫瑰

蔷薇 / 蔷薇科

落叶灌木（高 1~3 米）

因花的气质高雅而受欢迎。有的品种香味浓郁。不仅有开一季花和四季开花品种，还有开大朵花和数朵簇生的品种，以及爬蔓蔷薇、微型蔷薇等多个品种。丰富多彩的花色和花形，使其充分展示有“花中女王”的风采。

生长月历	1	2	3	4	5	6	7	8	9	10	11	12
状态					开花				开花			
修剪			嫁接									
繁殖							扦插					
施肥			扦插									
病虫害												

嫁接时使用原种的野蔷薇作为砧木进行切接。爬蔓蔷薇也可用于扦插繁殖

2~3 月是嫁接的最佳时期，一般都采用切接法。接穗选择 1 年生的枝条，剪下的枝条要带有 2~4 个芽，长度为 5~8 厘米且下部斜切。砧木选用 2 年生的野蔷薇实生苗。沿砧木表皮和木质部之间切入，将接穗插入砧木的切口处使形成层紧密贴合并用嫁接胶带绑缚。爬蔓蔷薇、微型蔷薇还可以用于扦插繁殖。3 月和 6~8 月是扦插的最佳时期。

嫁接

难易度

★ ★ ★

2 年生的
实生苗

1 选砧木

在 2~3 月进行嫁接。准备好作为砧木的植株，建议选用 2 年生左右的实生健壮苗木。

2 剪切砧木

在健壮、易嫁接之处剪断砧木。若进行嫁接的部位剪得过高，将影响其美观。

2~4 个芽

5~8 厘米

3 剪取接穗

剪取健壮的带有 2~4 个芽的枝条作为接穗，也可以使用健壮枝条的顶端部分。

2~3 厘米

4 制作接穗

一刀切出 45 度的切口，在背面削掉薄薄的表皮，露出 2~3 厘米长的形成层。

5 削砧木

用锋利的刀切下一小块砧木，这样就能更容易地看见形成层。

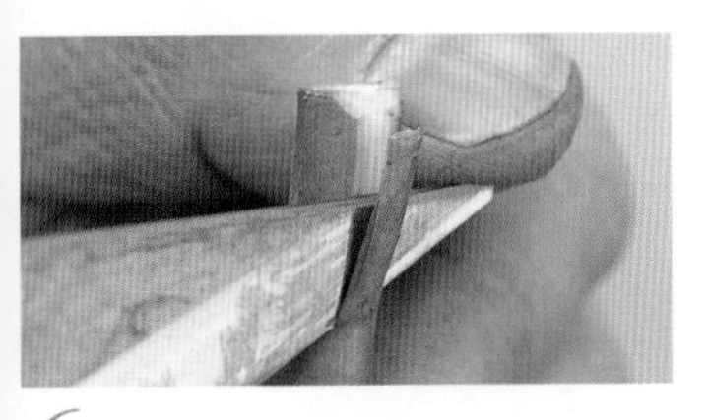

6 完成砧木制作

用刀切入 2 厘米深即可。掰开表皮就可看见形成层的环纹。将这部分与接穗的形成层对齐。

7 将砧木和接穗贴合

要点是将砧木的形成层和接穗的形成层紧密贴合。接穗的形成层要比砧木的形成层长 5 毫米，以便于嫁接。为了保持湿润应尽快完成嫁接操作。

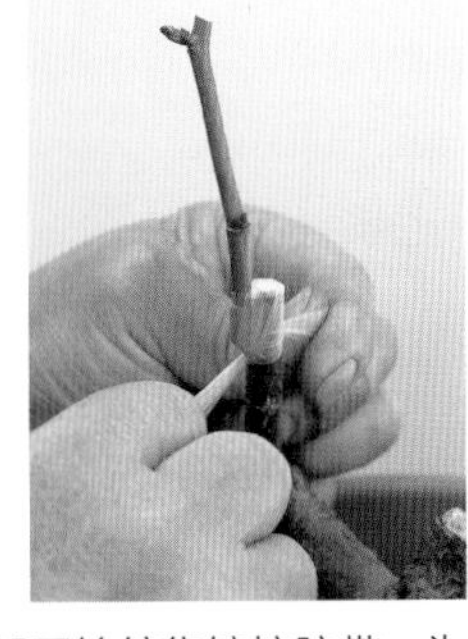

8 绑缚

从接穗上部开始缠绕嫁接胶带。为了防止砧木的切口干燥，用嫁接胶带包住切口并紧紧缠绕 2~3 圈，缠好之后打个结。

9 完成嫁接

将嫁接苗栽入 5 号花盆中。罩上有孔的塑料袋，以防止水分蒸发。

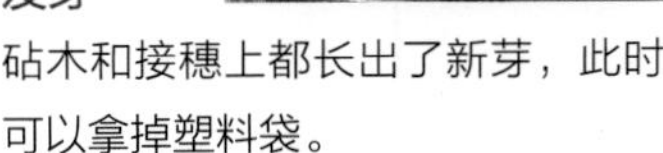

10 发芽

砧木和接穗上都长出了新芽，此时可以拿掉塑料袋。

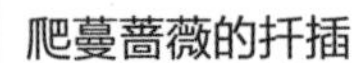

留下 2 个芽

11 抹芽

将砧木上的芽全部抹除。因为砧木的新芽会吸收养分。如果不知道该留接穗上哪个芽，可先保留 2~3 个，观察其生长状况后再定。

12 育芽

要不断地抹除砧木上的芽。长势良好的砧木会不断地长出新芽，要及时将这些新芽摘掉。

爬蔓蔷薇的扦插

插穗长度为 8~10 厘米，去掉下端的叶片，大叶片只保留半片。在水中浸泡 1 小时，插入装有鹿沼土或赤玉土的平底花盆里。浇水后放在有光亮的背阴处管理。

13 成活

最终留下 1 个接穗上的健壮新芽继续培养。

日本紫茎

小紫茎 / 山茶科
落叶乔木（高 15~20 米）

和夏椿相似，但其特征为叶和花均不大，显得清秀。树皮为红褐色且光滑是其与夏椿的不同之处。花期为 6~7 月，开白花。自然生长的日本紫茎树形优美，作为庭院树木很受欢迎。10 月左右结果。

生长月历	1	2	3	4	5	6	7	8	9	10	11	12
状态						开花	开花			■ 结果		
修剪	■	■										■
繁殖										实生		
施肥		■										
病虫害					■	■	■					

采用采摘种子、撒播的方式发芽率较高。注意浇水以保持湿润

培育实生苗需在 9 月下旬 ~10 月采摘种子。要点是在外壳开裂之前采摘蒴果。熟透的蒴果发芽率很低。采摘的蒴果自然干枯后，种子会从中脱落，然后用筛子筛选种子。在 6 号平底花盆中放入赤玉土并铺平，撒下种子后轻轻地盖上一层土，浇水。为了保持土壤湿润，可以盖上一层稻草进行保护。

夏椿

夏紫茎、娑罗紫茎 / 山茶科
落叶乔木（高 10~20 米）

花如其名，在夏季（6~8 月）开白色的、似山茶（椿的花。10 月左右结果。山茶属的植物树木均为常绿植物，而夏椿却是落叶树木。其叶片有细小的锯齿，树皮为红褐色，薄薄的会脱落，是公园和庭院用树。

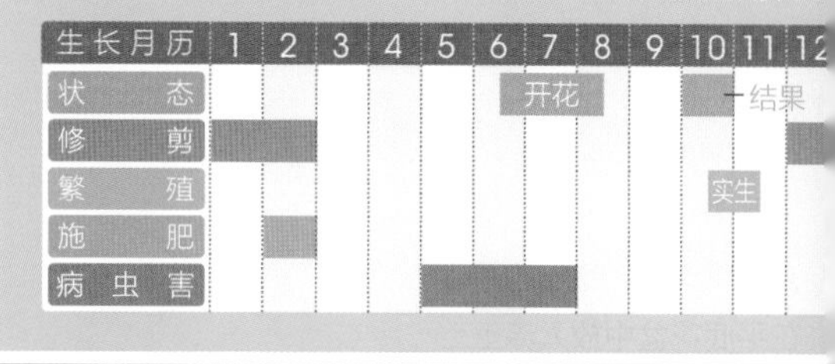

生长月历	1	2	3	4	5	6	7	8	9	10	11	12
状态						开花	开花			■	结果	
修剪	■	■										■
繁殖										实生		
施肥		■										
病虫害					■	■	■					

种子比日本紫茎的略大。播种之后置于半遮阴处管理

与日本紫茎一样采用实生繁殖，种子的形状也相似，但比日本紫茎的种子稍微大一点。播种培育的要点与日本紫茎相同，在播种之后要避免阳光直射，放在有光亮的背阴处管理。注意浇水，以保持种子的湿润。在第 2 年春季发芽后，如果苗木过密，可以间苗。长出 3~5 片叶后，可以移栽到 3 号花盆。苗木第 1 年大概高 20 厘米，第 2 年长至高 30~50 厘米。

实生

难易度

★★☆

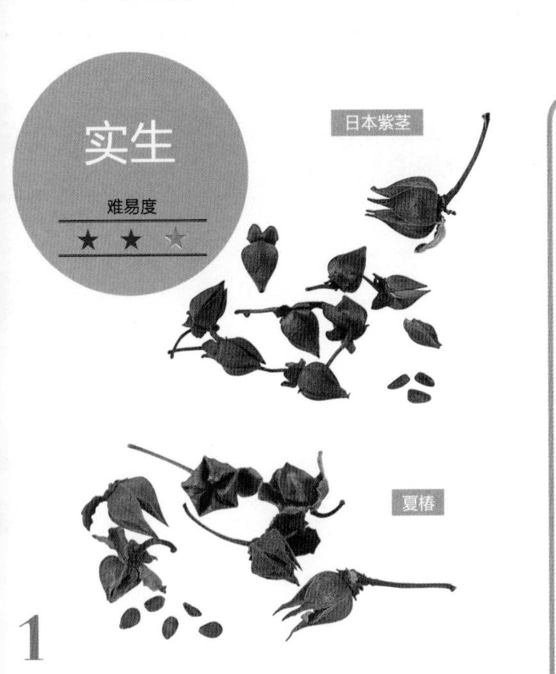

1 采种

蒴果呈褐色时里面的种子成熟，用手搓开蒴果采集种子，并用筛子筛选。

2 播种

在平底花盆中放入赤玉土，用木片把表面抹平后撒播。日本紫茎与夏椿的种子虽然极其相似，但日本紫茎的种子比夏椿的种子要小些。二者都用相同的方法采种、撒播。

3 筛土覆盖

不论是对日本紫茎还是夏椿，撒播之后都轻轻地筛土盖住种子。为了防止种子活动，都从盆底给水。在种子发芽之前，最好放在背阴温暖的地方管理。

术语解说 I

扦插术语

- 插床：插入插穗的地方，一般为放入鹿沼土、赤玉土的平底花盆和扦插用箱。
- 插穗：用于扦插的健壮枝条。
- 新梢：当年春季长出的新枝条。
- 剪枝：剪去过密或过长的枝条。
- 顶芽：枝条顶端长出的芽。
- 夏插：从梅雨季节到夏季（6~8 月）是植物生长活跃的时期，在这段时间进行的扦插称为夏插。
- 上盆：将在泥炭板、园艺花盆中种植或者是地上种植的植物，移栽至花盆的操作。
- 生根：移栽完成之后长出新的根系。
- 春插：在春季（2~3 月）新芽长出之前所进行的扦插。

嫁接术语

- 移植嫁接：将砧木挖出来之后进行嫁接的方法。
- 地接：不需挖出砧木就可进行嫁接的方法。
- 形成层：表皮和木质部之间的薄层，是促使茎和根长粗的部分。
- 雌雄异株：不是所有的植物都在一朵花里同时有雌蕊和雄蕊，还有雌雄异株的植物，即开只有雄蕊的雄花和只有雌蕊的雌花，它们各自开在只有雄花或者雌花的植株上，如银杏、猕猴桃。只开雄花的雄株，即使开花也不结果。
- 砧木：用作嫁接基质的树。虽然不需要和接穗是同种类的植物，但也应尽可能选与接穗具有较强亲和力（也称亲和性）的苗木作为砧木。
- 嫁接胶带：嫁接所使用的专门胶带。参照第 9 页的内容。
- 接穗：用于嫁接的枝条。

下面是嫁接的各种方法。参照 17 页的内容。
切接、劈接、腹接、芽接、靠接、根接。

少花蜡瓣花

日向水木、小叶瑞木 / 金缕梅科

落叶灌木（高 2~3 米）

花期为 3~4 月。它的植株比蜡瓣花（土佐水木）稍微小些，特点是花和叶片小，枝条细。从根部长出的枝条呈株立状。花为下垂的穗状花序，开 1~3 朵黄色的花，密生的枝条上花量很大。10 月左右结果。

生长月历	1	2	3	4	5	6	7	8	9	10	11	12
状态			开花	开花								
修剪	■	■									■	■
繁殖	分株	扦插、分株	扦插、分株			扦插	扦插	扦插			分株	分株
施肥		■	■				■					
病虫害						■	■	■				

扦插

难易度

★ ★ ★

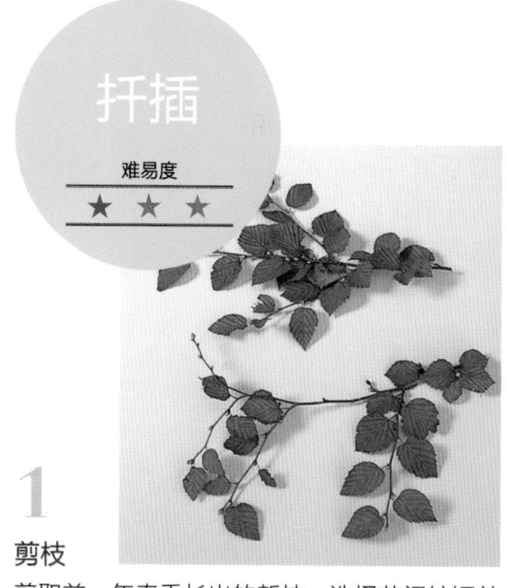

1

剪枝

剪取前一年春季长出的新枝，选择节间较短并生长健壮的枝条。

2

选插穗

剪取 2~3 节、长度为 8~10 厘米的枝段。使用叶片和茎都健壮的枝条。

扦插用土为鹿沼土，插穗插入的深度为其长度的 1/2 左右。由于是先开花后长叶，所以要在未长出花苞之前剪取枝条

扦插主要在 2~3 月进行，选用前一年春季长出的并且是在光照充足之处生长的粗壮枝条。分段剪成带有 2~4 个芽、长 8~10 厘米的插穗。一刀切出 45 度角并稍微削掉一点其背面的表皮。在水中浸泡 30~60 分钟使其吸足水分。为了便于排水，在 6 号平底花盆的盆底铺一层中粒鹿沼土以盖住盆底孔，再放入小粒鹿沼土并将表面抹平做成插床。可以先用木棒戳出孔后再插入插穗。浇水后放置在半遮阴处管理。在第 2 年的 3 月左右上盆比较适合。

分株是在落叶期的 11 月 ~ 第 2 年 3 月进行。少花蜡瓣花植株较小、枝条规整且容易整理，可以用和蜡瓣花同样的方法分株。由于枝条较细，注意在分株时不要将其折断。

3

制作插穗

摘掉下端的叶片，用刀平滑地削出斜面，再在背面削掉一层薄薄的表皮。

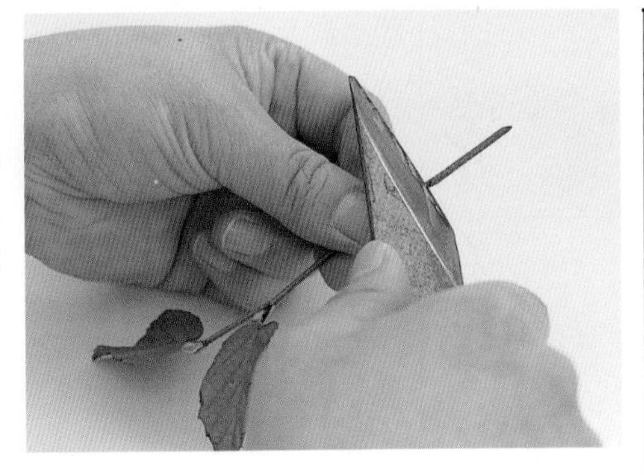

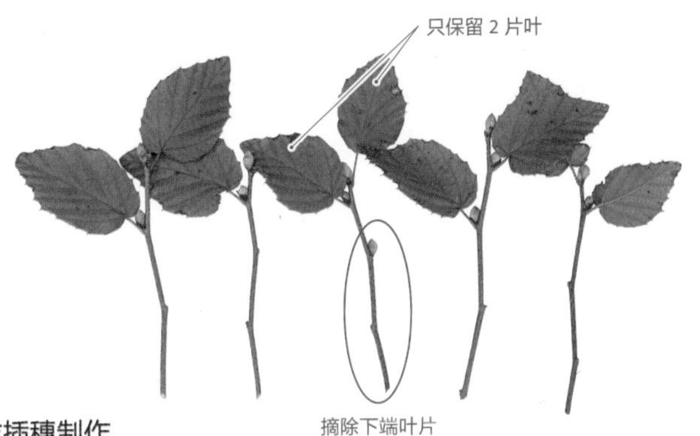

4

完成插穗制作

只保留 2 片叶，摘除全部下端的叶片。可以将插穗切至长度一致后待用。

浸水

将插穗在装有水的容器中浸泡 30~60 分钟，使其吸收水分。

6

插入插床

在平底花盆中放入鹿沼土并铺平。等距离间隔插入插穗，插入的深度为插穗长度的 1/2。

分株

难易度 ★★★

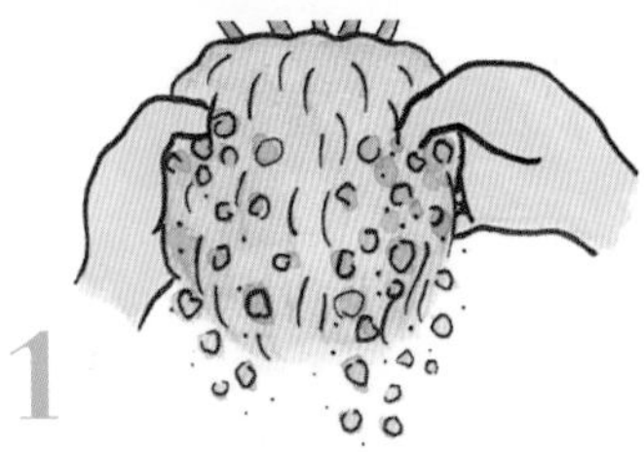

1

将植株拔出花盆

分株的最佳时期是在 12 月 ~ 第 2 年 3 月。将长大且已不适合种于原盆的植株拔出。尽量抖落根部带的盆土。

2

分株

可以用手来分株，若根系粗壮也可以用剪刀剪开。清理受伤的根和长根。

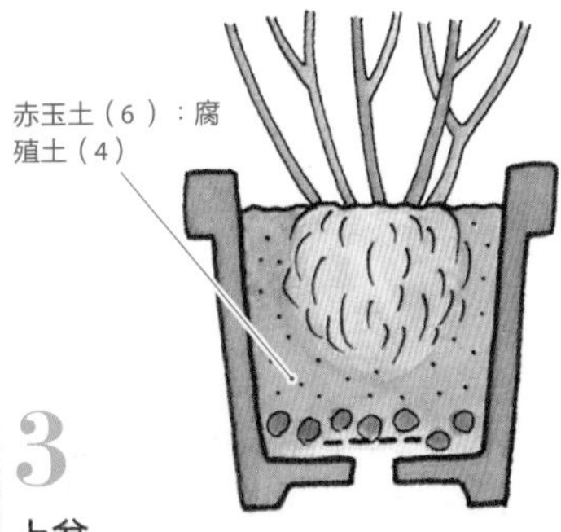

3

上盆

种植在新盆中。用土为赤玉土和腐殖土的混合土（比例为 6：4）。

火 棘

欧亚火棘 / 蔷薇科

常绿灌木（高 3~5 米）

原产地为欧洲南部和亚洲中部、东部。10~12 月果实成熟，红色、橙色、黄色的果实缀满枝头直至新年，增添了节日的气氛，叶片边缘有细小的锯齿。5~6 月开的白花很像珍珠绣线菊，也很漂亮。

生长月历	1	2	3	4	5	6	7	8	9	10	11	12
状态					开花					结果		
修剪												
繁殖		扦插、实生				扦插					实生	
施肥												
病虫害												

扦插

难易度 ★★★

1 剪枝

夏插在 6~8 月进行，选用在光照充足之处生长的健壮枝条。

2 选插穗

将能用作插穗的部分和不能用的部分剪下后分开，尽量使用健壮的部分。

3 制作插穗

插穗长度为 8~10 厘米，叶片保留 1~2 片。因叶片比较细小，可以直接用手捋掉。

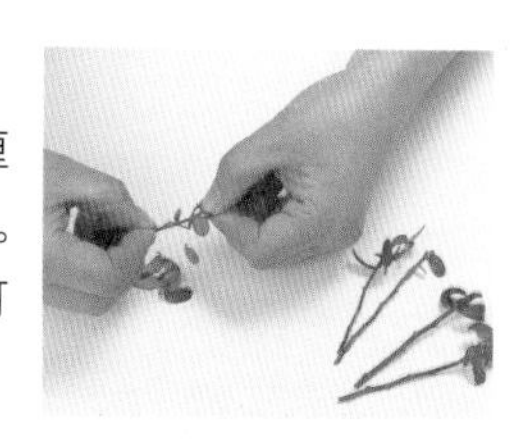

插穗要选择在光照充足之处生长的枝条，选择结实好的植株采穗，这是一个要点

春插和夏插都可以。春插在新芽长出之前的 2~3 月进行。夏插适合在天气变暖的 6~8 月进行。春插的插穗使用 1 年生的健壮枝条，夏插则选用当年生的健壮枝条。不论春插还是夏插，插穗长度均为 8~10 厘米，切口为 45 度的斜面。将插穗在水中浸泡 30~60 分钟后，插入赤玉土中。插床和插穗应保持湿润，放置在避免阳光直射的半阴处。春插时因为叶片还未长出，注意不要将插穗的上下端弄错了。夏插时，只保留上端的 1~2 片叶，下端的叶片要全部摘除，摘除时小心叶片的锯齿。生根之后慢慢地减少浇水量，9 月挖出小植株，一株一株地分别移植到 3 号盆中。用土为赤玉土（小粒）和腐殖土的混合土（比例为 6：4）。

实生苗用采种播种的方式培育。

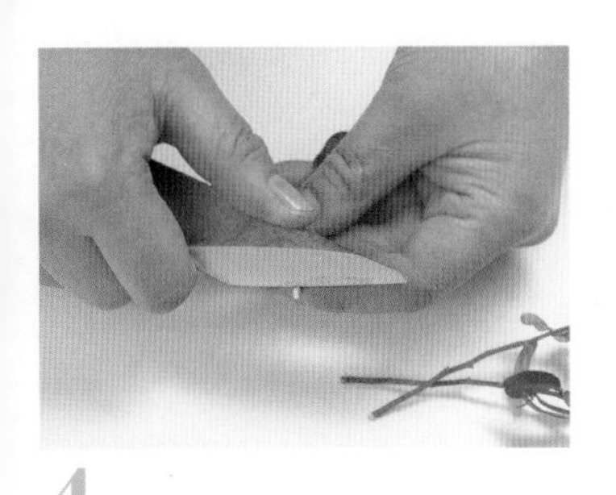

4
削插穗
插穗的切口要一刀切出 45 度左右的斜面，在背面用刀削掉薄薄的表皮。

5
完成插穗制作
将插穗的长度和切口都按要求统一处理好，注意不要损伤切口。

30~60 分钟

6
浸水
将插穗放入有水的容器中浸泡 30~60 分钟。使其吸收充足的水分后才易生根。

7
插入插床
将赤玉土放入盆中并铺平，将插穗插入其长度的 1/2 左右，尽可能等距离扦插。

8
扦插后管理
扦插完成后，浇水直至水从盆底溢出，然后放在避免阳光直射、通风较好的背阴处管理。

9
生根
不久将会长出新芽、生根。另外也可以用鹿沼土作为扦插用土。

1
采种
摘取成熟的果实。

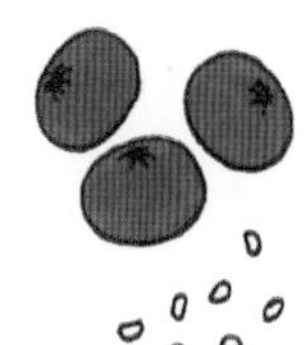

2
收集种子
用水冲洗碾碎的果肉，取出种子。

赤玉土

3
播种
将种子撒在盛有赤玉土（小粒）的盆中。最好在盆底放大粒的赤玉土。

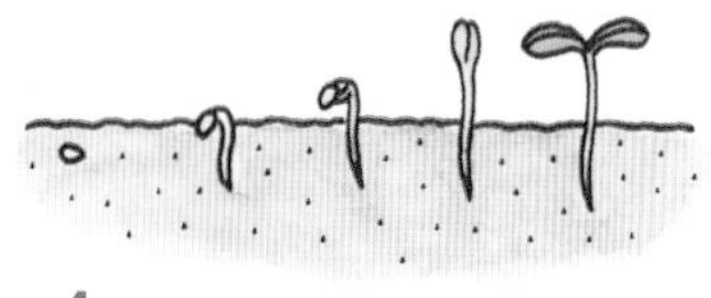

4
发芽
放在半遮阴处管理，种子就会发芽、生长。

5
上盆
生根之后将其挖出（注意不要伤及根部），移栽至花盆中。

红醋栗

红茶藨子 / 茶藨子科
落叶灌木（高 1.5 米）

与茶藨子是同属植物。7 月，红豆大小的红色果实成串地结在树枝上。原产地为从欧洲到中亚。还有果实颜色不同的黑醋栗和白醋栗。其果实不仅可以生吃还可以制成果酱。

生长月历	1	2	3	4	5	6	7	8	9	10	11	12
状态				开花		结果						
修剪	■	■										■
繁殖		扦插、压条										
施肥		■										
病虫害						一般无						

压条、扦插都很容易成功。此外还可以在 2 月下旬 ~3 月中旬进行分株繁殖

扦插的最佳时期是在 2~3 月。选用、剪取 1 年生的带有 2~4 个芽的健壮枝条作为插穗，将切口切出斜面，再削掉另一面的表皮并让其吸足水分后，插入赤玉土或鹿沼土中。分株在 2 月下旬 ~3 月中旬进行。老株的根部会发出许多新枝，在此处填土以促使其生根。注意保持土壤湿润，长出很多细根后，可分株并上盆。

压条

难易度

★★★

1 确定压条的位置

选定要压条的位置，用刀在树干周围削出 3~4 个缺口。

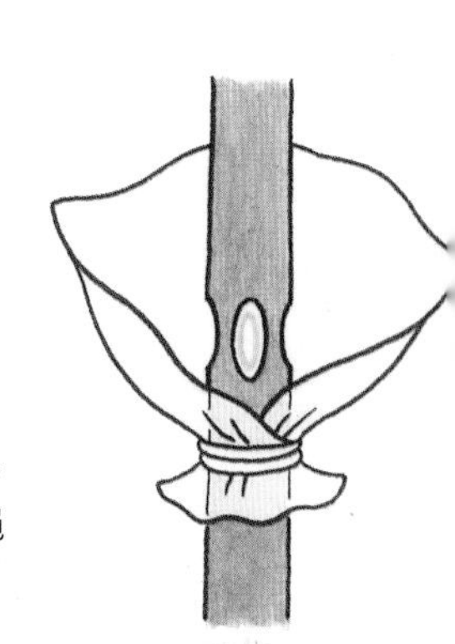

2 包上塑料袋

在压条位置以下，裹上塑料袋并用绳子扎紧。

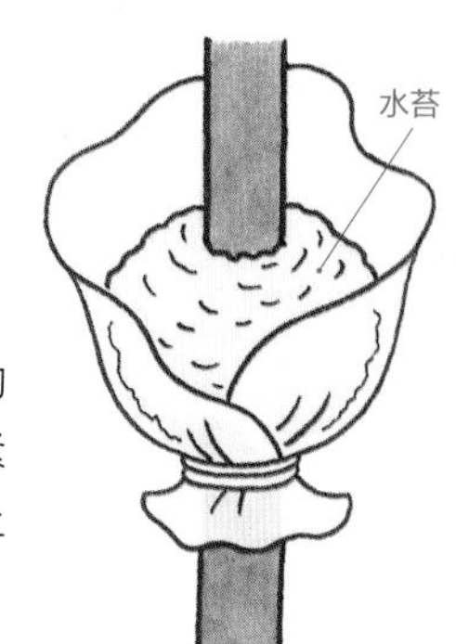

3 包入水苔

用事前备好的湿润的水苔将压条的部位紧紧地包好，然后裹上塑料袋。

4 用绳子扎紧塑料袋

用绳子扎紧固定住塑料袋。有时需将其上部的绳子松开浇水，促使根系生长。

1

剪枝

在 2~3 月扦插。剪取作为插穗的枝条。选用在光照充足之处生长的健壮部分。

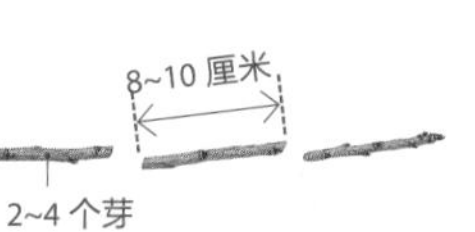

2

制作插穗

分段剪下长度为 8~10 厘米、带有 2~4 个芽的枝段制作插穗。

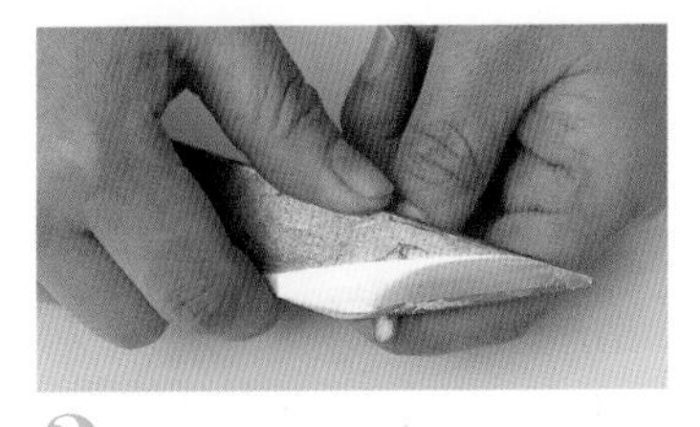

3 削插穗

用利刀将插穗的切口一刀切成 45 度的斜面。

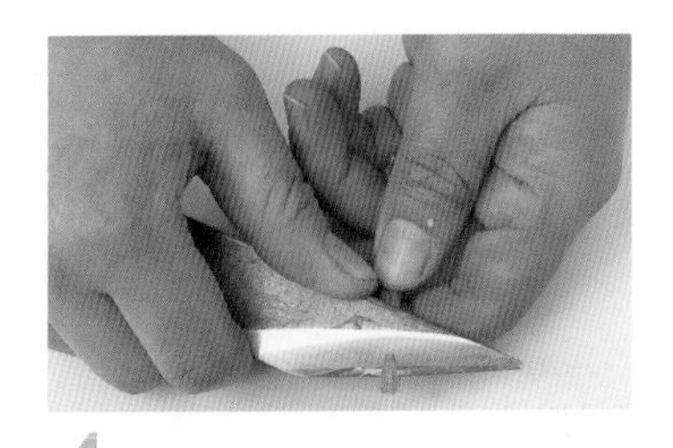

4 露出形成层

在斜面的背面，用刀削掉薄薄的表皮，露出形成层。

5

完成插穗制作

长度、切口均已弄好的插穗，乍一看形似枯枝，但切口很新鲜。

6

浸水

将插穗放入水中浸泡 30~60 分钟，使其吸收足够的水分。

7 插入插床

将赤玉土放入盆中并铺平，插入深度为插穗长度的 1/2 左右。

8 扦插后管理

等距离地插入插穗，浇透水后放在明亮的背阴处管理。

9

生根

约 3 个月后冒出新芽并长出根系，第 2 年春季上盆。

紫 藤

多花紫藤 / 豆科
落叶藤本植物

花期为 4~6 月。无数朵蝶形花组成的下垂花序长 20~90 厘米。盛开的紫藤看上去极其华丽、壮观。为了观赏，一般会在庭院中搭紫藤架，花色有白色、紫色、紫红色等。也有带香味的品种。

生长月历	1	2	3	4	5	6	7	8	9	10	11	12
状态					开花							
修剪												
繁殖		嫁接				压条						
施肥												
病虫害												

压条

难易度 ★★★

1 选定位置

选定压条的位置，用刀绕枝条切出宽 1~2 厘米的环带。若宽度不够，上下可能会粘在一起。

2 剥开表皮

用刀纵向切出缝后，用手小心地剥掉表皮，露出木质部。右图为已完成的环状剥皮。

将塑料钵紧紧地固定在要进行压条的地方，放入赤玉土后浇水，促使根系生长

压条适合在 4~8 月进行。要选用壮实的枝条。确定进行压条的位置后，呈环状剥掉宽 2 厘米左右的树皮，或在枝条上削去 3~4 处表皮。剪开塑料钵，剪到钵底中央的孔处后，包住枝条并用订书机固定。如果不稳，可以用绳子绑在枝条上。装入赤玉土后浇水。培植过程中要保持湿润。在第 2 年的 3 月上盆。以生根作为压条成活的标准。在靠近钵底处切断，拿掉塑料钵后移栽，移栽后的用土为赤玉土（小粒）和腐殖土的混合土（比例为 7：3）。多浇水，在半阴处管理。

嫁接适合在 2~3 月进行。接穗要从 1 年生的带有 3~4 个芽的藤蔓中选取，接穗长度为 5~8 厘米，修整接穗的切口。选用 2~3 年生的实生苗作为砧木，用切接法进行嫁接。

3
套上塑料钵
剪开塑料钵，钵底穿过枝干后复原，再将剪开的部分用订书机钉起来。

4
填土
在塑料钵中装满赤玉土。浇水至钵底有水溢出为止。培育过程中要保持土壤湿润，半年左右就会生根。

嫁接

难易度 ★★☆

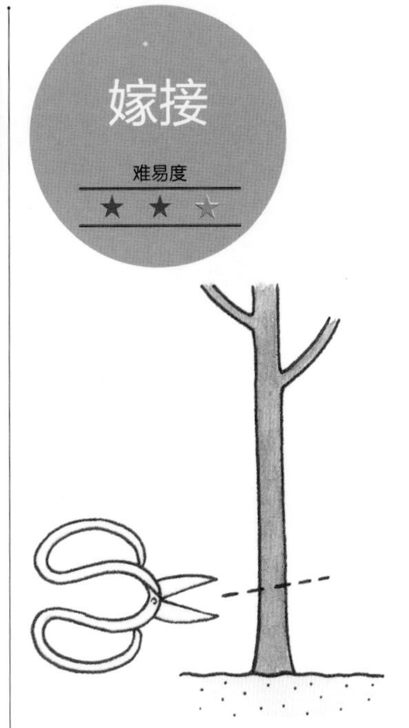

1
剪切砧木
选用在阳光充足处生长的健壮苗木。若嫁接的位置过高将影响美观，所以尽可能地剪得低一些。笔直的枝干更容易嫁接。

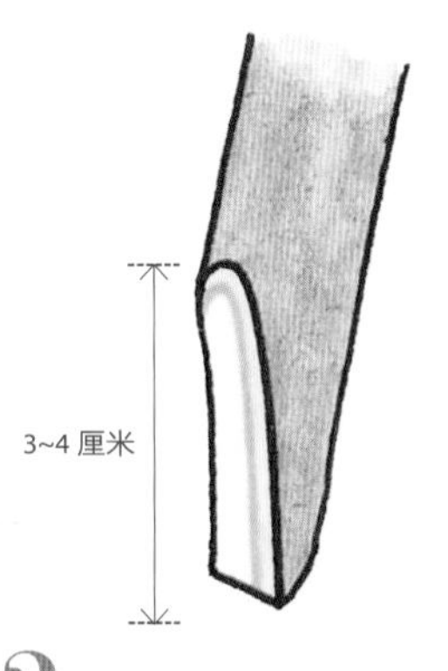

2
削接穗
选取长势良好的枝条作为接穗，剪成长 3~4 厘米的枝段后，再用刀削切口。

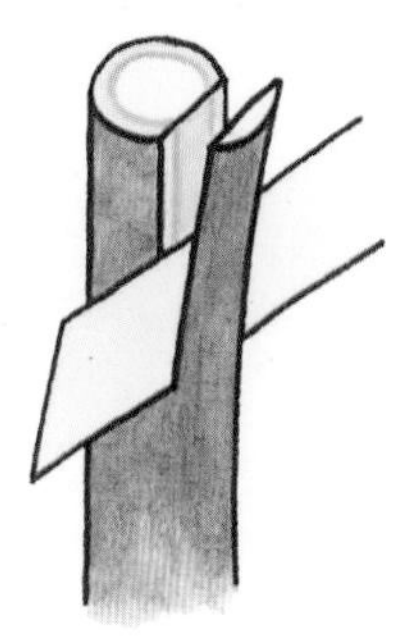

3
削砧木
把刀切入表皮与木质部之间，露出形成层。最好切得比接穗的切口稍微短些。

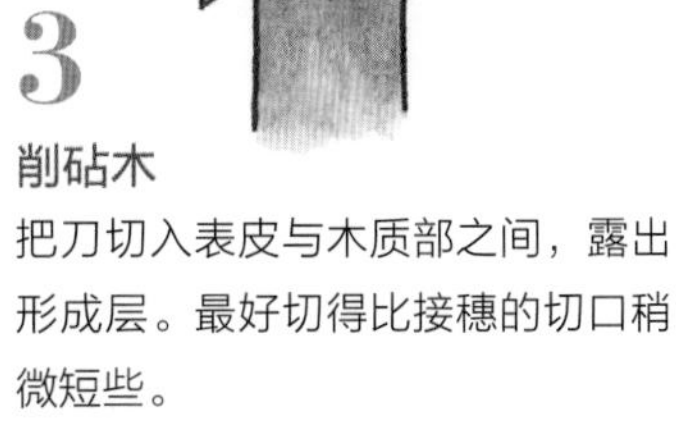

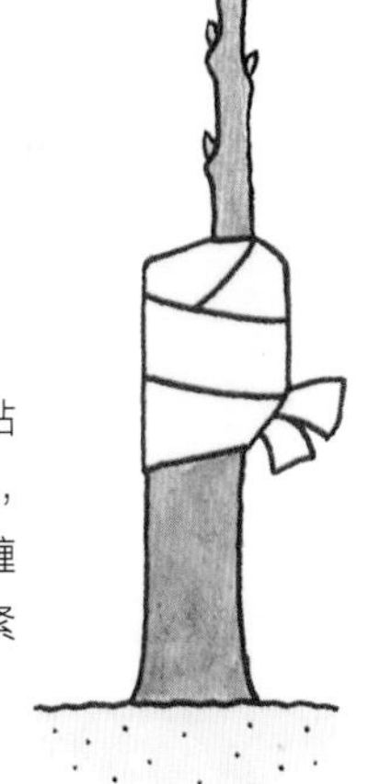

4
绑缚
将接穗插入砧木的切缝中，用嫁接胶带缠绕 2~3 圈后紧紧地系好。

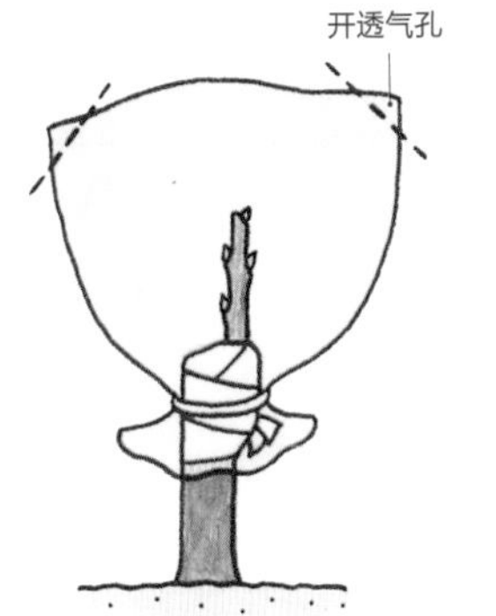

5
套袋
罩上有透气孔的塑料袋，下部用扎带等系牢后浇水，等待其成活。

红花七叶树

变色木 / 无患子科

落叶乔木（高 10~20 米）

欧洲七叶树与北美红花七叶树的杂交品种。5~6 月，在圆锥状向上直立的花序上开出无数朵红色或浅红色的花。因树干高大常见于公园或用作行道树。果实呈球形，有刺。

生长月历	1	2	3	4	5	6	7	8	9	10	11	12
状态					开花	开花						
修剪	■	■										■
繁殖		嫁接	嫁接									
施肥		■										
病虫害						■	■					

砧木最好选用 2~3 年生的日本七叶树实生苗，要缠紧嫁接胶带

2~3 月中旬是嫁接的最佳时期。接穗选用在光照充足之处生长的健壮枝条；长度为 5~6 厘米，下部斜切。最好用 2~3 年生的日本七叶树实生苗作为砧木。尽可能选用树干挺直的部分，用刀切开后插入接穗并用嫁接胶带绑缚。将嫁接苗放置在避风的半阴处。抹掉接穗上多余的芽。

嫁接

难易度 ★★★

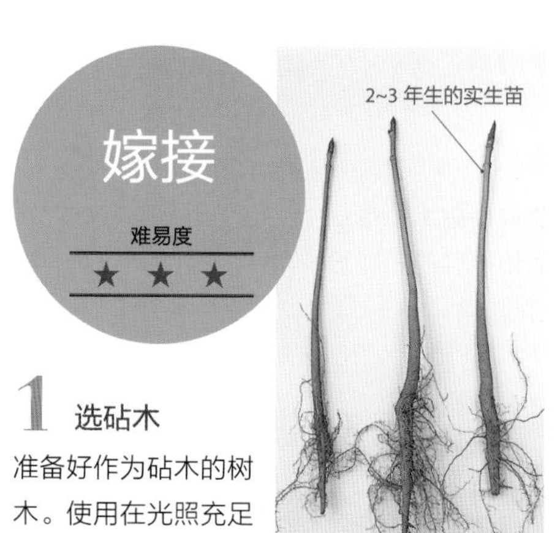

1 选砧木

准备好作为砧木的树木。使用在光照充足处生长的健壮苗木。

2 剪切砧木

若嫁接的位置偏高将影响美观。用剪刀剪下健壮、挺拔的部分，断口可以稍微带些角度。

3 剪取接穗

剪下 5~6 厘米长的健壮顶端部分作为接穗。

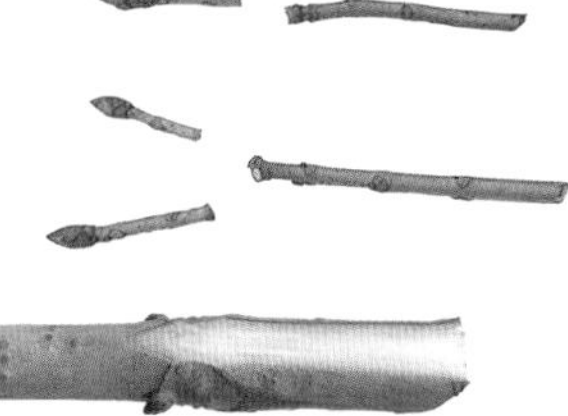

2~3 厘米

4 制作接穗

将接穗的切口切成 45 度的斜面（要一刀成形），削掉较长一面的表皮，露出 2~3 厘米长的形成层。

5 削砧木

在砧木的木质部与表皮之间，用刀切入 2 厘米左右，露出形成层。

6 将砧木和接穗贴合

要点是砧木的形成层和接穗的形成层紧密贴合。

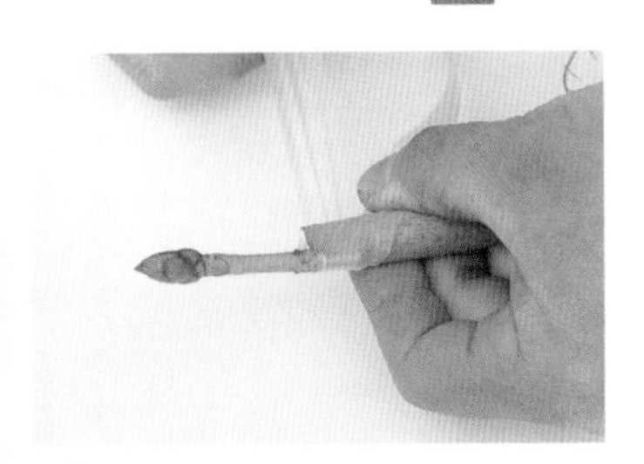

7

缠上嫁接胶带

在嫁接处缠上嫁接胶带。为了保持砧木切口湿润，胶带要将上端裹住并缠绕 2~3 圈。

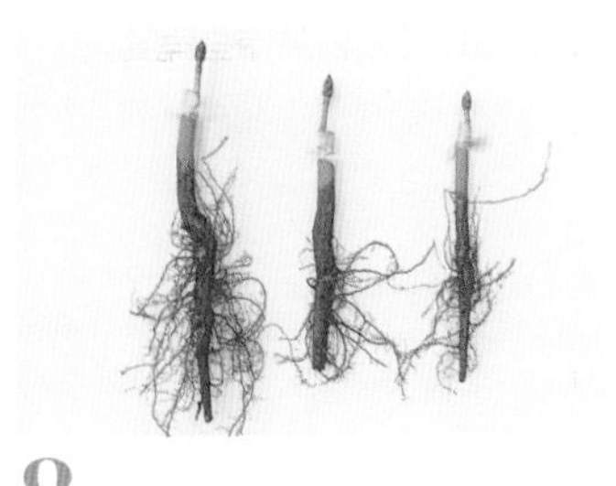

8

绑缚

缠好嫁接胶带之后打结固定。

9

完成嫁接

嫁接完成之后，将嫁接苗种植在 5 号花盆中，浇透水。

10

套袋

将开有透气孔的塑料袋从上罩下来，以保持苗木湿润。

11

发芽

若长势良好，砧木和接穗上都会出芽。

12

抹芽

拿掉塑料袋，将砧木上的芽全部抹掉，只留接穗上的 1 个芽，以促使其生长。

13

育芽

步骤 12 中的接穗已成活并出芽。继续培育该芽。

14

成活

2~3 个月后，嫁接苗仍然较弱，应放在避光的半遮阴处管理。为了保持盆土湿润，要多浇水。

15

继续抹芽

健壮的苗木不仅接穗不断地生长，砧木上也会不断地长出新芽。每次都要耐心地抹去砧木上的新芽。新芽很小，用手就能简单地摘除。

木瓜

皱纹木瓜 / 蔷薇科

落叶灌木（高 1~2 米）

原产于中国，平安时代传入日本，作为庭院花木和盆栽树木一直很受欢迎。春季白色、红色、浅红色等的花开满枝头。5 瓣花，因品种不同，也有开 8 瓣花的。大的果实可药用也可酿酒。

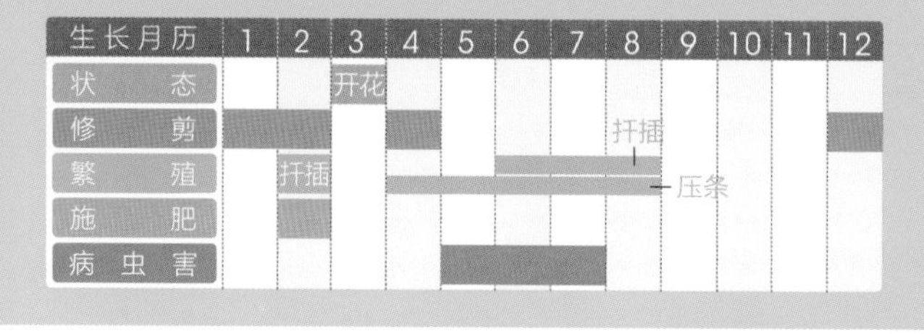

扦插

难易度 ★★★

1 剪枝

2 月左右是扦插的最佳时期。剪下准备用作插穗的枝条。使用在光照充足处生长的壮实苗木。

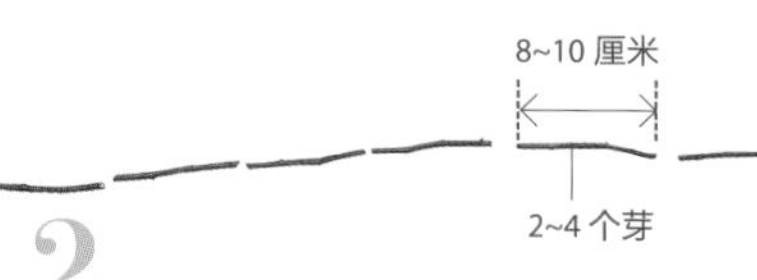

2 选插穗

按每段长 8~10 厘米，剪成若干段，且每段都应带有 2~4 个芽。注意不要弄错枝条的上下端。

3 制作插穗

用锋利的小刀切出有 45 度斜面的切口。捏住枝条，向刀刃方向削下即可。

扦插用土最好为鹿沼土或赤玉土。压条时可以使用埋土法，缠绕铁丝可以促使其生根

扦插的最佳时期在 2 月和 6~8 月。不论何时扦插，都要选用健壮的枝条作为插穗。纤细的枝条顶端长势较弱，扦插效果不好，因此要将其剪掉。剪取长 8~10 厘米的健壮部分，用刀再次整理插穗的切口，浸泡后插入鹿沼土或赤玉土中。移植的最佳时期是第 2 年 3 月。1 个盆里种植 1 棵。用土为小粒赤玉土和腐殖土的混合土（比例为 7：3）。

在 4~8 月，用埋土法进行压条。在要压条的树干根部缠上铁丝，用钳子拧紧。填土后浇透水，提高土壤湿度有利于生根。通常 1 年后生根，可以扒开土确认根系的状况。确认根系长势良好后，从压条部位的下方切断并移植。注意，在冬季以外的其他季节移植，根部会长肿块。

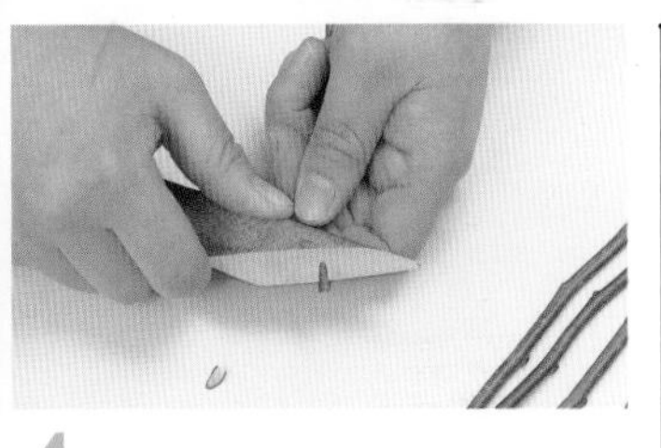

4

削插穗

削掉枝条背面的表皮，露出形成层。露出的形成层越多，吸收的水分就越多，就更有利于生根。

5

完成插穗制作

剪好符合长度要求的插穗。为了能更好地吸收水分并生根，要削掉一部分表皮。长短一致有利于管理。

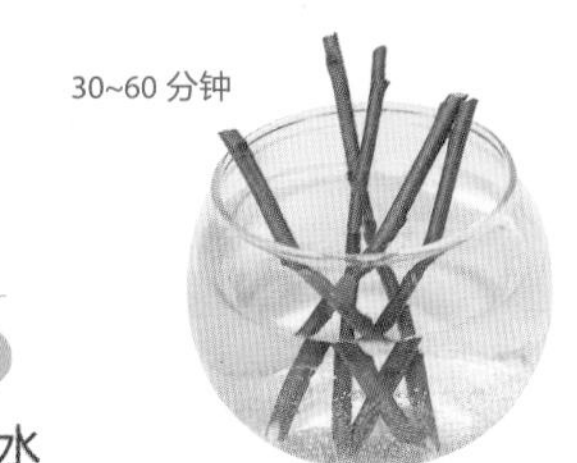

6

浸水

将做好的插穗放入水中浸泡 30~60 分钟。扦插的要点就是让插穗吸收足够的水分。

7

插入插床

在平底花盆中放入赤玉土，插入插穗，为了避免伤及切口，可先用木棒戳个洞后再插入插穗。

8

扦插后管理

将插穗等距离插好后浇透水，放在背阴处管理。

压条

难易度 ★★★

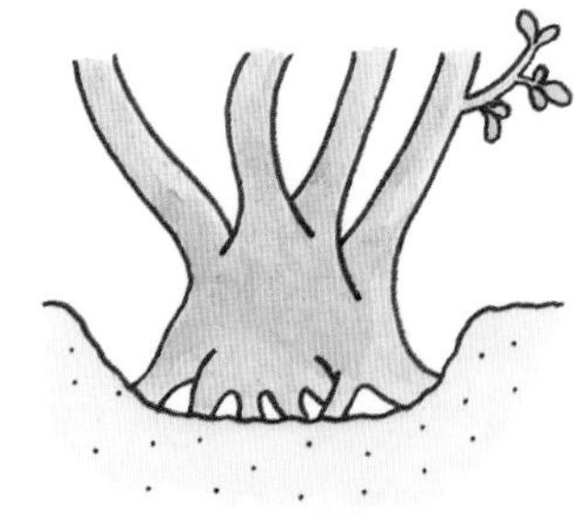

1

挖出植株

压条的最佳时期是在 4~8 月。将培育长大的植株连根挖起。

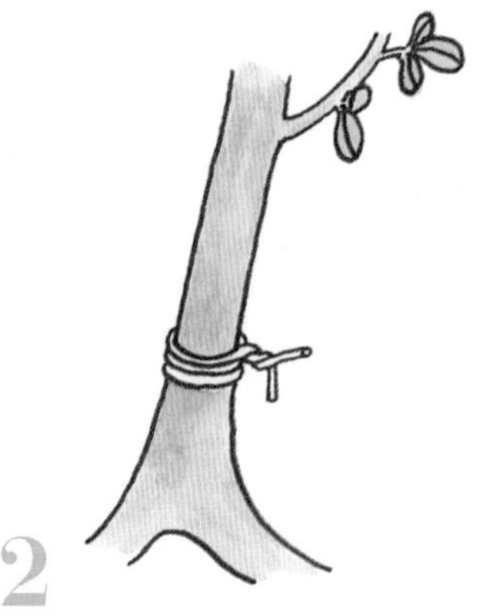

2

缠上铁丝

在树干部缠上铁丝并用钳子拧紧。

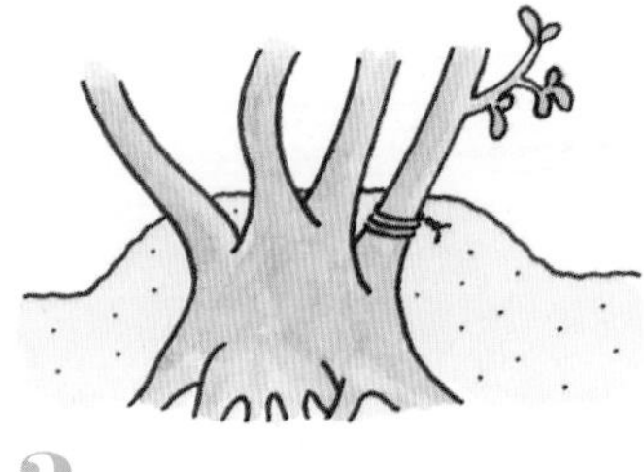

3

培土

再次埋入土中，树干部分要多培土。

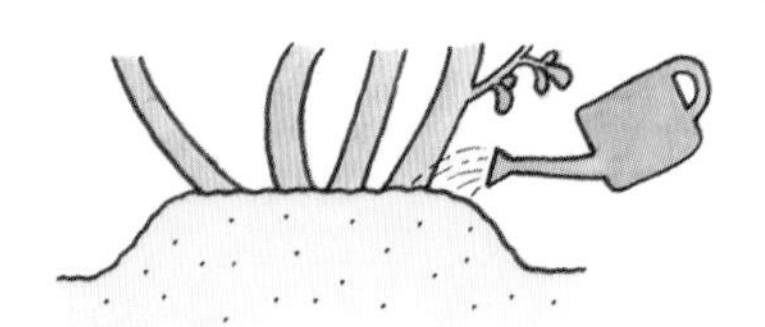

4

浇透水

浇透水并保持一定的湿度，以促使其生根。

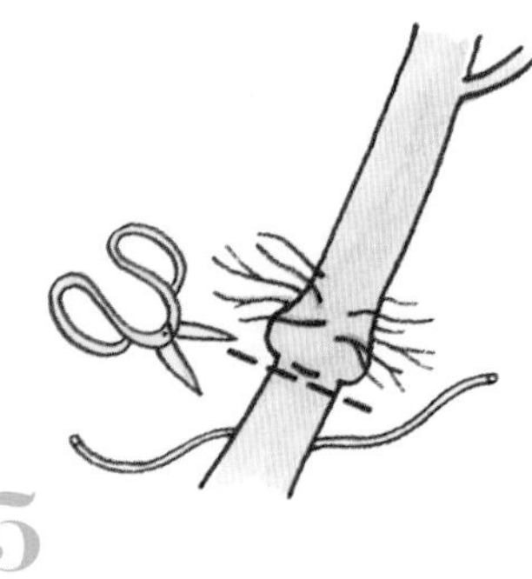

5

生根

如生长顺利将在半年左右生根。入冬以后（1 月）或者 5~6 月挖出查看，确认长出根须后用剪刀剪断枝干。解开铁丝，将其种在盆里或地栽。

日本金缕梅

满作、万作 / 金缕梅科
落叶小乔木（高 5~6 米）

2~3 月，金黄色的花朵熠熠生辉，点缀着早春的山野。花数朵簇生，犹如散开的纤细飘带。有红花、圆叶等品种。

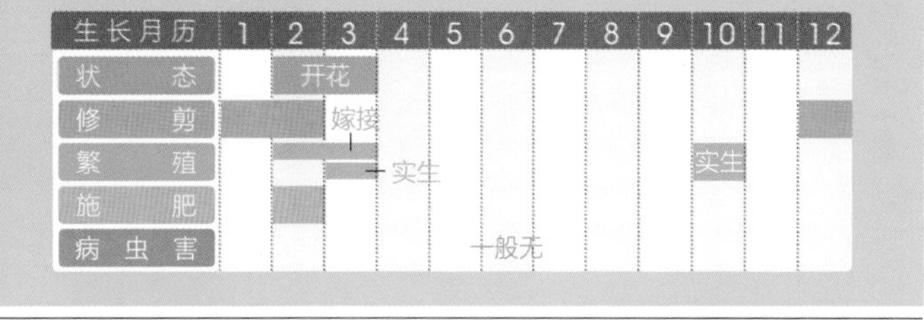

生长月历	1	2	3	4	5	6	7	8	9	10	11	12
状态		开花										
修剪			嫁接									
繁殖				实生						实生		
施肥												
病虫害						一般无						

嫁接

难易度
★★★

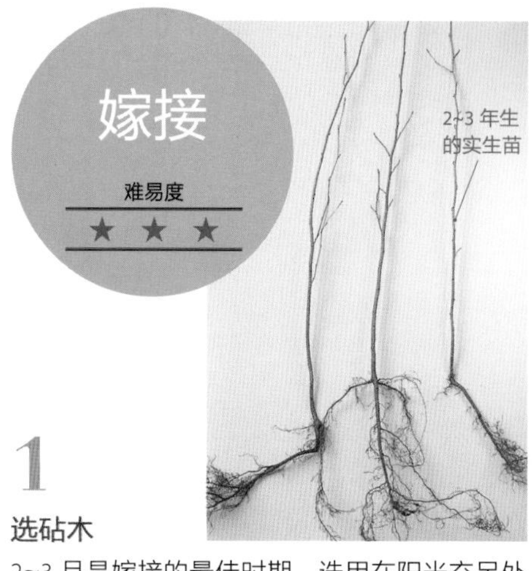

1 选砧木

2~3 月是嫁接的最佳时期。选用在阳光充足处培育的健壮苗木作为砧木。

2~4 个芽
4~5 厘米

2 剪取接穗

选用带有 2~4 个芽的健壮枝条作为接穗，按每段 4~5 厘米的长度剪成若干段。

3 削接穗

斜切切口之后，削掉背面的表皮，露出形成层。

为了保持湿润，要用塑料袋将嫁接苗罩住。播种用土要混合腐殖土，培植 1 年后再上盆

嫁接的最佳时期为 2~3 月。接穗选用长势良好、节间短且健壮的枝条。1 根树枝可以剪取数个接穗。选用 2~3 年生的金缕梅实生苗作为砧木，剪下用作嫁接的部分，然后将接穗插入已切开的表皮和木质部之间，再用嫁接胶带绑缚。嫁接完成后，为了保持水分，可以用开有透气孔的塑料袋把盆全部罩住。

实生繁殖适合用于培育砧木和非园艺品种的原种苗木。10 月，在种子还没有弹出之前摘下黑色的成熟蒴果。蒴果干燥后种子会自然脱落。种子可以马上撒播，也可以储藏在 5℃的低温处于第 2 年 3 月播种。在 6~8 号的平底陶瓷盆中，放入小粒赤玉土和腐殖土的混合土（比例为 7：3），制成播种床，然后均匀地撒上种子。若种子 4~5 月发芽，在第 2 年 3 月左右上盆。

4

削砧木

将刀切入砧木表皮和木质部之间，露出形成层。

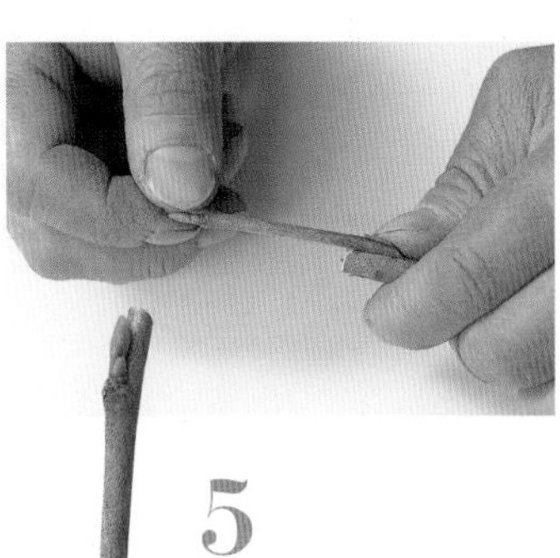

5

将砧木和接穗贴合

将砧木的形成层和接穗的形成层紧密贴合。砧木切口深度可以比露出的接穗形成层长度稍微短些。

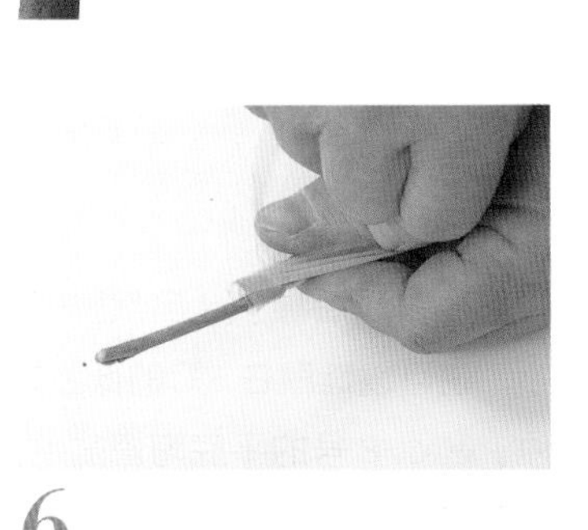

6

绑缚

为了保持砧木切口处湿润，需要缠上嫁接胶带，缠好后系紧。

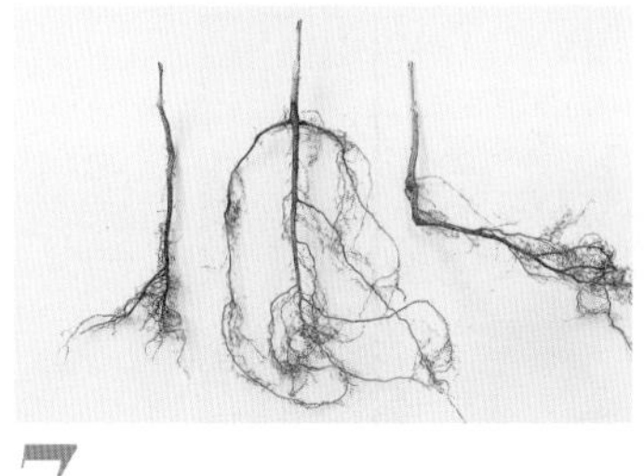

7

完成嫁接

缠好嫁接胶带后，嫁接就完成了。按照相同的方法，一次可以完成数株的嫁接。

8

种植

将嫁接好的苗木种植在 5 号塑料钵或塑料花盆中，使用赤玉土。种好之后，浇透水放在半阴处管理。

9

套袋

为了保持湿润，可以罩上开有透气孔的塑料袋并用扎带等系紧，直至发芽。

10

发芽

接穗与砧木均冒出新芽，此时可以拿掉塑料袋。

11

抹芽

将砧木上的新芽全部摘去。用手就能很容易地摘除。接穗上保留 1 个健壮的芽，其他的也摘掉。

12

成活

上图为嫁接苗成活后顺利生长的样子。砧木长出新芽时，为了保证接穗的养分，要将这些新芽摘除。

木槿

木锦、木棉 / 锦葵科
落叶灌木（高 2~4 米）

原产于中国，作为韩国的国花也很有名。带有异国情调的花朵，虽然只开一天，但从盛夏的 7 月到入秋的 10 月，一直连续不断地开放。原种的花是单瓣的红紫色花，此外还有白花品种、重瓣品种等。

生长月历	1	2	3	4	5	6	7	8	9	10	11	12
状态							开花	开花	开花	开花		
修剪	■	■										■
繁殖		扦插、实生	扦插、实生			扦插	扦插	扦插				
施肥		■										
病虫害					■	■	■					

插穗的切口要用锋利的刀削尖。将种子放在阴凉处保管，第 2 年春季播种

扦插的最佳时期为 2~3 月和 6~8 月。2~3 月进行扦插时使用 1 年生的枝条，6~8 月扦插时使用当年生的枝条。从扦插到生根大约需要 3 周，其间放在半遮阴处管理，浇水并保持足够的湿度。生根后渐渐增加光照时间并减少浇水量。上盆的最佳时期是第 2 年 3 月左右。用土为小粒赤玉土和腐殖土的混合土（比例为 7：3）。培育实生苗需在 11~12 月采种，将种子装入纸袋等中放在阴凉处保存，第 2 年春季播种。

扦插

难易度 ★★★

1 剪枝

6~8 月扦插。剪取用作插穗的枝条。选用在光照充足处生长的健壮枝条。

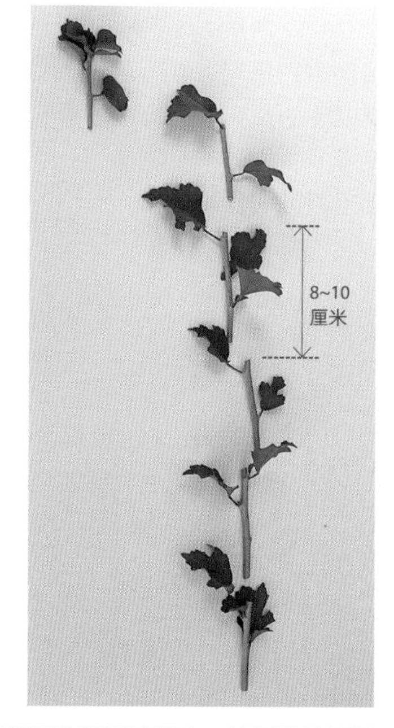

2 选插穗

剪下并选出能用作插穗的部分。使用健壮的新枝，软绵的新枝不适合用作插穗。

3

制作插穗

插穗长度为 8~10 厘米，保留 1~2 片叶。表皮很容易被剥下，所以摘取叶片时要小心。

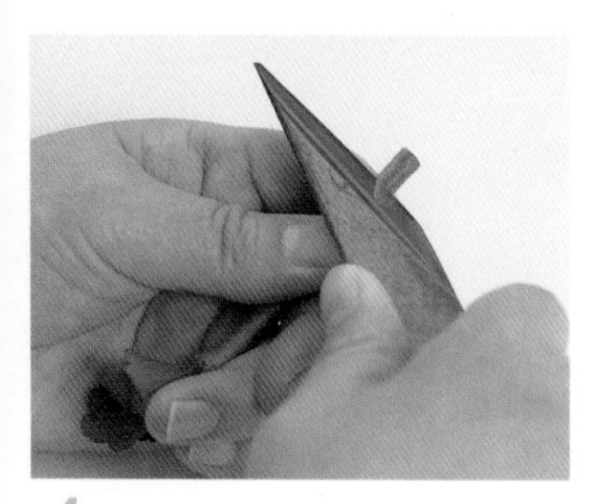

4

削插穗

用锋利的刀一刀切出 45 度的切面，在反面削掉长 1~2 厘米的薄薄表皮，露出形成层。

5

完成插穗制作

做好的插穗的长度、切口应一致。从切口处可以看见形成层。为了避免损伤切口，要仔细、小心处理。长度一致是为了便于日后的管理。

6

浸水

在水中浸泡 30~60 分钟，让插穗吸收足够的水分。

7 插入插床

在盆中放入鹿沼土，将插穗等距离插入其长度的 1/2，可以用木棒戳个洞后再插入插穗。

实生

难易度 ★☆☆

播种在第 2 年的 2~3 月进行。若直接撒播，种子不易发芽，所以要将种子放入温水中泡一夜，第 2 天将种子撒入 6~8 号大小的平底花盆，盆土用赤玉土。

1

采种（11~12 月）

用手或其他工具搓开褐色的蒴果就可得到种子，可用筛子筛分种子和外壳。

2

播种（2~3 月）

在平底花盆中放入赤玉土，均匀地撒入种子，用筛子筛土盖住种子。

紫 珠

紫式部、日本紫珠 / 马鞭草科
落叶灌木（高 2~3 米）

6~7 月开浅紫色的花，最佳的观赏期是在结果的秋季。直径为 3 毫米左右的宝石般的果实缀满枝头，像是整棵树都染上了紫色。因其典雅的风姿被称为紫式部[㊀]。种在庭院里的是果实密集的小紫珠。

生长月历	1	2	3	4	5	6	7	8	9	10	11	12
状态						开花	开花			结果	结果	
修剪	■	■										■
繁殖		扦插	扦插			扦插	扦插	扦插		实生	实生	
施肥		■										
病虫害							一般无					

扦插

难易度

★ ★ ★

1 剪枝

在 2~3 月扦插。剪取扦插用的枝条。使用在光照充足处生长的健壮枝条。

2 选插穗

剪下并选出长 8~10 厘米、带有 2~4 个芽的枝条。不要使用太细的部分。

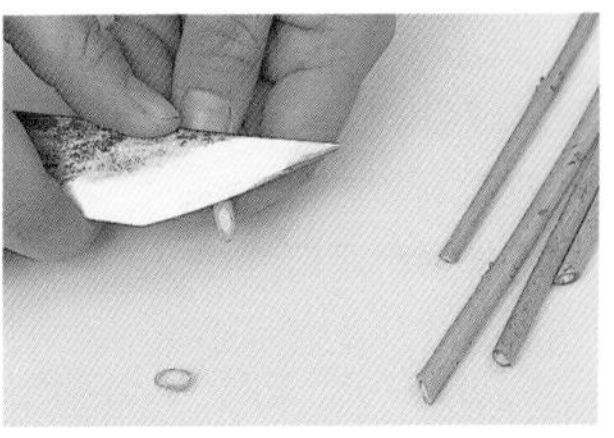

3 制作插穗

用锋利的刀切出 45 度角的斜面。注意不要切到手指。

扦插直至第 2 年春季 3 月上盆之前，注意保持湿度。作为庭院树木被广泛使用的小紫珠可以采用实生繁殖方式

扦插分 2~3 月的春插和 6~8 月的夏插。春插的插穗从 1 年生的健壮枝条中选取，剪取长度为 8~10 厘米的插穗。摘掉下端的叶片，切口斜切，放在水中浸泡 30~60 分钟后插入插床，插床是装有赤玉土的平底花盆等器皿。夏插则从当年春季长出的新枝中选取长势良好的枝条作为插穗，插穗长 10 厘米，切口切成斜面。保留 1~2 片叶，摘除下端的叶片，浸泡之后扦插。扦插后的 1 个月内放在半遮阴处管理。不论春插还是夏插，上盆的最佳时期都是第 2 年 3 月。移栽用土为赤玉土和腐殖土的混合土（比例为 6：4）。因根系较细，在移栽时要多加小心。

小紫珠可以采用实生繁殖方式。10 月中旬 ~ 11 月采摘果实并播种。从研碎的果肉中采集种子后反复用水冲洗，这样容易发芽。

㊀ 紫式部是日本人对紫珠的别称。日本人看到紫珠就想到了平安时代的才女，高雅、聪明、知性的紫式部。——译者注

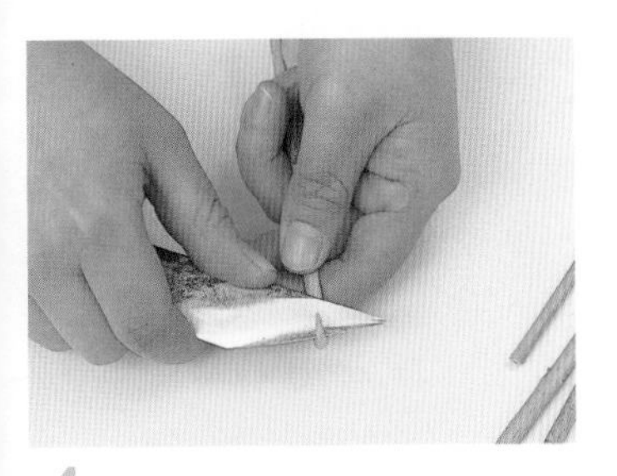

4 削插穗

在插穗的背面削掉薄薄的一层表皮，露出形成层。

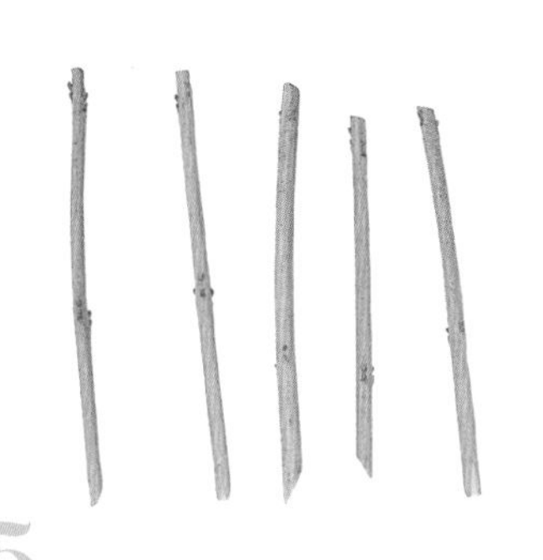

5 完成插穗制作

做好长短、切口都切好的插穗。从切口处可以看见形成层。

6 浸水

将插穗在水中浸泡 30~60 分钟，使其吸收足够的水分。

7 插入插床

将插穗插入装有赤玉土的盆中，插入深度为其长度的 1/2，等距离扦插。

8 扦插后管理

扦插结束后，浇透水，置于温室等温暖的场所进行半遮阴管理。

9 生根

图为半年左右后的生根状况。若用鹿沼土扦插，根为白色。上盆用赤玉土。

实生

难易度 ★★★

1 采摘果实

青紫色的漂亮果实，熟透后采摘下来。

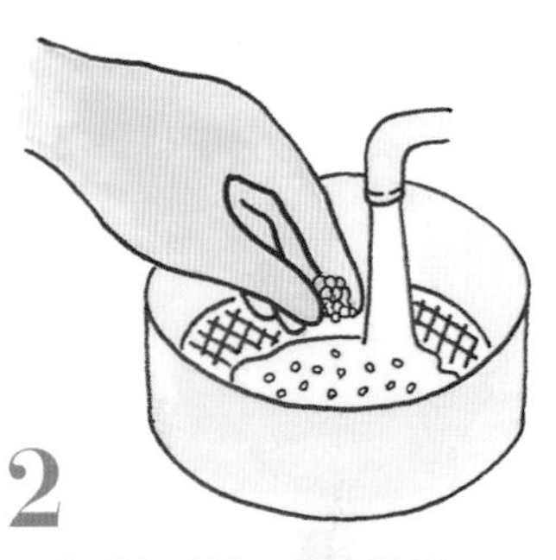

2 用水反复冲洗，采集种子

将果肉研碎，用水反复冲洗后取出种子，由于果肉中含有抑制发芽的成分，所以要将果肉冲洗干净。

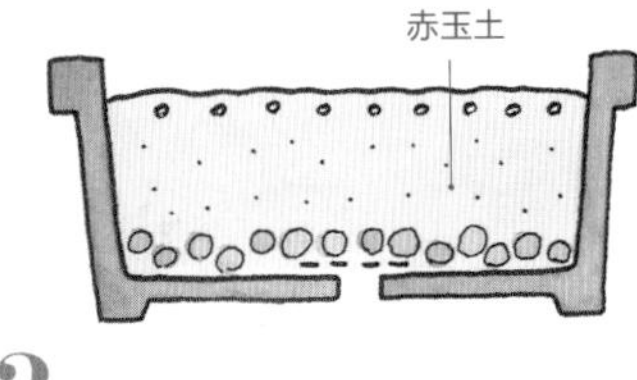

3 播种

将种子撒在装有赤玉土（小粒）的平底花盆中。用筛子筛土盖住种子，浇透水后放置在背阴处管理。

木兰类

木兰、玉兰 / 木兰科

落叶阔叶灌木（高 2~3 米）

木兰类不仅包括深紫色的紫玉兰和白色的白玉兰，还有西洋品种。4~5 月，能看到郁金香样的大而美丽的花朵开满枝头。植株呈丛状生长，是很受欢迎的庭院树木。

生长月历	1	2	3	4	5	6	7	8	9	10	11	12
状态				开花	■							
修剪	■	■			■							■
繁殖		嫁接	■									
施肥		■							■			
病虫害						一般无						

辛夷

日本辛夷 / 木兰科

落叶阔叶灌木（高 4~5 米）

虽然与木兰同属，但花期稍早于木兰。在 3~4 月新叶未长出之前，枝头开满白花，一对嫩叶长在花托之下，春季开在山野之间，极其美丽。

生长月历	1	2	3	4	5	6	7	8	9	10	11	12
状态			开花	■								
修剪	■	■			■							■
繁殖		嫁接、实生	■									
施肥		■							■			
病虫害						一般无						

选用长势良好的青年树作为砧木。砧木的好坏决定嫁接的效果

2~3 月进行嫁接。砧木使用 2 年生的辛夷实生苗。由于砧木的好坏会决定嫁接的效果，所以要选用根系发达的青年树。一般用切接法。剪取带有 2~4 个芽的健壮枝条作为接穗，长度为 5~6 厘米，切口斜切。在嫁接处剪断砧木，将接穗插在表皮与木质部之间，用嫁接胶带绑缚。此外也可用靠接和芽接法。

辛夷一般采用实生繁殖，但是星花木兰（姬辛夷）等则通过嫁接繁殖

辛夷多采用实生繁殖，但是开粉花的星花木兰（姬辛夷）等则采用嫁接繁殖。最佳的嫁接时期是 2~3 月，使用辛夷作为砧木，一般进行切接。

实生繁殖时，从果肉中取出种子，用水反复冲洗后撒播，或将种子放入塑料袋中低温储藏，于第 2 年 2 月左右洗净果肉后撒播。播种用土为赤玉土。

1 嫁接

进行嫁接的接穗和砧木。如图所示，接穗的顶端和中部均已冒芽。

2 抹芽

只保留顶芽，将其他的芽全部摘掉，这样可以促使其生长。

3 接穗的状态

左图为长势良好的接穗。和其他植物相比，生长较慢，但是只要顶芽长势良好，嫁接就成功了。

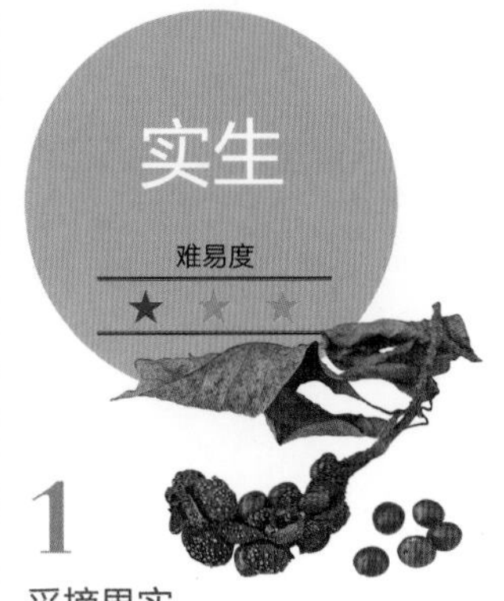

1 采摘果实

其果实色彩鲜艳。选摘成熟的果实。

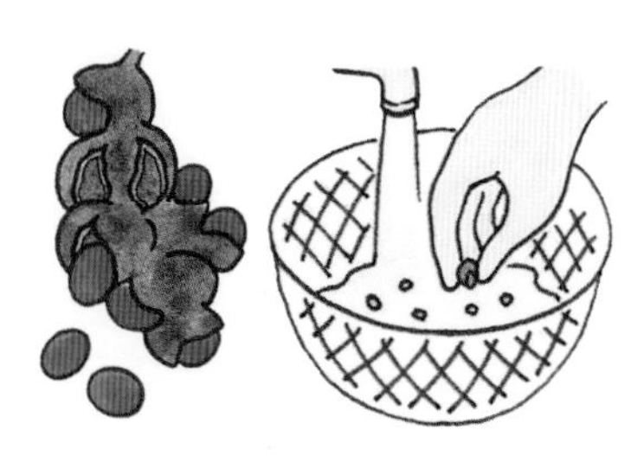

2 剔除果肉

从褐色的荚中取出果肉并研碎，用水冲洗后取出种子。

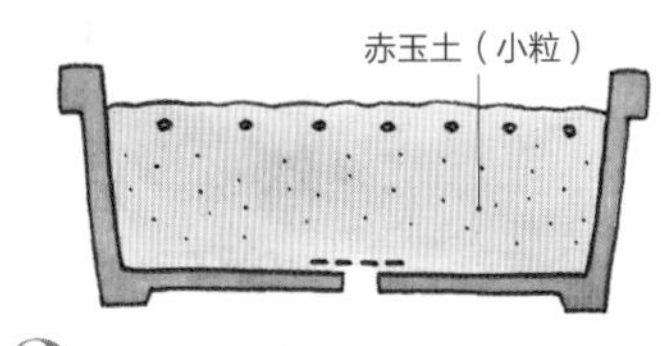

3 播种

将种子撒播在赤玉土（小粒）上，覆土。浇水之后放置在背阴处。

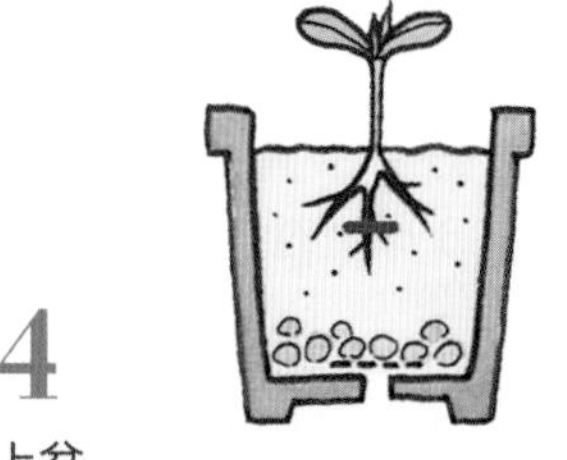

4 上盆

生根之后挖出，为了使侧根生长得更加强壮，可以将直生根（向下垂直生长的主根）剪掉 1/3 后再种植。

嫁接

难易度

★ ★ ★

星花木兰

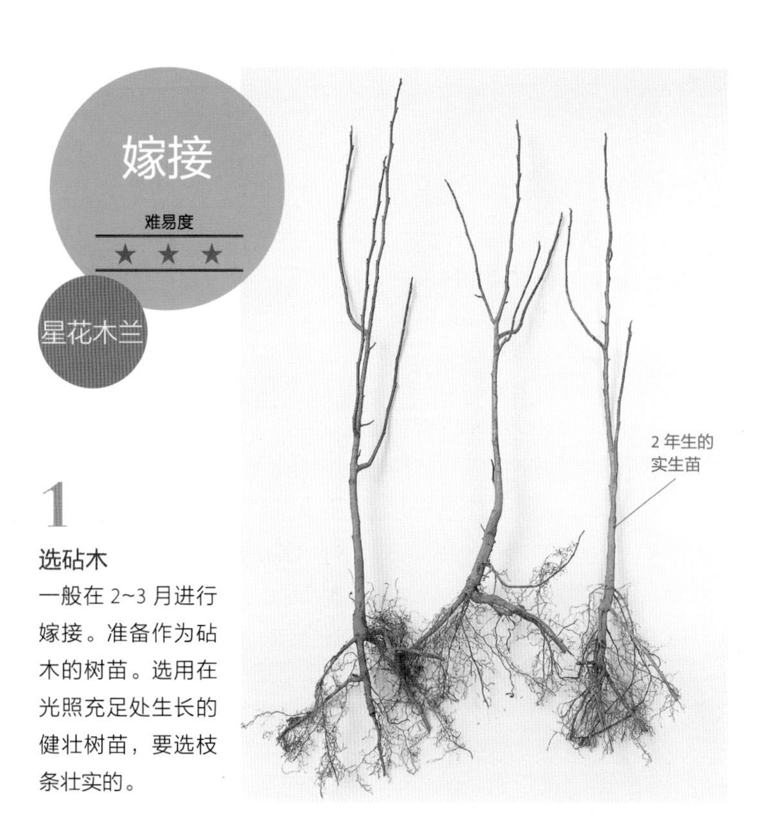

1

选砧木

一般在 2~3 月进行嫁接。准备作为砧木的树苗。选用在光照充足处生长的健壮树苗，要选枝条壮实的。

2

剪切砧木

剪下笔直且容易嫁接的砧木。若嫁接的位置偏高，将影响美观。

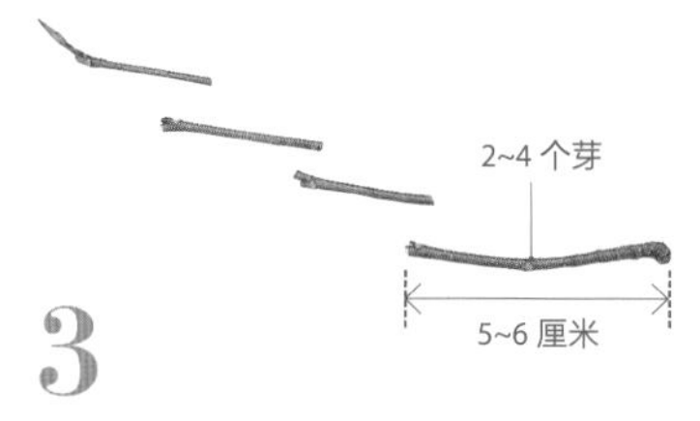

3

剪取接穗

剪取壮实的带有 2~4 个芽的枝条作为接穗。

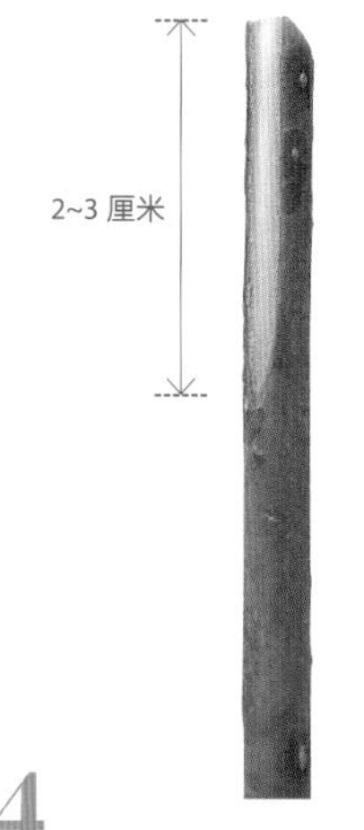

4

制作接穗

用锋利的刀削掉接穗的表皮，露出 2~3 厘米长的形成层。

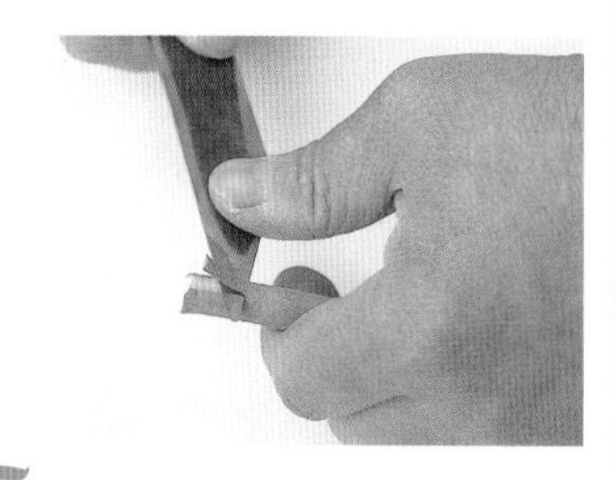

5

削砧木

在砧木的木质部与表皮之间用刀切入 2 厘米左右，露出形成层。

6

将砧木和接穗贴合

将接穗插入砧木的切口中，让二者的形成层相贴合。

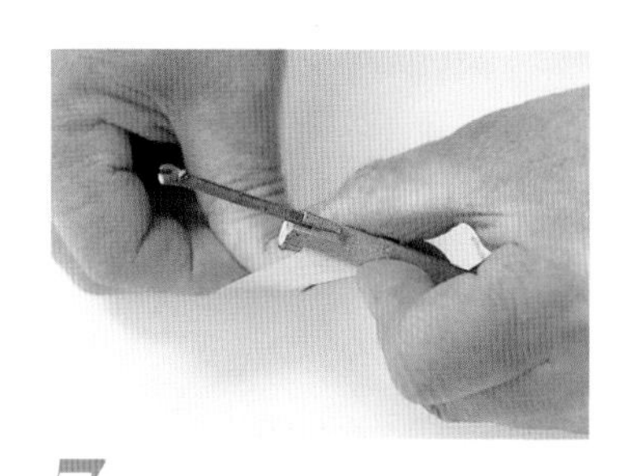

7

缠上嫁接胶带

在嫁接处缠上嫁接胶带。为了保持砧木切口湿润，要将嫁接胶带裹在上面并缠紧。

8 绑缚

缠好嫁接胶带，将砧木与接穗牢牢地固定好后打结系紧。按此方法一次可以嫁接多株。

13 育芽

上图为抹芽之后。这样能够促使接穗上的芽生长。

9 完成嫁接

嫁接完成后，种在装有赤玉土的 5 号塑料花盆或塑料钵中并浇透水。

11 发芽

砧木与接穗上均冒出了芽，此时可以拿掉塑料袋。

14 继续抹芽

几个月后芽长大，而砧木上也会陆续地长出新芽，要将这些新芽及时摘掉。对于接穗上的新芽，根据其长势，最终保留 1 个长势良好的芽。

10 套袋

在塑料袋上剪个孔，从上面罩下来，下面用扎带等系牢。尽可能地防止水分蒸发。

12 抹芽

将砧木上冒出的芽全部摘掉。接穗上也只保留 1~2 个芽。用手就能很容易地摘掉芽。

枫树

槭树 / 槭科

落叶乔木（高 5~30 米）

枫树也称红枫，秋季的红叶是其典型的特征。以红叶的山红叶枫为代表，还包括叶色暗红的品种“猩猩”、叶片纤细的青枝下垂品种等色彩多姿的品种。自古以来都备受青睐，有很多红叶观赏地。

生长月历	1	2	3	4	5	6	7	8	9	10	11	12
状态				新叶	新叶					红叶	红叶	
修剪	■	■										■
繁殖		嫁接、扦插、实生	嫁接、扦插、实生				嫁接	嫁接	嫁接		实生	
施肥		■										
病虫害					■	■	■					

砧木选择山红叶枫的青年树比较好。如果盆栽，嫁接的部位应尽量靠下

嫁接的最佳时期是 2~3 月和 7~9 月。使用 2 年生的山红叶枫的实生苗作为砧木。可用切接、靠接、腹接法。切接就是剪下砧木，将长 5~6 厘米的接穗插入砧木的表皮和木质部之间，再用嫁接胶带绑紧。培育实生苗时，可以在 11 月左右采种后撒播，也可以在第 2 年 2~3 月撒播。1~2 年后上盆。为了让侧根更壮实，可以将主根的前端稍微剪掉一点之后再移栽。

嫁接

难易度 ★★★

切接·移植嫁接（春接）

2 年生的实生苗

1 选砧木

2~3 月为最佳嫁接期。使用 2 年生的健壮实生苗作为砧木。

2 剪切砧木

在高出地面约 10 厘米处剪断即可，按此标准用剪取砧木。

2~4 个芽

3 剪取接穗

选用在光照充足处生长的壮实枝条制作接穗。剪下的枝条要有 2~4 个芽。注意要保持切口湿润。可以将其含在嘴里。

4 制作接穗

一刀将接穗的切口切成 45 度的斜面。

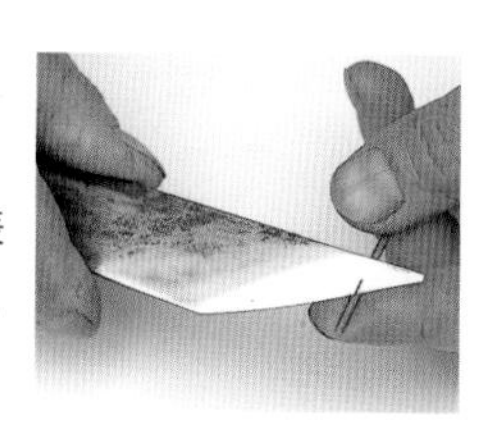

5 切削以露出接穗的形成层

用刀将接穗背面的表皮削掉 2~3 厘米长，露出形成层。

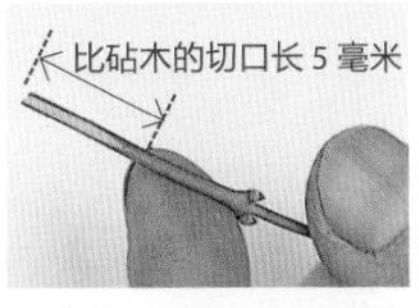

6 接穗的切口

颜色出现变化的部分就是接穗的形成层。要点就是要切得比砧木的切口长 5 毫米左右。

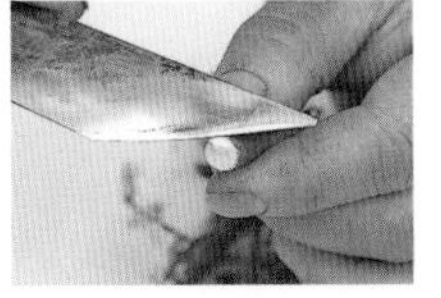

7 削砧木切口

用剪刀剪出切口后，再用刀一刀切出斜面。

8 砧木的切口

切时稍微带一点角度，这样做容易看见形成层。

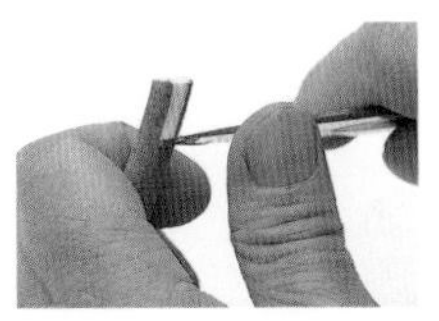

9 切削以露出砧木的形成层

将刀切入砧木的木质部和表皮之间 2 厘米左右，露出形成层。

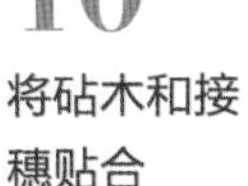

10 将砧木和接穗贴合

将接穗插入砧木的木质部和表皮之间，让二者的形成层完全地贴合在一起。

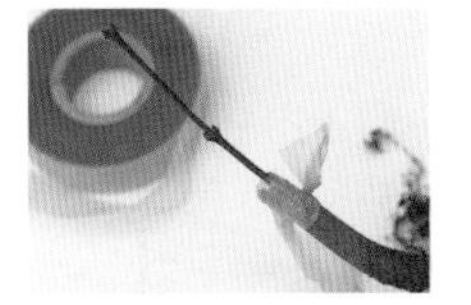

11 绑缚

缠上嫁接胶带，要注意保持砧木切口处湿润。

12 完成嫁接

为了固定住砧木与接穗，将嫁接胶带缠绕 2~3 圈后系紧。

13 发芽

砧木与接穗上都会长出新芽。

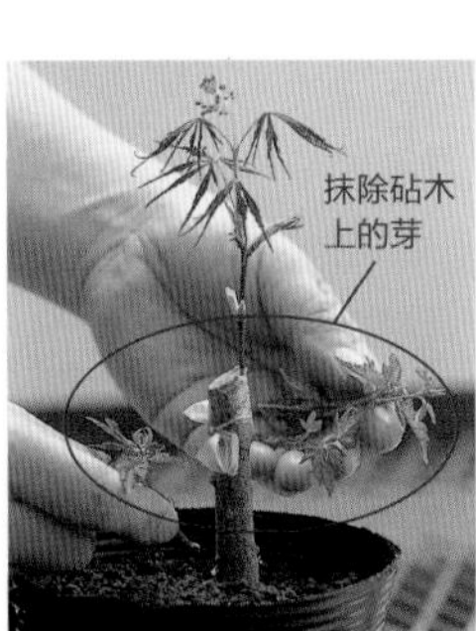

14 抹芽

将砧木上的新芽全部摘掉。只需用指尖轻轻地捏住，就能很容易地摘下。

15 育芽

接穗上的芽茁壮成长。抹掉砧木上的芽有利于促使接穗芽的生长。

16 嫁接后管理

长势良好的嫁接苗木根深叶茂。注意不要暴晒。将砧木上长出的新芽全部抹去，以保证接穗芽的营养。

小知识　用实生木作为砧木

枫树等树木嫁接用的砧木，一般都是实生苗。但是，由于枫树的根具有直生的特征（直根性），所以若只是播种栽培，侧根就不会太发达。因此，在生根后换盆时，可以剪掉一点主根的根尖，以促使侧根生长，从而促使根系扩张。由于接穗需要通过砧木根部吸收营养、水分，因此在此之前要促使砧木长出更多的侧根。

另外，1 年生的实生苗长势不足，还不能作为砧木，因此最好选用 2~3 年生的苗木作为砧木。

嫁接

难易度

★★★

切接·地接（春接）

1

剪切砧木

取砧木笔直的部分，用修枝剪剪取。

2

削接穗

剪下带 4 个芽的接穗，用刀轻轻地削掉表皮，露出 2~3 厘米长的形成层。

3

削砧木

用小刀在砧木的木质部和表皮之间切出一个 2 厘米左右的切口，露出形成层。

4

完成砧木制作

找不到形成层的时候，可以在砧木的切口处削去一个角。

5

将砧木和接穗贴合

把接穗插到砧木的木质部和表皮之间，对齐形成层。

6

绑缚

为了防止砧木的切口干燥，缠上嫁接胶带。

7

完成嫁接

用嫁接胶带紧紧缠 2~3 圈，打结系好。

8

套袋

将嫁接苗种到盆里，套上有透气孔的塑料袋，防止干燥。

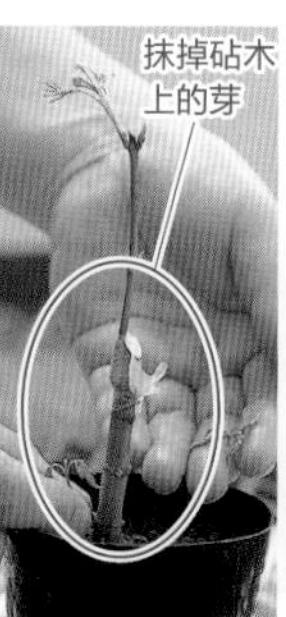

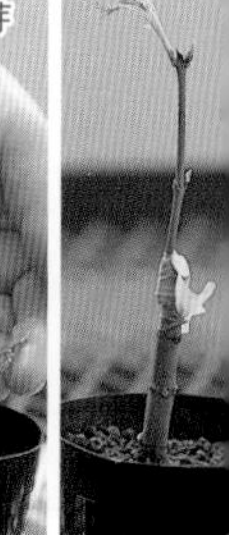

9

抹芽

砧木和接穗上都会长出新芽。长到上图的状态就取下塑料袋，并及时去除所有砧木上长出的芽，以促进接穗的生长。

10

嫁接后管理

数月后，嫁接苗枝叶茂盛，长势良好。注意避免暴晒。

嫁接

难易度 ★★★

腹接·地接（夏接·盆栽）

保留叶柄

1 剪取接穗

7~9 月，剪下健壮的枝条，接穗要有 2 个节间，保留叶柄，去除叶片。

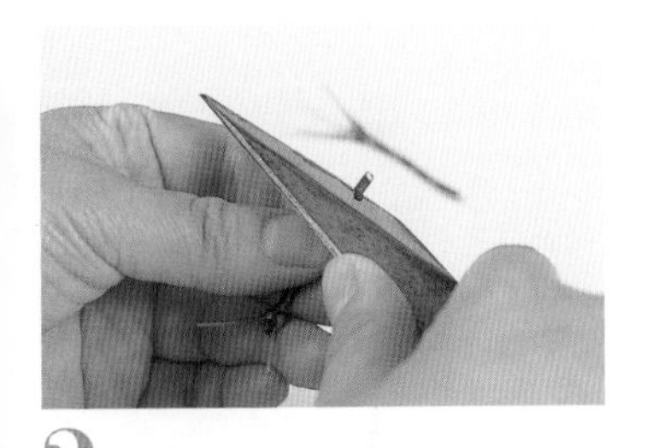

2 制作接穗

用锋利的刀把接穗切出 45 度的斜面。

3 切削以露出接穗的形成层

在接穗的另一侧，用小刀削去表皮，露出形成层。切开砧木表皮，插入该接穗，用嫁接胶带绑缚。

4 成活

留下的叶柄脱落，即表示接穗成活。这时芽还是绿色的。

5 成活后的状态

如果天气变冷，芽的颜色会渐渐变成红色。

6 剪切砧木

第 2 年春季，在发芽前，距离嫁接位置的上方 10~15 厘米处剪断砧木。

7 新芽萌发

这时能看出接穗上的芽明显变红，萌发。

8 长出新芽

第 2 年 4~5 月，接穗会长出 2 个新芽。

9 抹芽

摘除多余新芽，只留下 1 个新芽，以促进其生长。用手即可摘除。

10 抹芽后的管理

嫁接成活后，要防止接穗因遇到强风而掉落。

11 用扎带固定接穗

为避免接穗掉落，可以用扎带或者绳子将接穗松松地绑在砧木上。

1 剪取接穗

选取在光照充足的地方生长的健壮枝条。

2 制作接穗

剪下有 2 个叶节的枝条，保留叶柄，剪去叶片。

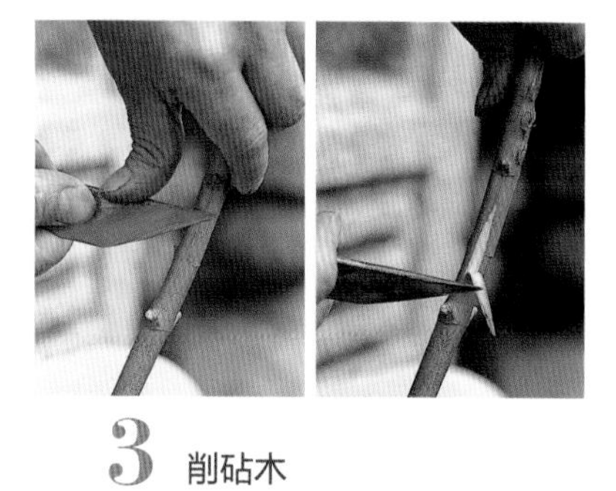

3 削砧木

确定嫁接的部位。选择粗壮、笔直且容易嫁接的部位。用嫁接刀削掉一层薄薄的表皮，露出形成层。

4 把接穗接在砧木上

把接穗插入砧木的表皮和形成层之间，对齐形成层，紧紧贴合。

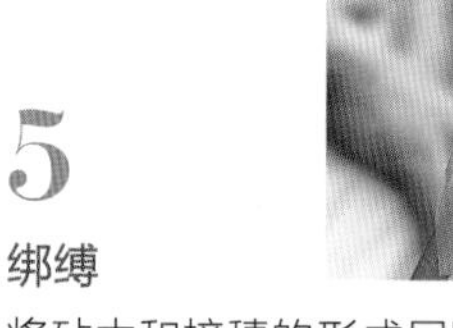

5 绑缚

将砧木和接穗的形成层贴合后要压紧，然后缠上嫁接胶带。

6 成活

接穗上留下的叶柄变成褐色后脱落表示已经成活。

7 出芽

一段时间后，接穗上的 2 个芽会变红并萌发。

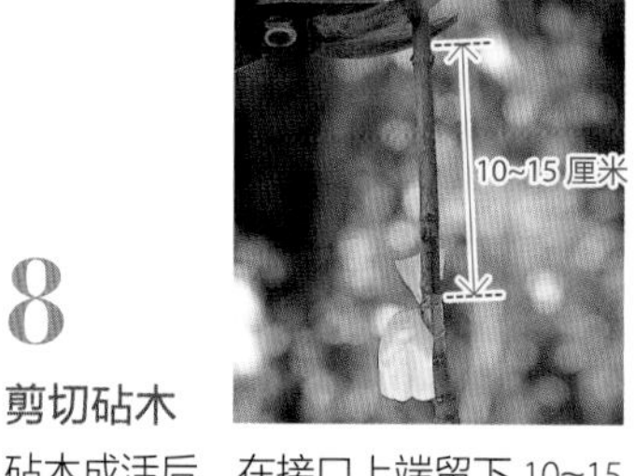

8 剪切砧木

砧木成活后，在接口上端留下 10~15 厘米的长度后剪掉。

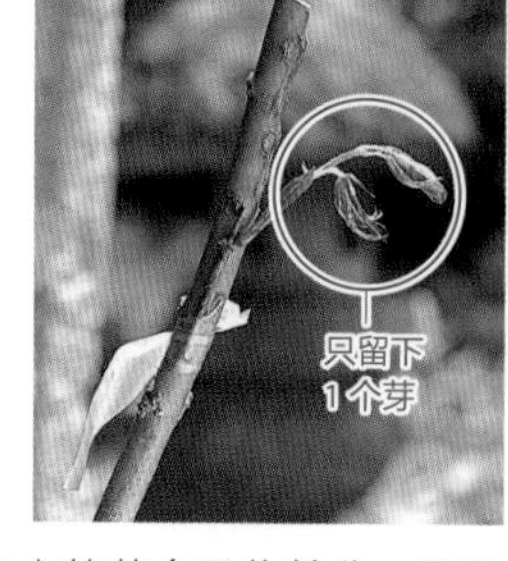

9 抹芽

因为砧木上的芽会吸收养分，所以要摘除砧木上所有的芽，以促进接穗生长。从接穗上长出的新芽，也只留下 1 个长势良好的培育。

10 用扎带固定接穗

为防止接穗掉落，用扎带或者绳子把接穗绑在砧木上。

11 立支柱

为保证接穗生长应立支柱，捆扎要松紧适中。

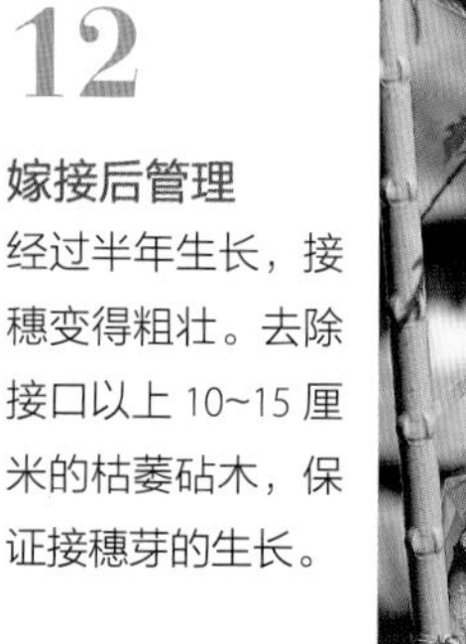

12 嫁接后管理

经过半年生长，接穗变得粗壮。去除接口以上 10~15 厘米的枯萎砧木，保证接穗芽的生长。

采种

10 月采种。用手揉搓浅褐色的翅果取种，然后播种（采种之后立刻播种）。

2 种子保存

如果要错开发芽时间，或者是采种后不马上播种，就要在低温状态下保存种子。为了避免种子干燥，可以把种子放入纸袋，然后放进冰箱冷藏。

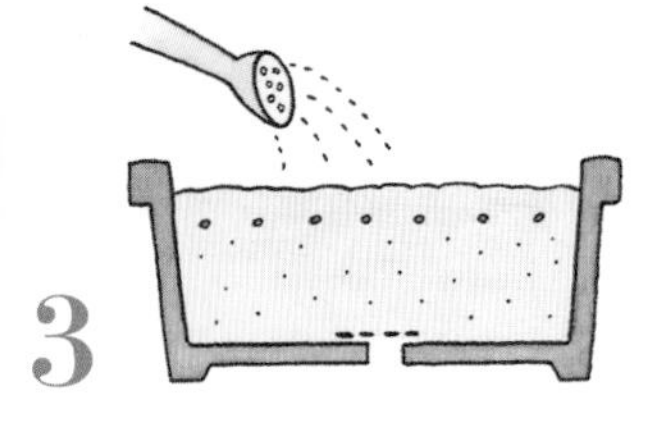

3 浇水

播种后经常浇水，等待种子生根。

4 放在明亮的遮阴处进行管理

为了防止干燥，要把花盆放在明亮的遮阴处进行处理。

5 间苗

春季种子萌发后要及时间苗。

6 剪掉根的前端

播种后大约 1 年上盆移栽。挖出时注意不要弄伤根部。为了增加侧根的数量，促进根系生长，要切断主根前端的 1/3。

7 上盆

在 3 号花盆里放入混合好的赤玉土和腐殖土（比例为 6：4）后进行栽种。种好后浇透水，置于明亮的遮阴处管理。

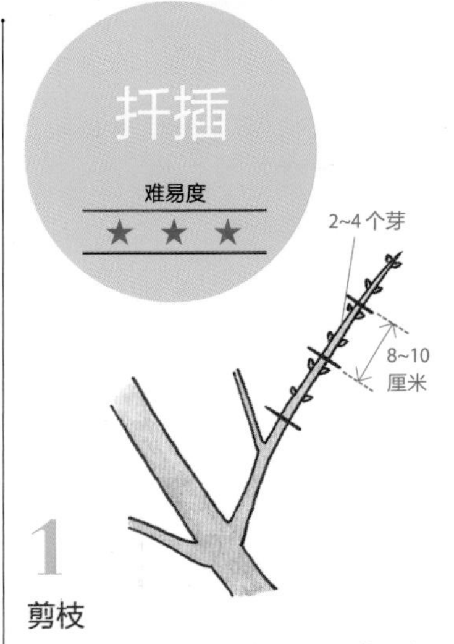

剪枝

选择健壮枝条，用带 2~4 个芽、长 8~10 厘米的枝条作为插穗。

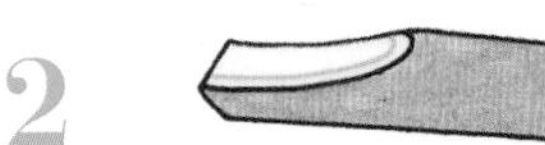

2 削插穗

用锋利的刀把切口切成 45 度的斜面，在背面削去表皮，露出形成层。

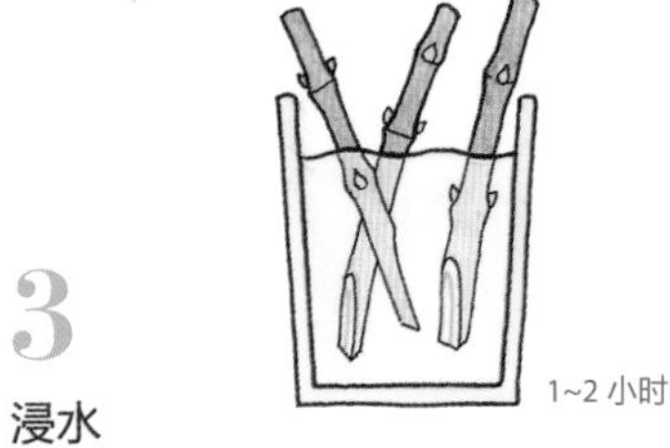

3 浸水

把插穗放进装了水的容器里，浸泡 1~2 小时。

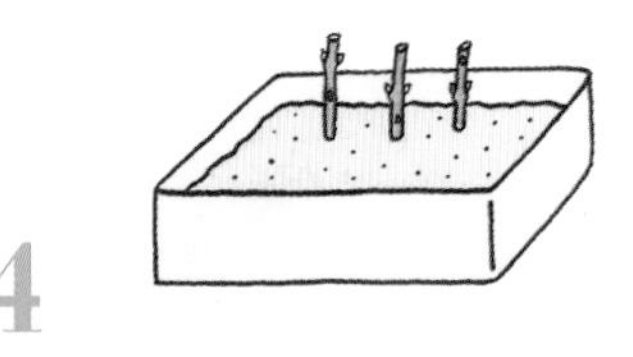

4 插入插床

在育苗盆里放入鹿沼土和赤玉土，铺平，制成插床。均匀地插入插穗，浇透水，置于明亮的遮阴处管理。

四照花

山法师、日本四照花 / 山茱萸科
落叶乔木（高 5~10 米）

自然生长于光照充足的山野。看起来像花瓣的部位为苞片，呈白色。虽然和大花四照花很像，但是四照花的苞片前端是尖的，看上去很整洁。秋天成熟的果实可以食用。也有红花品种。

生长月历	1	2	3	4	5	6	7	8	9	10	11	12
状态					花	花						
修剪	■	■					■					■
繁殖		■	扦插、嫁接、实生			■	扦插	■				
施肥		■										
病虫害				■	■	■	■					

通过实生繁殖有可能不会出现与母株相同的性状，所以园艺品种是通过扦插或者嫁接来繁殖的

野生的四照花几乎都是实生繁殖的，“里见”和“银河”（乳白色）等园艺品种一般通过扦插或者嫁接来繁殖。扦插在 2~3 月和 6~8 月进行。2~3 月扦插的时候，要选择 1 年生的粗壮枝条作为插穗；6~8 月扦插的时候，要选择当年生的长势良好的枝条作为插穗。剪下的插穗长度为 8~10 厘米，处理好切口，插入鹿沼土后浇水。11 月 ~ 第 2 年 3 月时移入花盆。2~3 月也是适合嫁接的时期。

扦插

难易度

★ ★ ★

1 剪枝

剪下用作插穗的枝条。使用在光照充足的地方生长的枝条。

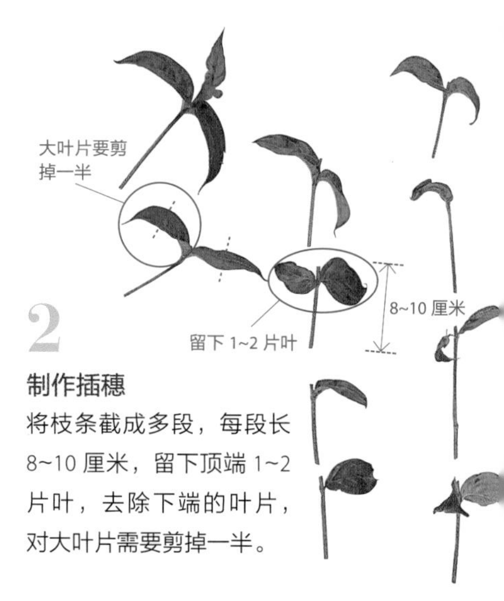

2 制作插穗

将枝条截成多段，每段长 8~10 厘米，留下顶端 1~2 片叶，去除下端的叶片，对大叶片需要剪掉一半。

3 削插穗

对插穗的切口，用嫁接刀切成 45 度的斜面。只要用嫁接刀贴住枝条，朝着刀刃的方向削即可。

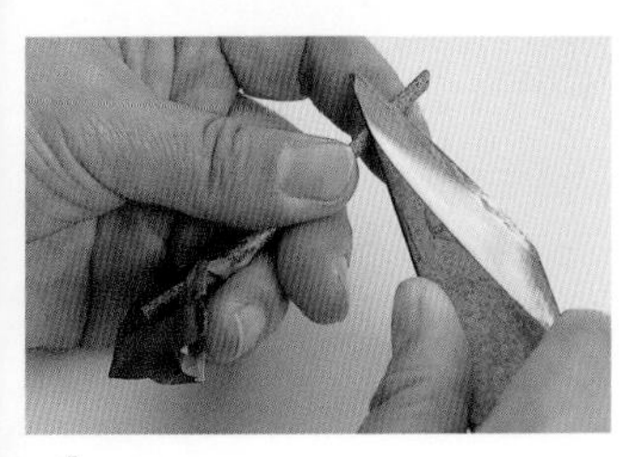

4

削插穗

在插穗斜面的背面，用小刀削去表皮，露出 1~2 厘米长的形成层。

5

完成插穗制作

插穗的长度和切口都要一致。整个制作过程要快，注意不要损伤切口。

6

浸水 1~2 小时

把插穗放到装满水的容器里，浸泡 1~2 小时，使其充分吸收水分。

7

插入插床

在花盆里放入鹿沼土，铺平，插入插穗，深度为插穗长度的 1/2 左右，尽量插均匀。

嫁接

难易度 ★★★

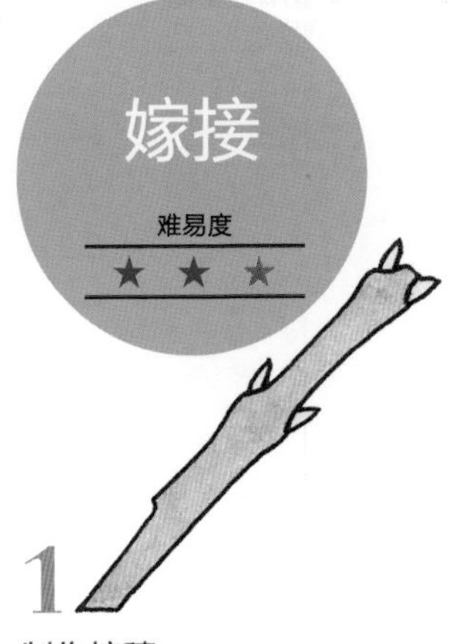

1

制作接穗

选择生长健壮的枝条，切成长 3~4 厘米的枝段，将切口切成 45 度的斜面，在另一侧削去薄薄的表皮。

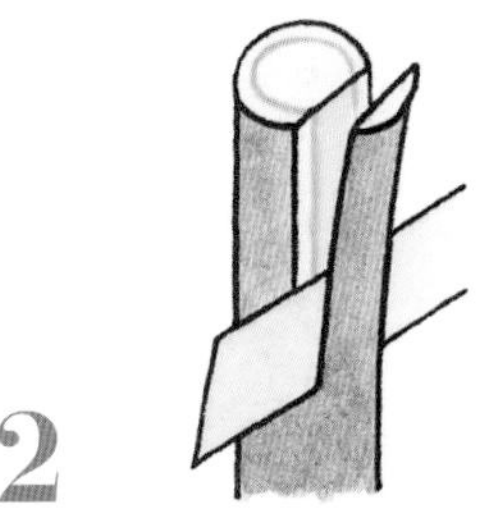

2

削砧木

用刀在表皮和木质部之间切一个比接穗的切口略短的口子，露出形成层。

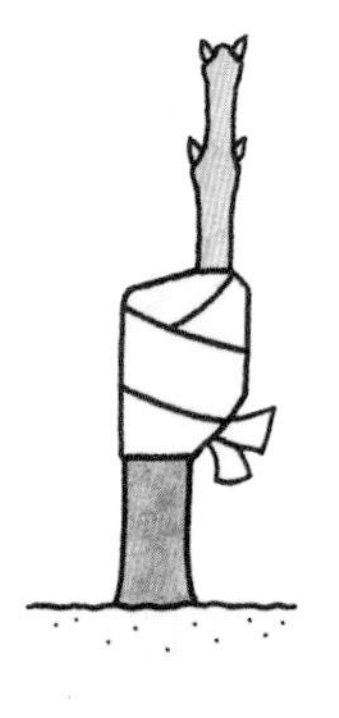

3

绑缚

把接穗插进砧木，贴紧，缠上嫁接胶带后打个结。栽入放了赤玉土的花盆里，然后浇水，套上有透气孔的塑料袋以防止干燥，促进发芽。

实生

难易度 ★★★

1

采种

果肉干燥后变成褐色。可以用手揉搓果实，筛出里面的种子。

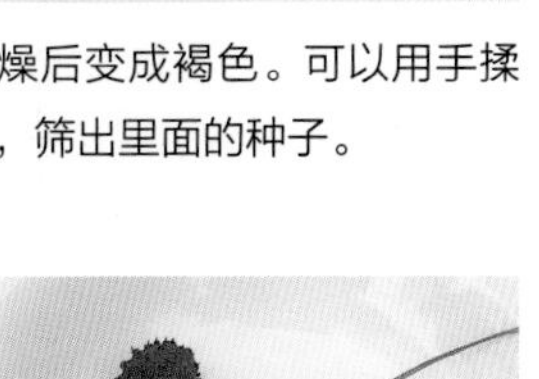

2

选种

从壳中取出种子，每个壳里有 5~6 粒米粒大小的种子。

3

播种

在花盆里放入赤玉土，用木板把赤玉土表面铺平，然后再均匀地撒播种子。

4

覆土

用筛子在种子上薄薄地筛上一层土，然后浇透水，为了浇水不使表面土因浇水而被冲刷，之后应使用底部供水的方式。

紫丁香

洋丁香、欧丁香 / 木犀科
落叶灌木或小乔木（高 2~6 米）

4~5 月，开出许多成簇的浅紫色小花，花的颜色有白色、粉色、粉紫色等。华丽的花簇飘出沁人的香气，有的品种可以作为香水的原料。作为庭院树和行道树非常受欢迎。

生长月历	1	2	3	4	5	6	7	8	9	10	11	12
状态				开花								
修剪												
繁殖		嫁接										
施肥												
病虫害												

适合作为砧木的是 1~2 年生的水蜡苗木，市场上的苗木也多是嫁接苗

嫁接时间为 2~3 月。选择生长健壮的枝条作为接穗，切成长 5~6 厘米的枝段。砧木使用紫丁香或者水蜡的 1~2 年生苗木。如果 3 月左右用水蜡的粗枝作为插穗扦插，第 2 年就能作为砧木使用。在嫁接的位置修剪砧木，切开其表皮和木质部，插入插穗，用嫁接胶带绑缚。套袋管理，及时去除砧木上的新芽，只培育接穗上的 1 个芽。

嫁接

难易度
★★★

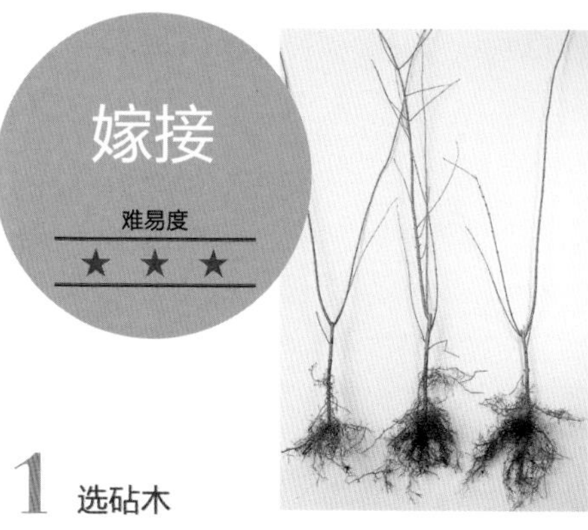

1 选砧木

嫁接在 2~3 月进行。选用在向阳处生长的 2 年生的健壮实生苗作为砧木。

2 剪切砧木

在地面上方 10 厘米左右剪断砧木，如果过长，不利于嫁接后的生长。要使用生长健壮、笔直的部分作为砧木。

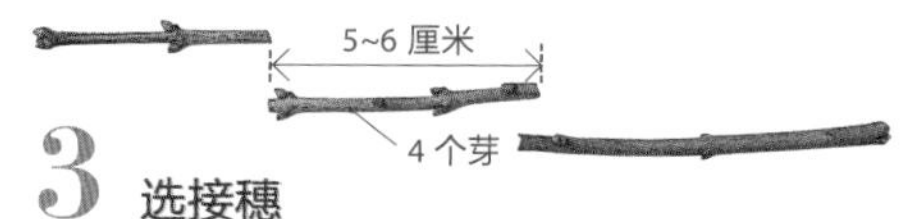

3 选接穗

选取生长健壮的枝条作为接穗，切成长 5~6 厘米的枝段，保留 4 个芽。也可以使用健壮枝条的顶端。用嘴叼着可以防止切口干燥。

4 削接穗

用锋利的刀削去接穗表皮，露出 2~3 厘米长的形成层。

5 露出砧木的形成层

用刀切入砧木的木质部和表皮之间，露出形成层。

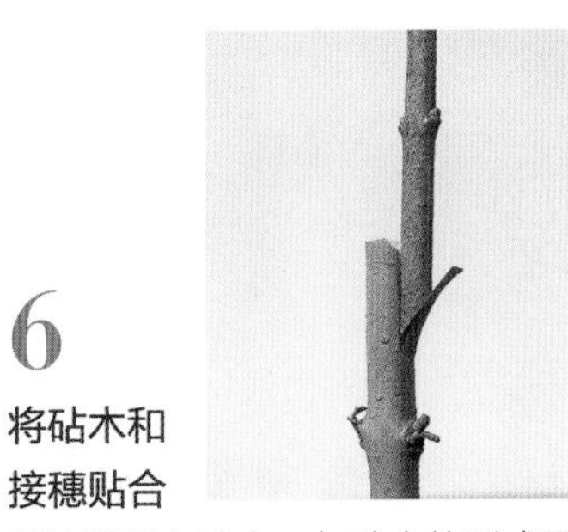

6 将砧木和接穗贴合

把接穗插入砧木，与砧木的形成层紧紧贴合。

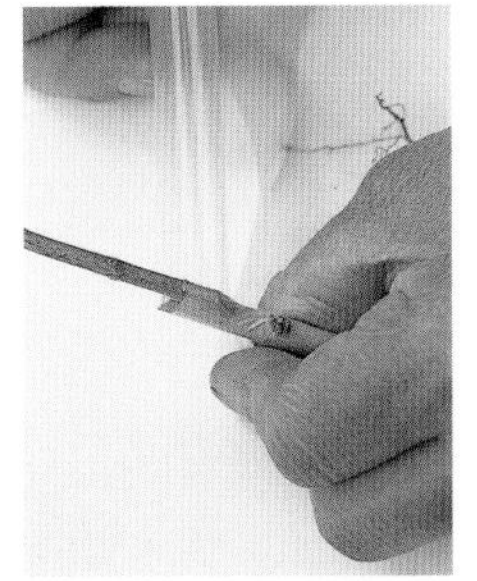

7 绑缚

为防止砧木的切口干燥，要及时裹上嫁接胶带并缠紧。

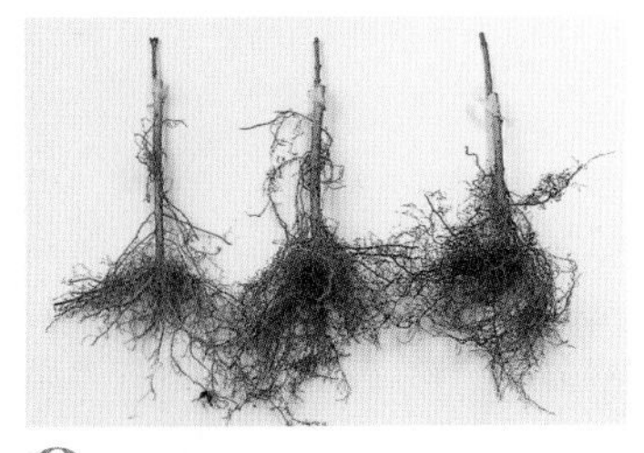

8 完成嫁接

缠上嫁接胶带后打结系好，嫁接完成。

9 种植

准备好花盆，放入赤玉土，把嫁接苗种进去。

10 套袋

用有透气孔的塑料袋把嫁接苗完全套上，防止干燥。

11 发芽

不久之后，砧木和接穗就会长出新芽。

12 抹除砧木芽

将砧木上发出的芽全部抹掉，用手摘除即可。

13 育芽

每当砧木上长出新芽时都要及时抹掉。

14 抹除插穗芽

摘掉 2 个新芽中的 1 个，可以促进生长。从顶端分开长出 2 枝的时候，可以观察长势来决定留下哪一个。

15 继续抹芽

生长发育良好的嫁接苗会不断从砧木上发出新芽。去除这些新芽会促进接穗的生长发育。

小知识 紫丁香的嫁接苗

在园艺店买到的多数是紫丁香的嫁接苗。辨别嫁接苗的好坏，有以下注意点。

第一，嫁接的部分要牢固；第二，选择砧木根系发达的。最好选枝条生长健壮的。如果分不清楚，就选择一等苗木（苗木有等级之分），这样的苗木长势好。

蜡 梅

腊梅、梅花 / 蜡梅科

落叶灌木（高 2~4 米）

花期为 1~2 月，花色为近透明的黄色。至于名字的由来，有的说是因为开出的花像蜡制工艺品（蜡梅），有的说是因为在腊月（阴历十二月）开花（腊梅）。原产地是中国，17 世纪传到日本。

生长月历	1	2	3	4	5	6	7	8	9	10	11	12
状态	开花	开花										
修剪			■							■	■	
繁殖		嫁接	嫁接									
施肥		■										
病虫害	一般无											

采用切接法繁殖的效果较好，如果没有砧木，也可以进行根接。使用芽和节多的枝条作为接穗

嫁接适合在 2~3 月进行，用 2~3 年生的实生苗作为砧木，进行切接。将生长健壮且芽节多的枝条剪成长 10 厘米的枝段来制作接穗，切口切成斜面。插入砧木，用嫁接胶带绑缚。为了防止嫁接苗干燥，可将整个花盆套上塑料袋。没有砧木的时候，可以用根作为砧木，进行根接。选择铅笔粗的根作为砧木，然后按照切接法的要领进行嫁接。

1

选砧木

尽量选择在光照充足的地方生长的健壮苗木作为砧木。

2

剪切砧木

在距离地表上方 10 厘米左右的位置剪切砧木，使用粗壮的部分。

2~4 个芽

10 厘米

3

选接穗

使用粗壮的枝条作为接穗，每个接穗上保留 2~4 个芽，也可以使用粗壮枝条的顶端部分。

4

削接穗

观察接穗切口的状态。颜色不同，看起来有纹理的地方就是形成层。用锋利的刀削去表皮，露出 2~3 厘米长的形成层。

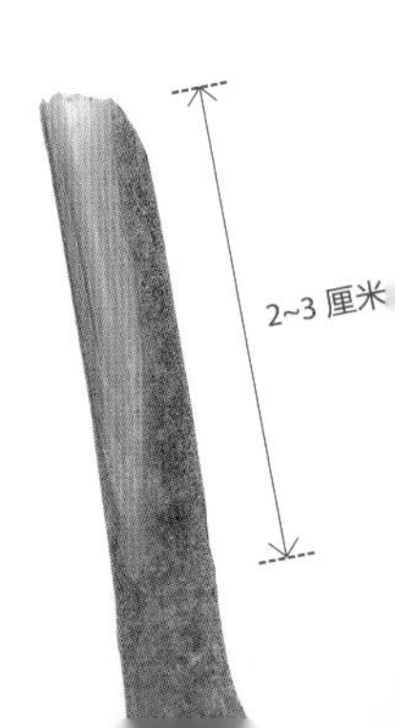

5 削砧木

为了便于观察砧木形成层的位置，用刀削掉一个角。

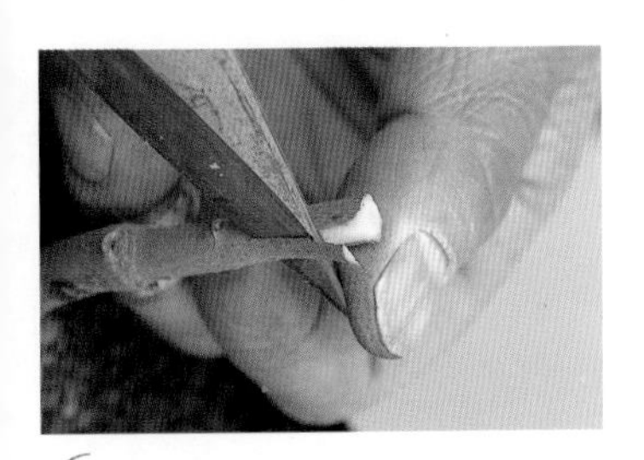

6 露出砧木的形成层

为了不让表皮断掉，要小心地切，切入 2 厘米左右即可。

7 将砧木和接穗贴合

把接穗插入砧木，将两者的形成层对齐并紧紧贴合在一起。

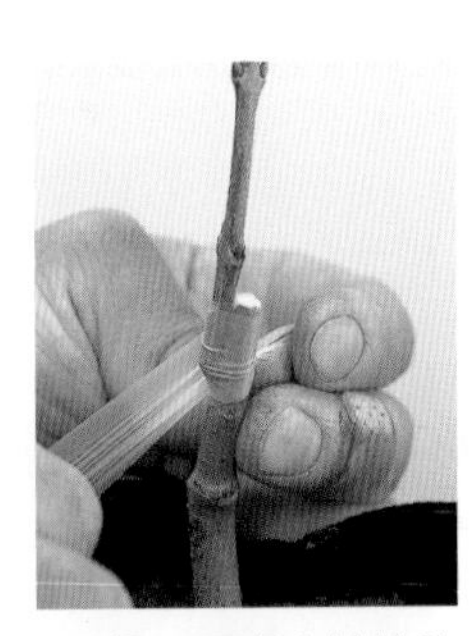

8 绑缚

为了防止切口干燥，要裹上嫁接胶带并缠牢。

赤玉土

9 完成嫁接

在 5 号花盆中放入赤玉土，然后把嫁接苗种进去。浇透水后进行遮阴管理。

10 套袋

用有透气孔的塑料袋把嫁接苗从上往下套起来，防止其干燥。塑料袋要用扎带绑好。

11 发芽

不久之后，砧木和接穗上会长出新芽。长到如上图的状态时，可以取下塑料袋，继续进行遮阴管理。

12 抹除砧木芽

从砧木上长出的新芽要全部抹掉。用手轻轻摘除即可。

13 抹除接穗芽

只留下接穗上的 1 个新芽，其余的全部抹掉，以促进新芽生长。

小知识 砧木和接穗

嫁接时承受接穗的部分叫砧木。要尽量使用和接穗的性状相似的近亲树种。在笔直且容易嫁接的位置切断砧木，最好选择比接穗稍粗的部分。虽然桃和梅是同属，嫁接能成活，但是因为它们亲缘关系较远，所以接穗长粗之后会从嫁接的部分脱落下来。梅的嫁接可以用梅的实生苗或者野生梅的扦插苗作为砧木。请注意，如果用涩柿作为砧木来嫁接甜柿，柿子就有可能不甜。扦插苗在扦插之后就会长出侧根，但是通过实生繁殖培育砧木的时候，如果不进行管理，就会只长主根，很难长出侧根。在嫁接之前，可以切掉部分主根后进行移栽，以便多长侧根，增加根的扩张能力。

连翘

黄寿丹 / 木犀科

落叶灌木（高 2~3 米）

多种植在庭院、公园和街道旁。花期为 3~4 月。先花后叶，花开时满枝金黄。在盛花期远远望去十分壮观。连翘萌发新枝的能力强，丛生性强。

生长月历	1	2	3	4	5	6	7	8	9	10	11	12
状态			开花									
修剪	■	■										■
繁殖		扦插				扦插						
施肥		■										
病虫害				■	■							

浇足水以促进生根是关键

2~3 月和 6~8 月适合进行扦插且成活率较高。在 2~3 月进行扦插的时候，选择 1 年生的枝条作为插穗；在 6~8 月进行扦插的时候，选择当年生的健壮枝条作为插穗。因其丛生性强，也可进行分株繁殖，适合在秋季落叶后进行。将整株挖出，仔细去除泥土，确认每株分出的小株上都带有适当的细根。

扦插

难易度

★★★

1 剪枝

选择在光照充足的地方生长的健壮枝条，剪成 8~10 厘米长的插穗。

2 制作插穗

用刀把切口处理成 45 度的斜面。

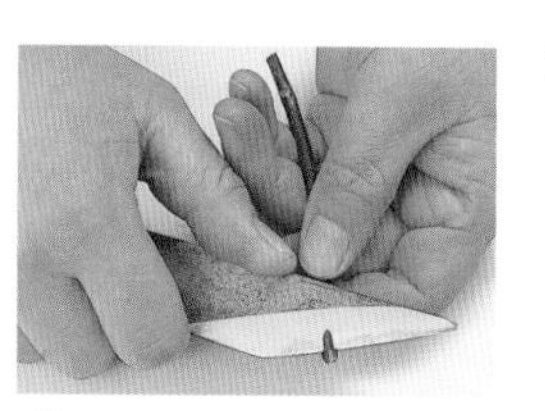

3 削插穗

然后，把插穗斜面对侧的表皮削掉，露出形成层。

4 完成插穗制作

制成长度一致、切口处理完毕的插穗。

5 浸水

把插穗放入水中浸泡 30~60 分钟。

6 插入插床

在花盆里放入赤玉土，铺平后插入插穗。

7 扦插后管理

均匀插入插穗后，浇足水，置于背阴处管理。

8 生根

半年后，插穗长出根的情况如下图所示。在鹿沼土中的插穗根为白色。

3 第三章

庭院常绿树

桃叶珊瑚

青木、桃叶珊瑚树 / 山茱萸科

常绿灌木（高 1~3 米）

叶片大而有光泽，在房屋的背面等背阴处也能健壮生长。从深秋到冬季长有鲜红色的果实，雌雄异株。也有白色果实的白青木和花叶青木。

生长月历	1	2	3	4	5	6	7	8	9	10	11	12
状态	果实变红		开花								果实变红	
修剪						■	■					
繁殖			实生			扦插						
施肥												
病虫害							一般无					

1

剪枝

选择在光照充足处生长的健壮枝条，剪成长 8~10 厘米的枝段。不能使用如上左图中那种柔软的枝条。

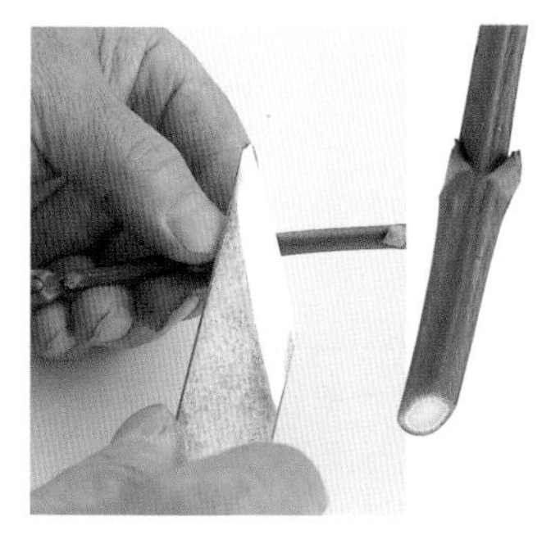

2

制作插穗

留下顶端 1~2 片叶，去掉下端叶片，把大叶剪去一半。将切口切成 45 度角的斜面。切口颜色不同的地方就是形成层，根从这里长出。

因为是雌雄异株，所以最好从果实丰硕的雌株上选择插穗。雌花比雄花的花序小，容易分辨

6~8 月进行扦插。因为是雌雄异株，所以要从果实丰硕的雌株上选择插穗，如果是洒金桃叶珊瑚，要使用叶片花纹漂亮的部分。使用春季生长的健壮枝条作为插穗，剪取长 8~10 厘米的枝段，留下 1~2 片上端的叶片，大叶片要剪掉 1/2~2/3。把插穗浸泡 1~2 小时。在平底花盆里放入鹿沼土和赤玉土作为插床，插入插穗的深度约为其长度的一半。如果插入太深，不利于生根。浇水后进行半遮阴管理。

如果是进行实生繁殖，需注意可能会出现变异。3 月左右适合播种。采摘果实，从果肉中取出种子，充分洗净后撒在赤玉土上。生根后继续培育一段时间，第 2 年的春季上盆。稍微剪掉一点主根的前端，待侧根长出后再进行移植。

3 削插穗

牢牢按住插穗，将刀向切口处滑动，便可切好插穗。

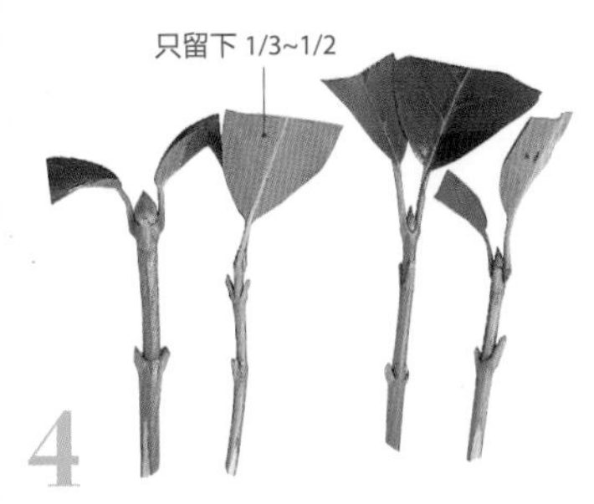

4 完成插穗制作

制作好的插穗应长度一致、切口一致。长度一致，后期管理会更轻松。将大叶片剪去 1/2~2/3，可以减少水分蒸发。为了不伤到切口，请尽量小心处理。另外，注意防止切口干燥。

5 浸水

将插穗放进盛有水的容器中浸泡 1~2 小时，使其充分吸收水分。

6 插入插床

在盆里放入鹿沼土并铺平，将插穗均匀插进去，深度为插穗长度的 1/2。

7 生根

过一段时间插穗就会生根，也会长出新芽。如果是用鹿沼土作为插床，根为白色。

1 用水洗净种子

将红色的果肉捣碎后取出种子，并洗净。

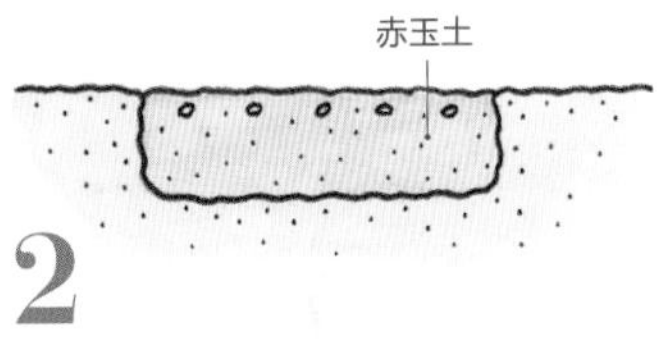

2 播种

将种子撒在播种用的土上。

赤玉土（6）：腐殖土（4）

3 上盆

插穗生根后，小心地将其挖出。为了使侧根更好地生长，要将主根的前端稍微切去一些后再上盆。赤玉土和腐殖土的比例为 6：4。

马醉木

梫木、日本马醉木 / 杜鹃花科

常绿灌木（高 2~5 米）

自古以来就受到人们的喜爱，日本《万叶集》中也出现了它的名字。其名源于马吃了这种植物会中毒昏迷。3~4 月，下垂的花序上会开出许多像铃兰一样的白花。

生长月历	1	2	3	4	5	6	7	8	9	10	11	12
状态			开花									
修剪												
繁殖			分株			扦插						
施肥			实生									
病虫害						一般无						

扦插

难易度 ★★★

1

剪枝

一般在 6~8 月扦插。选择在向阳处生长的健壮枝条作为插穗，不要使用细枝条。

2

制作插穗

剪成长 8~10 厘米的枝段，留下 1~3 片叶，去除下端叶片。把大叶片剪去一半左右。

插床用土为鹿沼土或者赤玉土。为了防止水分蒸发，要去除插穗下端的叶片

扦插的最佳时间为 6~8 月。剪取长 8~10 厘米当年生的长势良好的枝条作为插穗。留下上端 1~3 片叶，去掉下端叶片，斜切后浸水。在鹿沼土里插入插穗长度的一半左右。避免阳光直射，进行半遮阴管理。实生繁殖是在 10 月采种，第 2 年 3 月左右进行播种。因为种子有好光性，所以不要覆土，发芽前需一直进行腰水管理。

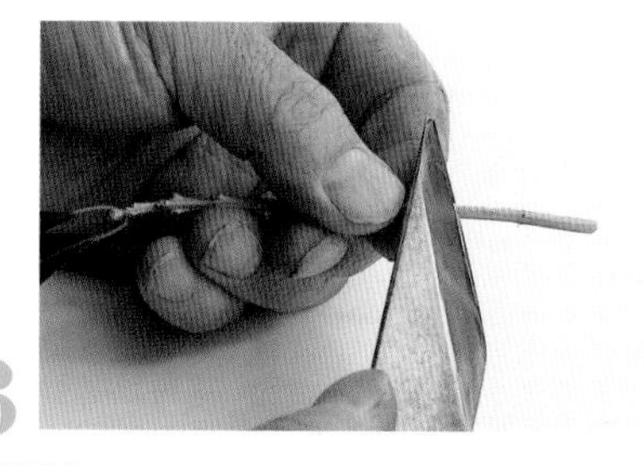

3

削插穗

把插穗切成 45 度角左右的斜面。牢牢按住插穗，将刀向切口处滑动即可。

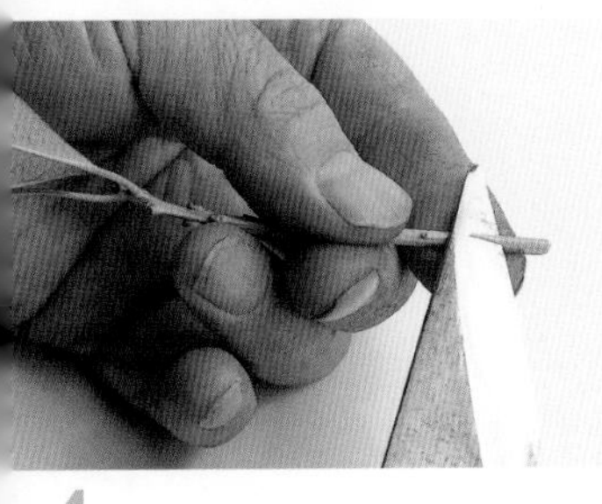

4

露出形成层

在插穗斜面的另一面，用小刀将表皮削掉，露出 1~2 厘米长的形成层，以扩大水分吸收的面积。

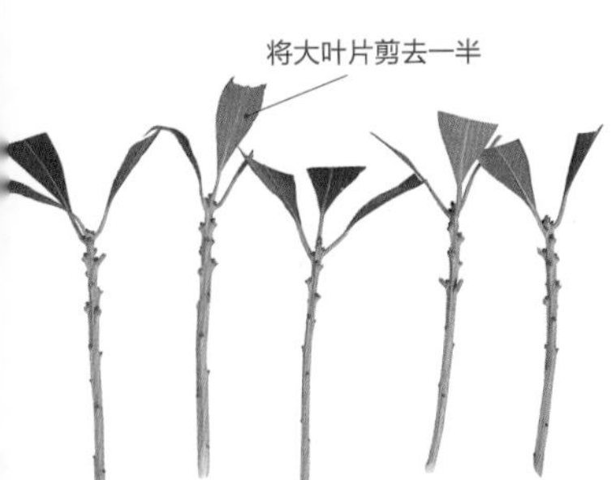

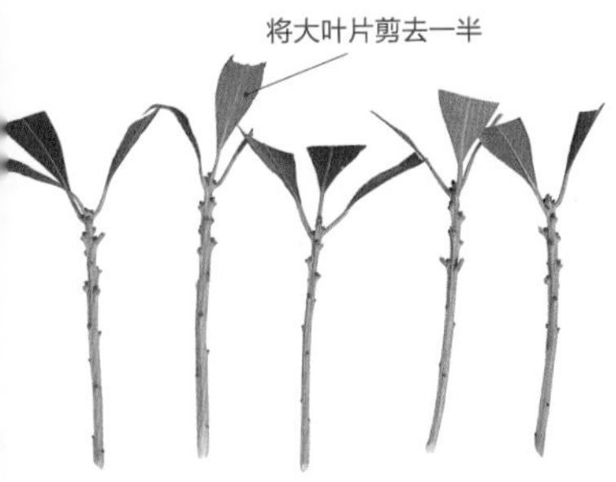

5

完成插穗制作

插穗要长度一致、切口一致。长度一致，后期管理会更轻松。将大叶片剪去一半，尽量减少水分蒸发。

6

浸水

将插穗放进盛有水的容器里浸泡 1~2 小时，使其充分吸收水分。这样做易于生根。

鹿沼土

7

插入插床

在花盆里放入鹿沼土并铺平，将插穗均匀地插进去，深度为插穗长度的 1/2。

8 **生根**

过一段时间插穗就会生根，也会长出新芽。如果是用鹿沼土，则根为白色。

实生

难易度

★ ★ ★

1

采种

马醉木的果实里有许多种子。因为种子很小，所以要撒在浇了水而膨胀的泥炭板里，为了防止干燥，用有机玻璃板或者报纸覆盖。

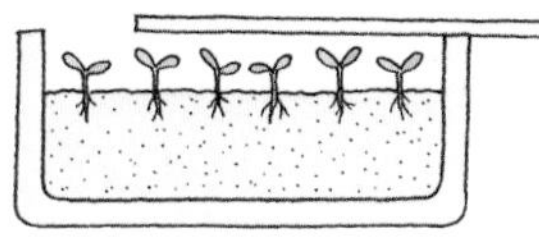

2

发芽

发芽后去掉覆盖物。

3

间苗

如果幼苗长得太拥挤，要进行间苗。

4

上盆

苗长大后，移植到 3 号花盆里。用赤玉土和腐殖土以 6：4 的比例进行混合配置营养土。

大花六道木

大花糯米条 / 忍冬科

常绿灌木（高 1~2 米）

花期为 7~10 月。以鲜绿色的叶片为背景，浅粉色的形似小苍兰的花纷纷盛开，有甜甜的芳香。还有花期早的温州六道木，花色带有暗红色的红花大花六道木等品种。

生长月历	1	2	3	4	5	6	7	8	9	10	11	12
状态							开花					
修剪												
繁殖		扦插、分株				扦插						
施肥												
病虫害						一般无						

培育成大株后可以分株繁殖，需认真确认根系的生长情况

扦插繁殖通常在 6~8 月进行。在新梢中选择健壮的枝条，剪成长 8~10 厘米的枝段。整理好切口后浸水，在其充分吸收水分后插入鹿沼土中。浇水后进行半遮阴管理。第 2 年 3 月上盆，2~3 月适合分株。培育成大株后把苗挖出来，去除泥土。确认生根的情况，用修枝剪剪成适当的大小再进行移栽。如果混栽，修剪后会非常美观。

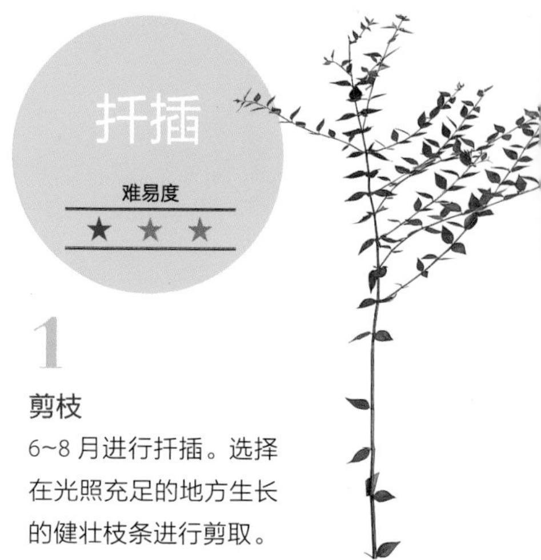

扦插

难易度

★★★

1

剪枝

6~8 月进行扦插。选择在光照充足的地方生长的健壮枝条进行剪取。

2

制作插穗

把枝条剪成长 8~10 厘米的枝段用作插穗。枝条尖端也能使用，但是不能太细。

3

处理叶片

留下上端 2 片叶，去掉下端叶片。叶片很细，所以用手可以很容易去除。

4

削插穗

将插穗的切口用锋利的刀切成 45 度角左右的斜面。

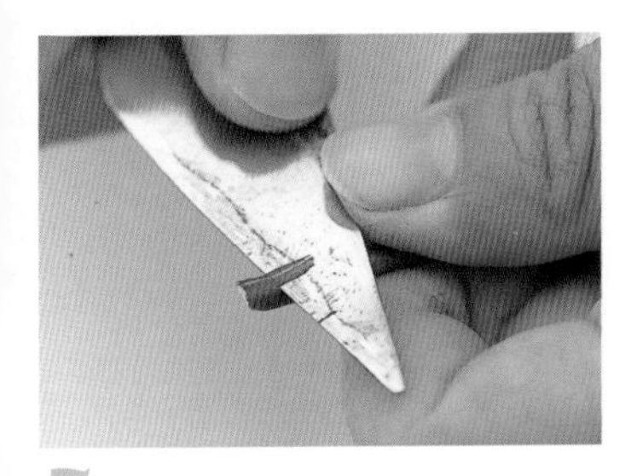

5

露出形成层

把接穗斜面另一侧的表皮削掉，露出形成层，以扩大吸收水分的面积。

6

完成插穗制作

确保插穗的长度一致、切口一致。通过减少叶片的数量来减少水分蒸发。处理时要注意不要损伤切口。

7

浸水

准备好盛有水的容器，把插穗放进去浸泡 30~60 分钟。插穗充分吸收水分后，才容易生根。为了不让切口干燥，最好是在处理好插穗之后就马上将其放进水里。

8

插入插床

在平底花盆里放入鹿沼土，铺平，均匀地插入插穗，深度为插穗长度的 1/2。扦插完成后，浇足水，进行半遮阴管理。

分株

难易度

★★★

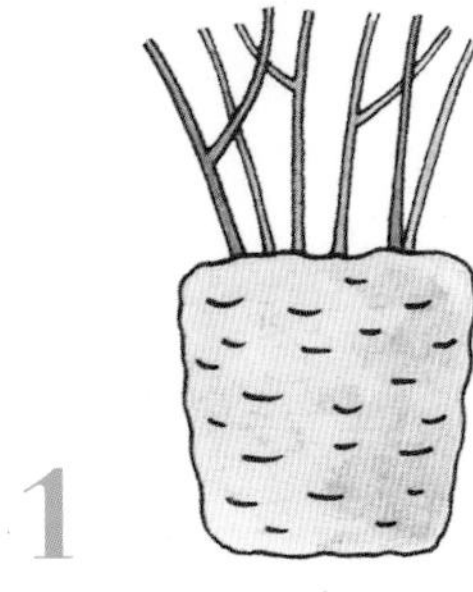

1

把植株从花盆中拔出

植株长大后，盆内环境变差，需要分株。方法是用手敲打花盆的边缘，把植株从花盆里拔出来。

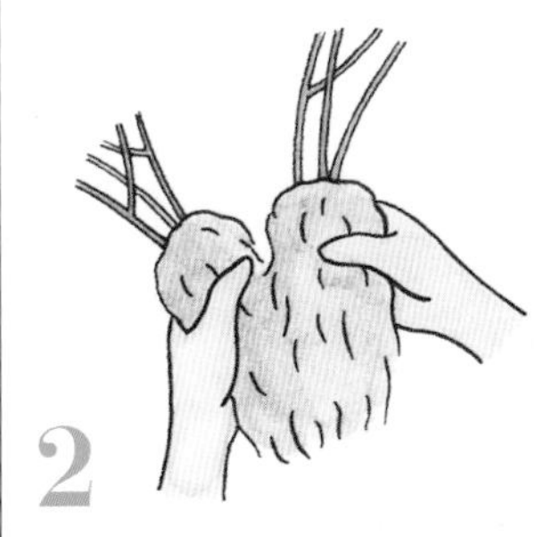

2

去掉泥土，进行分株

在地面上敲打根坨，使泥土脱落。确认从主干枝条根基部生出的根，选择根系发达的部分，分成大小差不多的 2 株。

3

修剪

清理受伤的根系，把枝条修剪至适当的长度，分别移栽到花盆里。

台湾含笑

黄心树、招灵树 / 木兰科

常绿乔木（高 10~15 米）

台湾含笑的日语名字是由“招灵”转化而来的，因此又称“招灵树”。现在在神社内也能看到大株的台湾含笑。3~4 月，从叶柄处开出带有杏色的浅黄色的花，香气袭人。

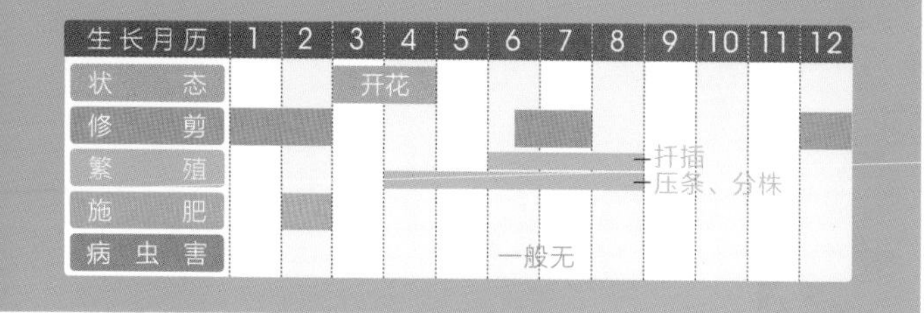

生长月历	1	2	3	4	5	6	7	8	9	10	11	12
状态			开花	开花								
修剪	■	■				■	■					■
繁殖				压条、分株	压条、分株	扦插；压条、分株	扦插；压条、分株	扦插；压条、分株				
施肥		■										
病虫害	一般无											

扦插

难易度 ★★★

1 剪枝

剪下作为插穗的枝条。选择在光照充足处生长的健壮枝条，剪成 8~10 厘米长的枝段。

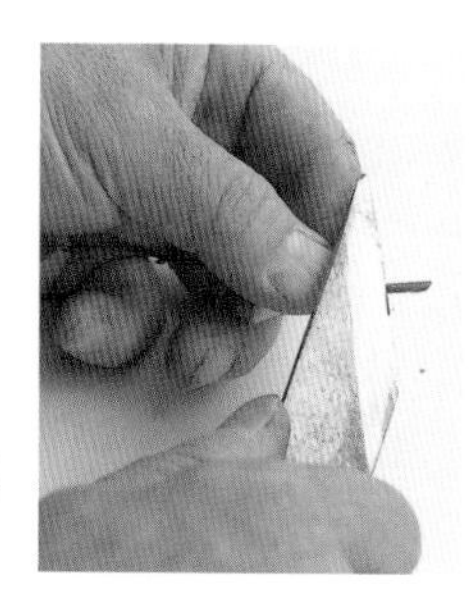

2 制作插穗

用锋利的刀把切口切成 45 度的斜面。

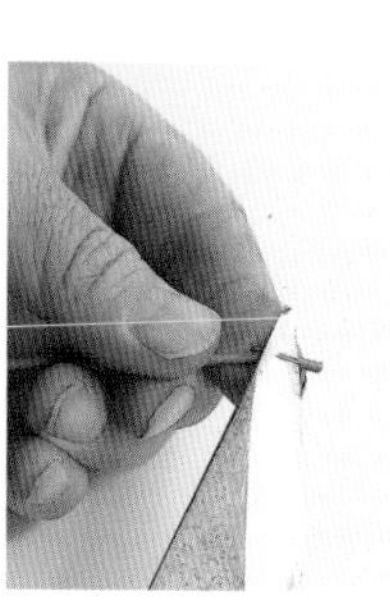

3 削插穗

用刀削掉插穗斜面另一面的表皮，露出 1~2 厘米长的形成层。

为了插床可以更好地排水，最好把中粒鹿沼土铺在盆底。压条完成后要浇足水，把赤玉土中的细尘冲掉

6~8 月，用新梢的健壮枝条来进行扦插繁殖。插穗长 8~10 厘米，用小刀处理好切口后，使其充分吸收水分。准备好 6 号花盆，为了更好地排水，在盆底铺上一层中粒鹿沼土，然后在其上面铺上小粒鹿沼土。将插穗插入其长度的一半，浇水后进行半遮阴管理。过一段时间会生根，在第 2 年 3~4 月上盆。因为幼苗不耐寒，所以冬季要把它放在塑料大棚里。压条适合在 4~8 月的生长期进行。用刀环剥树干的表皮，用剪好的塑胶钵套在伤口上，然后放入赤玉土。为了防止干燥，生根前要不断浇水，等根长满塑料钵的时候从母株上切下来移栽。

因为压条是从树枝上生根，所以也可以在 4~8 月进行分株。在准备分株的枝条的根部堆土，促进此处生根。第 2 年 3 月上盆。

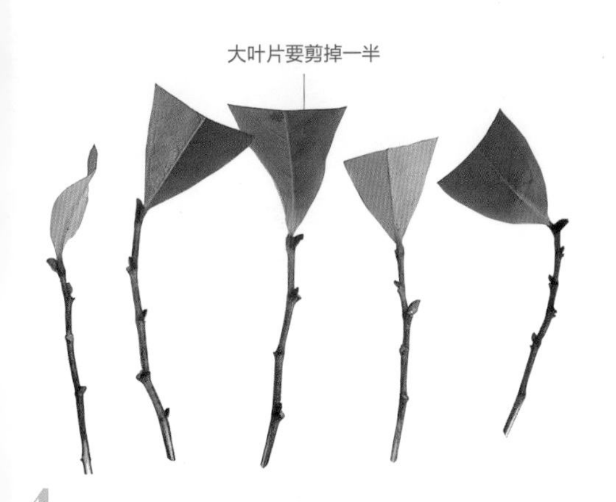

4

完成插穗制作

为了防止水分蒸发，留下 1~2 片叶后，去掉下端叶片，大叶片要剪掉一半。插穗的长度和切口都一致就制作完成了。长度一致，之后的生长也会保持一致。因为切口是根部生长的重要部分，所以要小心谨慎地处理，以免损伤切口。

5

浸水

把插穗放入盛有水的容器里，浸泡 1~2 小时。充分吸收水分后插穗更容易生根。

6

插入插床

在 6 号花盆的盆底装入中粒鹿沼土，轻轻铺平，然后再铺上小粒鹿沼土，铺平后均匀地插入插穗，深度为插穗长度的 1/2 左右。

压条

难易度

★★★

1

确定压条位置

确定好压条的位置，用小刀环剥 1~2 厘米宽的表皮，直到露出木质部。

2

套上塑料钵

剪开一个大小合适的塑料钵，让枝条穿过钵底的孔，用订书机固定。

3

用绳子绑缚

塑料钵不稳的时候，用绳子把它绑缚在压条位置。也可以用订书机固定。

4

装入赤玉土

把赤玉土装进塑料钵里，然后浇透水，直到水从钵底流出。

夹竹桃

柳桃 / 夹竹桃科
常绿灌木（高 3~5 米）

花期为盛夏的 7~9 月，花色有红色和白色，花的直径为 2~3 厘米，有香味。夹竹桃喜光、抗逆性强，常种植在高速公路边和公园里。原产地为印度。

生长月历	1	2	3	4	5	6	7	8	9	10	11	12
状态							开花					
修剪	■	■				■						■
繁殖		分株				扦插						
施肥		■										
病虫害						一般无						

扦插最好在生长期进行。成株后，可以分株繁殖

在 6~8 月的生长期进行扦插。选择 1 年生的粗壮枝条，切成长 8~10 厘米的插穗，去除下端叶片，切成斜口，充分吸收水分。在平底花盆里放入鹿沼土，铺平后插上插穗。因为生长速度快，所以在扦插后 2 年就会开花。分株在 2~3 月进行。植株长大后，从根基部长出许多嫩枝，适合分株，从土里挖出植株，选择根系发达的分枝，然后从根基部分株。

扦插

难易度 ★★★

1 剪枝

剪取在向阳处生长的健壮枝条作为插穗。

2 选插穗

把枝条剪成长 8~10 厘米的插穗。使用健壮的新芽，细软的新芽不适用。

3 去除下端叶片

留下 1~2 片叶，去掉其余的下端叶片。如果往下掰叶片会把表皮剥离，所以去除叶片时要往上拽叶片。

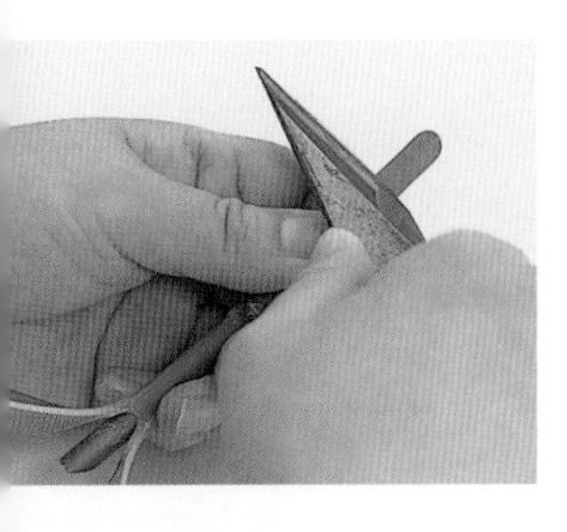

4
制作插穗
用锋利的小刀把切口切成 45 度左右的斜面。

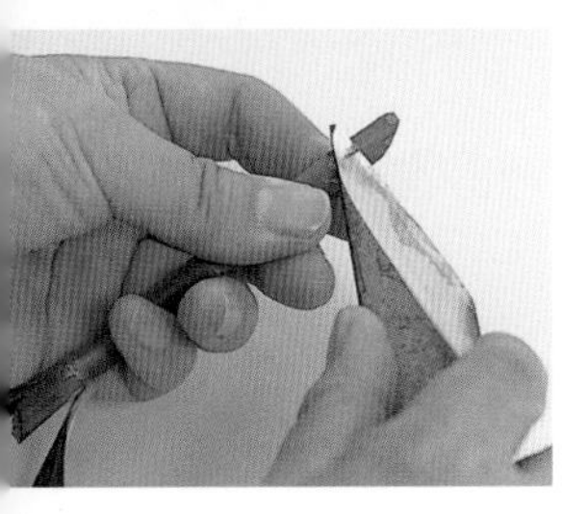

5
削插穗
削去插穗另一侧的表皮，露出 1~2 厘米长的形成层。

6
完成插穗制作
准备好长度一致、切口一致的插穗。把大叶片剪掉一半，以防止水分蒸发。

浸水
把插穗浸入装有水的容器，浸泡 1~2 小时。

1~2 小时

8 **插入插床**
在花盆里放入鹿沼土，铺平，插入插穗，深度为插穗长度的 1/2 左右。可以提前用木棒戳好小孔后再扦插。扦插结束后压实插孔。

分株

难易度 ★★★

1 **挖出植株**
当植株长大后，用铲子挖出一半的土。

2
用锯分离根部
去除土壤，在根系发达的适当位置把植株分成 2~3 株。根部发达的时候，可以使用小锯锯断。

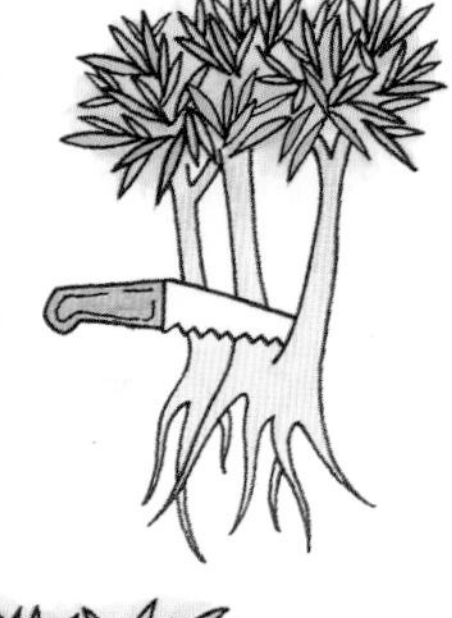

3
回填土
分株时挖出的土壤要回填。将分好的新株地栽或种到花盆里。

1
环状剥皮法繁殖
还有一种方法是在挖出植株时在根基部进行环状剥皮，提前让根长出后再进行分株。

2 **培土**
为了埋住剥皮的部分，要堆上厚厚的一层土。可以用腐殖土，在生根后进行分株。

金 桂

丹桂、金木犀 / 木犀科

常绿小乔木（高 4~8 米）

作为香味浓郁的庭院树木，受到人们的喜爱。就算只有 1 株，在盛花期也会香气袭人。花期为 9~10 月。金黄色的小花挂满枝头。原产地为中国。雌雄异株，但是传入日本的多为雄株，雌株非常稀少。

生长月历	1	2	3	4	5	6	7	8	9	10	11	12
状态									开花			
修剪												
繁殖									压条 扦插			
施肥			扦插									
病虫害						一般无						

扦插

难易度

★ ★ ★

1

剪枝

多在 6~8 月扦插。剪下在光照充足的地方生长的枝条作为插穗。

2

选插穗

分出能用作插穗的部分，切成长 8~10 厘米的枝段。将完好无伤的部分作为插穗。

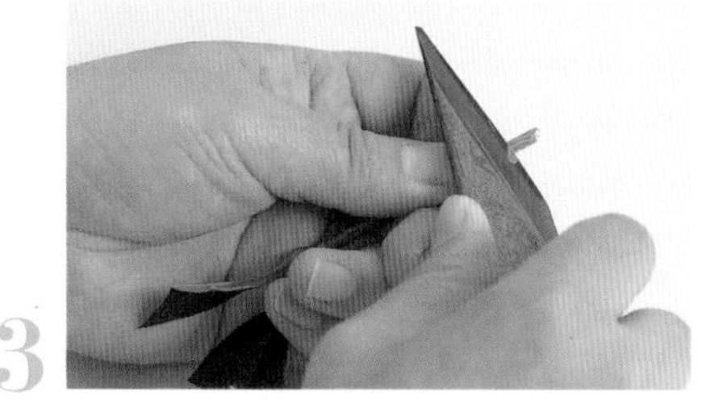

3

制作插穗

留下 1~2 片叶，其余的叶片全部去掉。如果留下的叶片比较大，要剪去一半。用锋利的小刀把切口切成 45 度的斜面。

诀窍是用锋利的小刀斜切插穗的切口

扦插最适合在 6~8 月进行。选择 1 年生的健壮枝条，剪取长 8~10 厘米的枝段，留下 1~2 片叶，去除下端的叶片。将切口斜切，然后浸泡在水里。插床的土用鹿沼土或者赤玉土（小粒）。扦插后置于透光的背阴处并保持湿度。第 2 年 3 月发芽前上盆较为适合。压条在 4~8 月进行，4~5 个月后会生根。

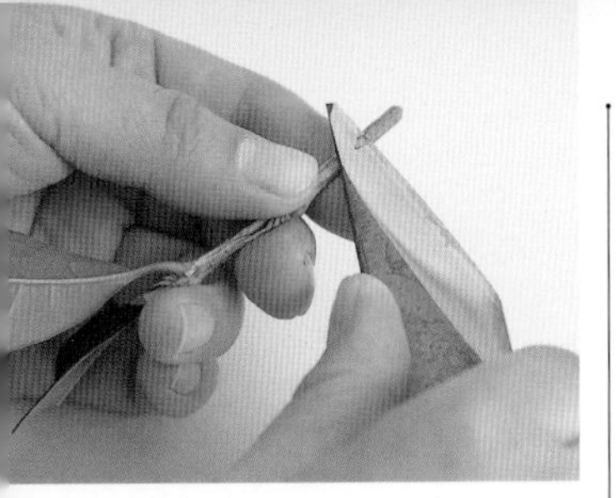

4
削插穗
削去插穗斜面另一侧的表皮，露出1~2 厘米长的形成层。

5
完成插穗制作
整理好长度、切口一致的插穗。为了防止水分蒸发，要去除下端叶片，留下的叶片也要剪去一半。

6
浸水
把插穗放进装有水的容器，浸泡1~2 小时。

7
插入插床
在花盆里放入鹿沼土并铺平，均匀地插入插穗，深度为插穗长度的 1/2。

扦插
难易度

★★★

密闭扦插（3 月）

1
插入插床
和普通的扦插一样，把插穗均匀插入平底花盆里。

2
用铁丝制作支架
剪 2 根 30~40 厘米长的铁丝，弯成“U”形，然后交叉插入插床作为支架，插好后，浇足水。

3
套袋
从上向下套上塑料袋，包裹住整个花盆。这样可以防止水分蒸发，保持湿度，利于生根。

压条
难易度

★★★

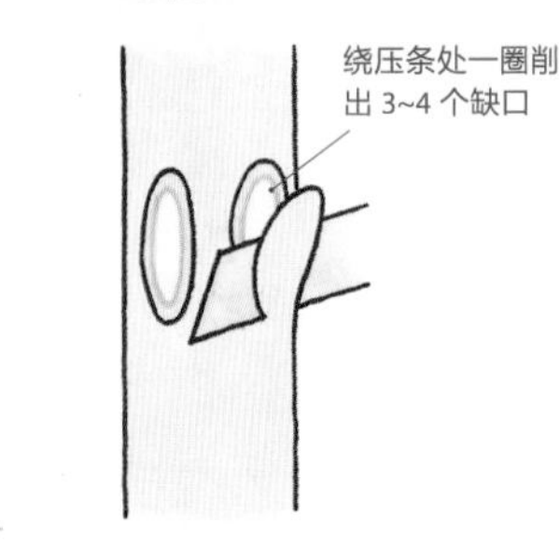

1
在压条的部位削出 3~4 个切口
确定了压条的位置后，绕枝干一圈用小刀削出 3~4 个缺口。

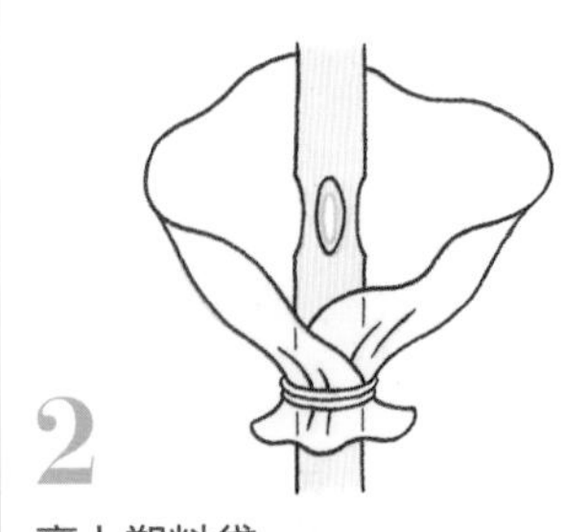

2
裹上塑料袋
在压条的部位下面，裹上适当大小的塑料袋并绑扎。

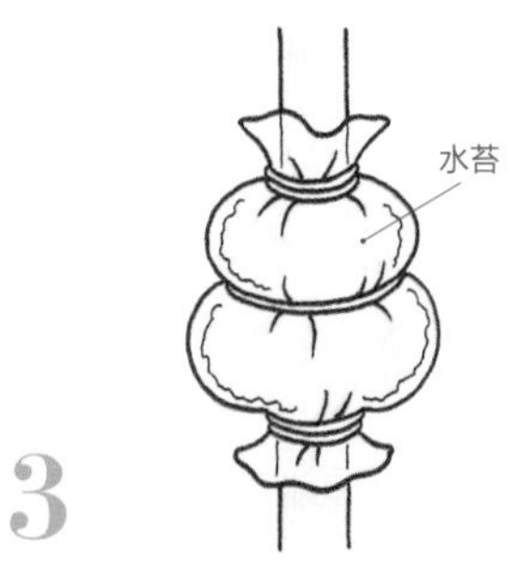

3
用水苔和塑料袋覆盖
用湿水苔包裹住缺口，再包上塑料袋，用绳子绑缚，不时浇水以促进生根。

栀子花

枝子、山栀子、栀子 / 茜草科
常绿灌木（高 1~3 米）

5~6 月开花，香味浓郁。花朵直径为 5~8 厘米，白色。叶片翠绿有光泽。果实可以入药，也可以用作染料。与日本的栀子花相比，西洋种的大叶栀子的花和叶片较大，看起来更加壮观。

生长月历	1	2	3	4	5	6	7	8	9	10	11	12
状态					开花	开花						
修剪	■	■					■					■
繁殖						扦插	扦插	扦插				
施肥		■										
病虫害						■	■	■	■			

扦插

难易度

★★★

1

剪枝

剪取生长在向阳处的健壮枝条，插穗长度为 8~10 厘米，留下 1~2 片叶，去除下端叶片。

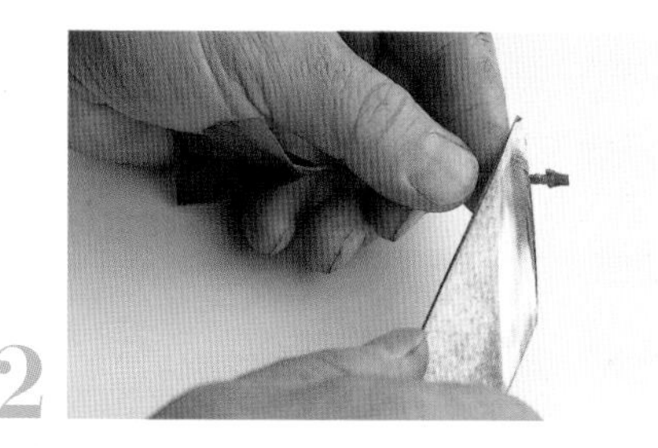

2

削插穗

用锋利的小刀把切口切成 45 度的斜面。用手压住枝条，小刀向切口滑动即可。

因为栀子花不耐旱，所以扦插后防止干燥是成功的关键。大叶栀子也同样可以扦插

扦插是最简单易行的繁殖方法，适合在 6~8 月进行。从春季长出的新梢中选择生长良好的枝条作为插穗。因为和开花期重合，所以可以在观赏过鲜切花后再制作插穗。把插穗剪成长 8~10 厘米的枝段，留下 3~4 片叶，去除下端叶片，切口斜切，浸泡在水里，然后插入鹿沼土或者赤玉土。为了排水，在盆底放入大粒的鹿沼土，上面放入小粒的鹿沼土。受欢迎的大叶栀子也可以采用同样的方法进行扦插。栀子花是喜温的树种，不耐寒也不耐旱。在日本关东以北地区，要放到塑料大棚里越冬。第 2 年 3 月左右上盆。准备比树苗大一圈的花盆，用比例为 6：4的赤玉土和腐殖土混合土进行移栽。充分浇水，在向阳的地方进行培育，第 3 年会开花。

3
露出形成层
削掉插穗另一侧的表皮，露出 1~2 厘米长的形成层。

完成插穗制作
确保插穗的长度和切口一致。把大叶片剪去一半以防止干燥。

5
浸水
把插穗放进装有水的容器里浸泡 30~60 分钟，以利于生根。

30~60 分钟

插入插床
在平底花盆里放入鹿沼土，铺平，均匀地插入插穗，插入深度为插穗长度的 1/2。

7 **生根**
生长良好的幼苗不久之后就会发芽、生根。使用鹿沼土扦插的幼苗的根部为白色。也可以用赤玉土替代鹿沼土。准备比幼苗大一圈的花盆，用小粒的赤玉土作为移栽用土。

扦插

难易度

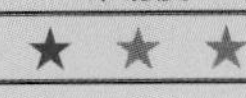

1
制作插穗
用健壮的枝条，剪成长 8~10 厘米的枝段。

削插穗
用锋利的刀把切口切成 45 度的斜面，同时削掉另一侧的表皮。

把叶片剪去一半
为了防止水分蒸发，只留下 1~2 片叶，去除下端叶片，把大叶片剪去一半。

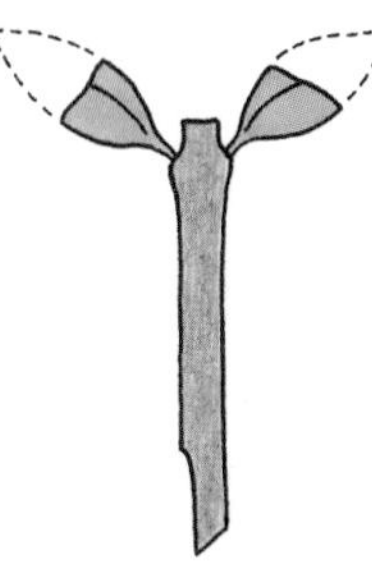

4
浸水
把插穗放进装有水的容器里充分浸泡 30~60 分钟。

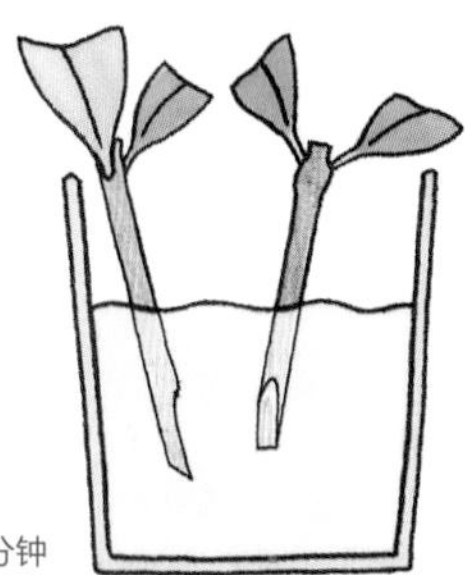
30~60 分钟

5 **插入插床**
在育苗箱里放入鹿沼土并铺平，均匀地插入插穗，深度为插穗长度的 1/2。浇水后置于明亮的背阴处。

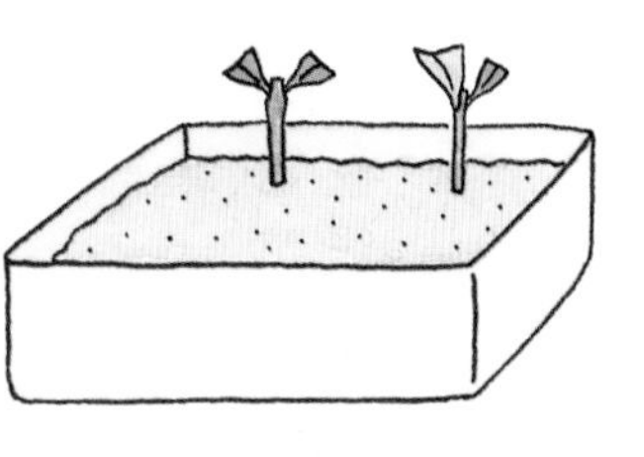

月 桂

月桂树、香叶 / 樟科

常绿灌木或乔木（高 5~15 米）

在古希腊和古罗马，象征着胜利和名誉的桂冠是由月桂的枝叶编织而成的。有光泽的叶片有香味，现在被用作香草，黑紫色的果实可以入药。雌雄异株。

生长月历	1	2	3	4	5	6	7	8	9	10	11	12
状态	常绿											
修剪	■	■										■
繁殖				压条	压条	扦插、压条	扦插、压条	扦插、压条				
施肥		■										
病虫害					■	■	■					

长势良好的新梢最适合作为插穗。用埋土法和波状压条法进行压条

扦插适合在 6~8 月进行。如果过早进行扦插，枝条还没有生长健壮，所以插穗会枯萎，扦插不会成功。插穗要用春季长出的嫩枝，剪成长 8~10 厘米的枝段，去除下端叶片，在水里浸泡后插在鹿沼土里，第 2 年 3 月移栽。

另外，为了多长新株，可以用埋土法进行压条繁殖，适宜的时期为 4~8 月。用铁丝绑住从根的基部长出的枝条，然后埋上土以促进生根。

扦插

难易度 ★★★

1 剪枝

选择在光照充足的地方生长的健壮枝条作为插穗。

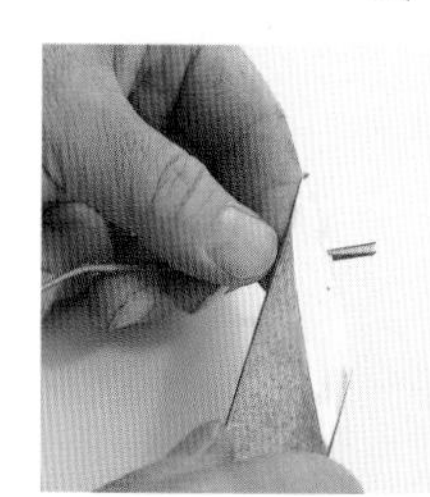

2 制作插穗

把枝条剪成长 8~10 厘米的枝段用作插穗。

3 削插穗

用刀把切口切成 45 度的斜面。

4 露出形成层

削去另一侧的表皮，露出 1~2 厘米长的形成层。

5 完成插穗制作

留下 1~2 片叶，去除下端叶片，要把大叶片剪去一半。

6 浸水

把插穗放进装有水的容器里，浸泡 30~60 分钟。

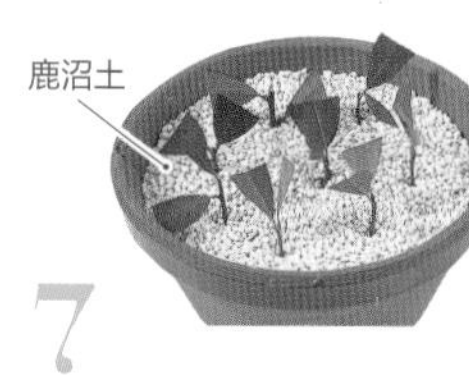

7 插入插床

把鹿沼土放进花盆，铺平后插入插穗长度的 1/2。

压条 埋土法

难易度

★★★

1 确定压条位置

确定好压条的位置，去除多余的叶片，用刀割树干的表皮。

2 露出木质部

环剥宽幅为 2 厘米的表皮，露出木质部（环状剥皮法）。若宽幅过窄，上部和下部的形成层可能会粘在一起。

3 缠上铁丝

在被剥掉表皮位置的下方，牢牢地缠上铁丝。

4 培土

将压条的位置用土盖住，堆成土堆。

5 生根

大约半年后就会从压条的部分长出根。到右图这种状态时就可以将其与母株分离并移栽到花盆里。

压条 波状压条法

难易度

★★★

1 露出木质部

环剥宽幅为 2 厘米的表皮，露出木质部。

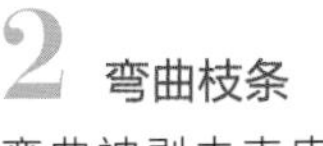

2 弯曲枝条

弯曲被剥去表皮的枝条，以将该部位埋进土里。

3 固定

将弯曲压条的位置，用分杈的树枝压住并固定。

4 覆土

用土覆盖住整个压条的部位，浇足水。

5 生根

半年后会生根。从右图能看到长出了许多根，在这种状态下可将其从母株割离并移栽到花盆里。

茶梅

山茶花 / 山茶科

常绿小乔木（高 3~10 米）

花期为 11~12 月，花色为白色、浅红色。有的品种的花期会持续到春季。花形虽然和山茶相似，但是花较小，因为它是常绿小乔木，花也很可爱，所以被用于绿篱等。有很多园艺品种。

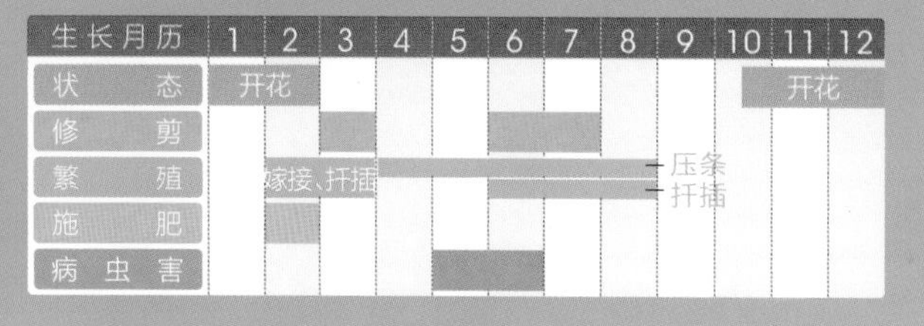

生长月历	1	2	3	4	5	6	7	8	9	10	11	12
状态	开花										开花	
修剪												
繁殖		嫁接、扦插							压条 扦插			
施肥												
病虫害												

采用春插、夏插繁殖都可以。把扦插苗放在透光的背阴处进行培育

在 2~3 月进行春插、6~8 月进行夏插。春插时要选择 1 年生的健壮枝条，夏插时要选择当年生的健壮枝条。把插穗剪成长 8~10 厘米的枝段，去除下端叶片，切口切成斜面。在水里浸泡后扦插进鹿沼土里。在扦插的过程中，插穗如果干燥了就会容易繁殖失败。在透光的遮阴处培育，第 2 年 3 月上盆，3 年左右开花。

扦插

难易度

★★★

剪枝

剪下在光照充足的地方生长的健壮枝条作为插穗。

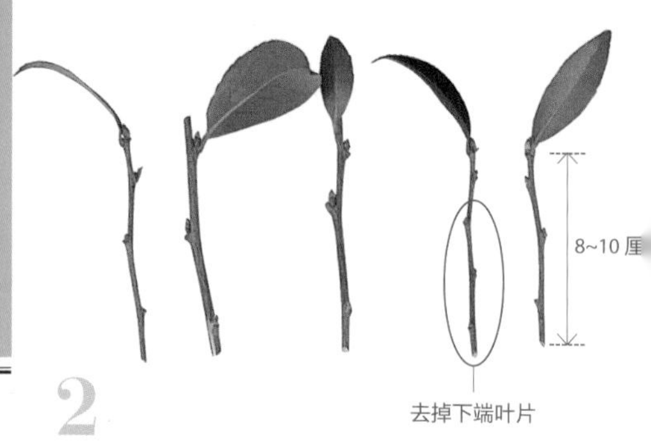

制作插穗

把插穗剪成长 8~10 厘米的枝段，留下 1~2 片叶，去除下端叶片。切口用刀切成 45 度的斜面，然后翻转到另一侧，削去表皮。

3

浸水

把插穗放进水里浸泡 1~2 小时。去除插穗的下端叶片是为了防止水分蒸发，促进生根。

4

插入插床

在花盆里装入鹿沼土，铺平，均匀地插入插穗，深度为插穗长度的 1/2 左右，然后浇足水。

5

上盆

大约半年后生根发芽。用鹿沼土扦插的根呈白色。第 2 年 3 月，用一个比苗大一圈的花盆，放入赤玉土进行移栽。

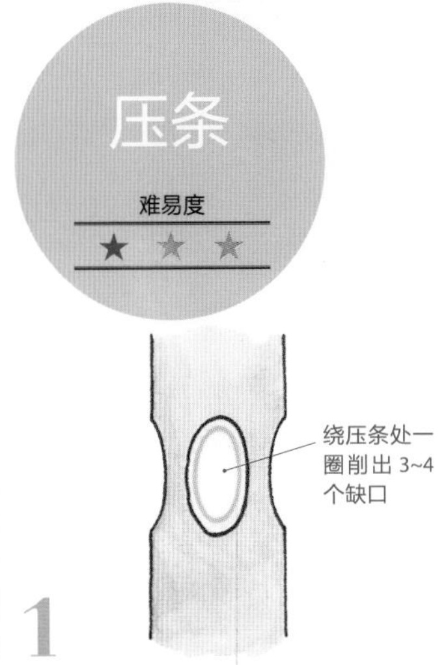

1

在压条的位置削出 3~4 个缺口

确定了压条的位置后，用嫁接刀在枝干的一圈削出 3~4 个缺口。

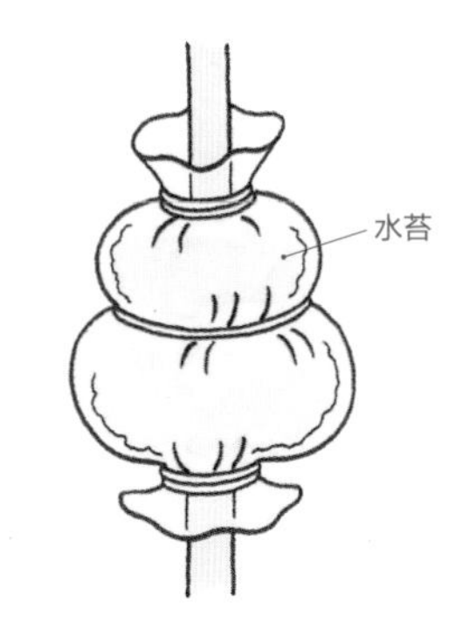

2

用水苔和塑料袋包裹

用湿水苔包裹住切口，再包上塑料袋，用绳子绑缚。为了防止干燥，要经常松开上端的绳子浇水，等待生根。

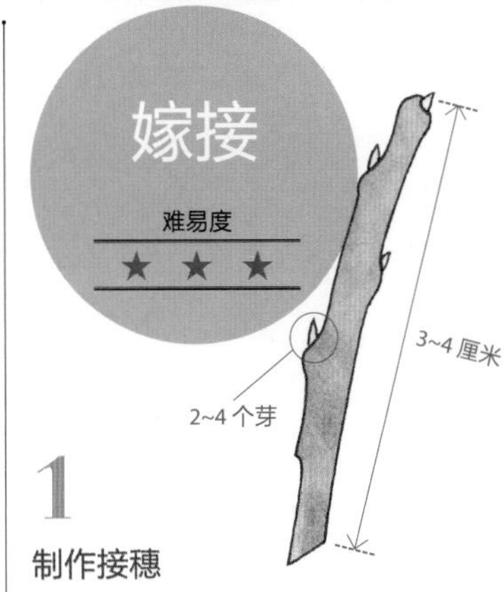

1

制作接穗

使用健壮的枝条。每段枝条上有 2~4 个芽，长 3~4 厘米。然后用锋利的刀削去表皮，露出形成层。

2

削砧木

用刀在表皮和木质部之间切一个口，露出形成层。切口的长度比接穗斜面的长度略短即可。

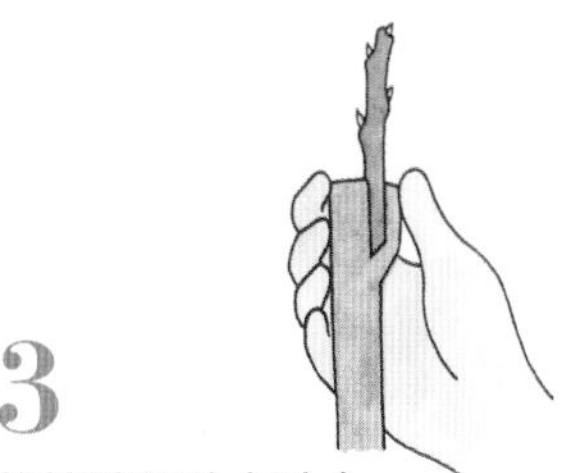

3

将接穗和砧木贴合

把接穗插进砧木的切口，对齐形成层并贴紧。

4

绑缚

在嫁接的切口裹上 2~3 圈嫁接胶带后牢牢绑好。为了防止接穗干燥，套上有透气孔的塑料袋，以促进成活。详见第 18 页。

皋月杜鹃

杜鹃、夏鹃 / 杜鹃花科
常绿灌木（高 0.5~1 米）

作为观赏性的庭院花木和盆栽，受到人们的喜爱。其园艺品种很多，花有白色、红色、桃红色等各种颜色。花期是 5~6 月。像杜鹃一样的花开满枝头，茂密成簇开放。

生长月历	1	2	3	4	5	6	7	8	9	10	11	12
状态					开花							
修剪												
繁殖		扦插							压条 扦插			
施肥												
病虫害												

扦插

难易度
★★★

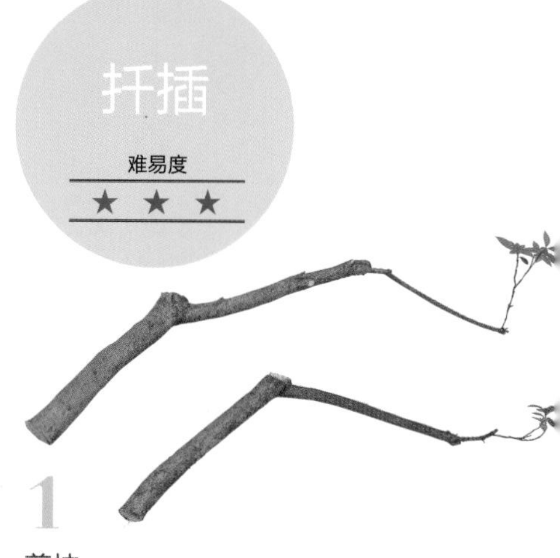

1 剪枝

这是一种在植株上采集健康的粗壮枝条，进行扦插以装饰盆栽的方式。留下顶端的 2~3 片叶后剪下枝条。普通的插穗制作可以参照杜鹃（第 134 页）的剪枝方法。

2 制作插穗

用锋利的刀把切口切成锐角，然后削掉一圈树皮，去除有伤的形成层。

夏插容易生根，适合初学者，可以和杜鹃用同样的方法扦插。在制作插穗的时候，选择花色、形态特征明显的枝条

可以在开花前的 2~3 月上旬进行春插，也可以在新梢成形后的 6~8 月进行夏插。春插要从 1 年生的枝条中选择健壮的枝条，夏插要从当年生的新梢中选择生长良好的枝条。春插时插穗生长较快，夏插时则容易生根。扦插方法和杜鹃一样，把插穗切成长 10 厘米左右的枝段，切口切成斜面，放入水里浸泡后插在鹿沼土（小粒）里。夏季注意避免阳光直射，防止干燥。这样培育 2 年左右，在春季上盆移栽。

压条适合在 4~8 月进行。波状压条法和埋土法是常用方法。波状压条法是把靠近地面生长的枝条弯曲后埋入土里，使其生根。用桩子固定枝条，防止其反弹。埋土法是在压条的部位缠上铁丝，然后用土埋起来，使其生根。无论哪种方法，生根后都将其从母株上分离。制作盆栽的时候，要好好考虑树的形状后再决定压条的位置。

3

完成插穗制作

为了易于吸收水分和生根，要削掉表皮。上图中颜色不同的地方就是形成层。

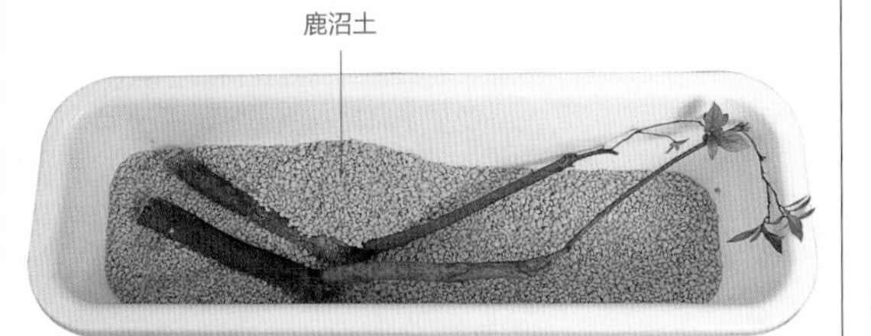

4

插入插床

准备好适合枝条长度的插床，放入半盆鹿沼土后把插穗平放进去。

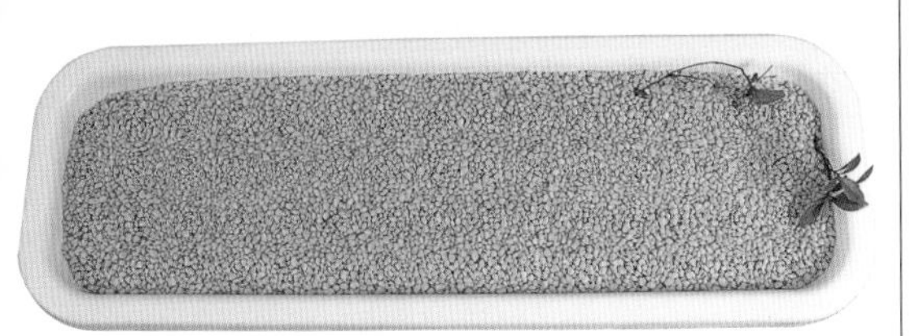

5

扦插完成

留少许插穗的顶端在外，其余部分都覆上鹿沼土。扦插长的插穗时，用这种平放的方式放置。生根后上盆，注意根要朝下。

压条

难易度

★ ★ ★

1

确定压条位置

确定压条的部位。观察枝条的形状，考虑压条后分株和母株的状态后确定压条的部位。诀窍是选择容易进行压条操作的笔直部分。

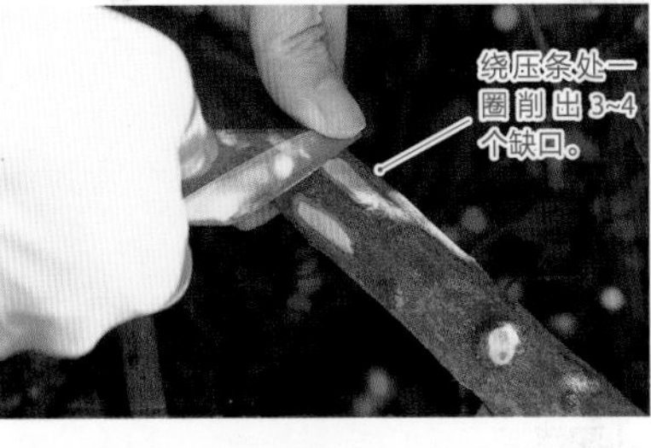

2

削掉表皮

在枝条的周围用小刀削出 3~4 个缺口，每个缺口削掉 1~2 厘米长的半月形表皮，露出形成层。

3

套上塑料钵

准备 1 个塑料钵，用剪刀剪开，圈住压条的枝条，再用订书机固定。

4

填土

可以用订书机把绳子钉在塑料钵上，然后拴在枝条上进行固定。放入赤玉土，浇水后等待生根。

石楠杜鹃

高山杜鹃 / 杜鹃花科

常绿灌木（高 2~3 米）

日本野生的石楠杜鹃和改良品种的西洋石楠杜鹃有很大区别。花期为 5~6 月。会开出白色、浅红色、黄色的花。在园艺店里经常看到的是西洋石楠杜鹃，颜色鲜艳，花团锦簇。

生长月历	1	2	3	4	5	6	7	8	9	10	11	12
状态					开花							
修剪												
繁殖				压条、嫁接、实生								
施肥												
病虫害												

压条

难易度

★★★

1

确定压条位置

确定了压条的位置后，用小刀绕枝条一圈削出 3~4 个缺口。

2

包上湿水苔

套上一个适当大小的塑料袋，在里边包上提前用水浸泡过的水苔。

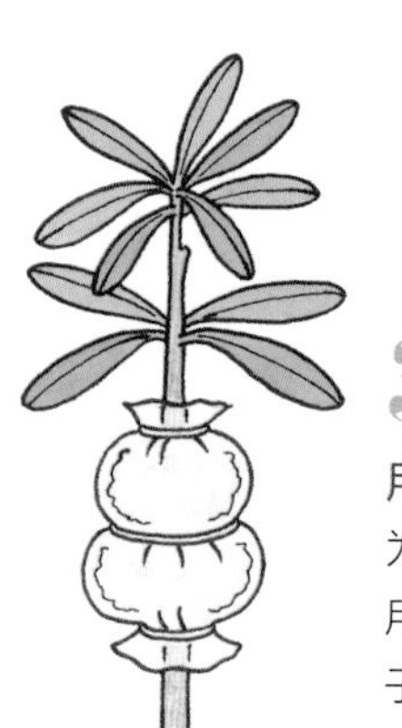

3

用塑料袋裹住

为防止水苔露出来，用塑料袋裹住并用绳子绑好。

嫁接和实生略有难度，可以一次操作多株。

秋季采种，第 2 年的春季播种。因为种子很小，所以要撒播在泥炭板上

嫁接适合在发芽前的 2~3 月进行。接穗要选择 1 年生的无病虫害的健壮枝条，切成长 5~6 厘米的枝段，切口成斜面。砧木使用约 3 年生的实生苗。切接时要在适当的位置割开砧木的表皮和木质部，然后插入插穗，使形成层贴合在一起，用嫁接胶带绑缚。嫁接后放进塑料大棚等温暖的地方培育。

实生繁殖时，在 10~11 月于蒴果裂开之前摘下果实，放进纸袋，吊在阴凉处储藏。蒴果自然裂开后，取出种子。第 2 年 3 月左右，在泡水膨胀了的泥炭板上薄薄地撒上一层种子。播种时，把种子放在厚纸板上，用手指敲打，就可以均匀地撒播了。为了保持湿度，最好在发芽之前先用报纸等覆盖一下。最早在 9 月，最迟在第 2 年 2 月进行移栽。

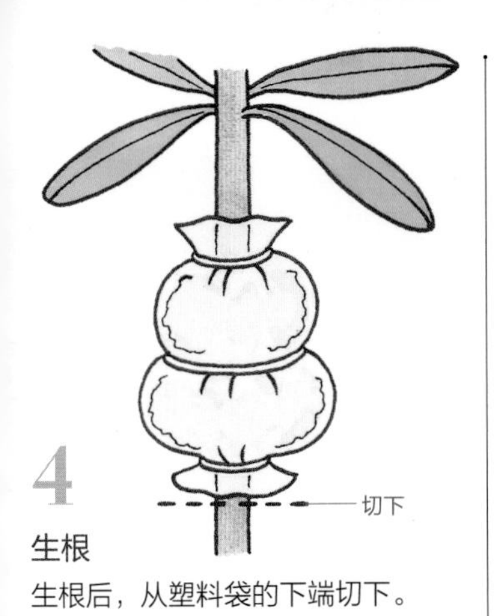

4
生根
生根后，从塑料袋的下端切下。

5
上盆
撕开塑料袋，仔细去除水苔后移栽到花盆里。用土是赤玉土和腐殖土比例为 7：3 的混合土。

6
在明亮的遮阴处进行管理
放置在屋檐下，避免阳光直射，在透光的遮阴处进行管理。一段时间后，让幼苗慢慢地适应阳光直射。

嫁接

难易度
★★★

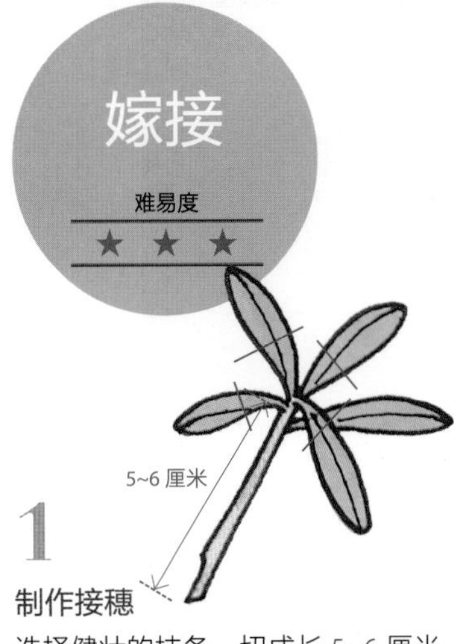

1
制作接穗
选择健壮的枝条，切成长 5~6 厘米的枝段。然后用小刀削去表皮，露出形成层。

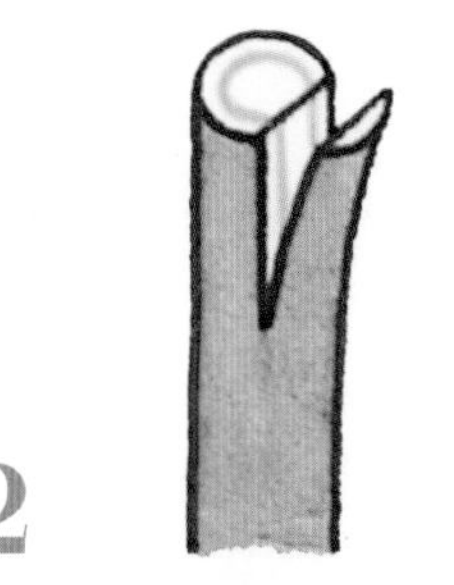

2
削掉砧木的表皮
在嫁接的位置切开砧木，用小刀在表皮和木质部之间切一个口，露出形成层。切口长度要比接穗露出的形成层的长度略短。

3
绑缚
数月后，会从接穗上长出新叶。

实生

难易度
★★★

1
采集果实
当果皮变成棕褐色时就要采种。如果任其成熟，果实会裂开。从果皮里取出种子后，如果不马上播种，要把种子放进纸袋或者细网眼的袋子里，在通风处保存。

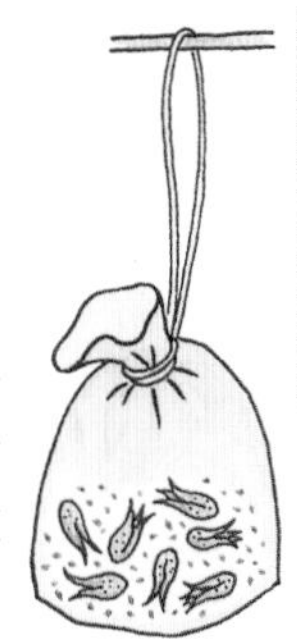

2
播种
因为种子非常细小，所以要撒在泥炭板上。把种子均匀地撒播在预先用水泡涨的泥炭板上。把种子放在厚纸板上，然后用手指敲打，进行撒播。发芽前的浇水方式是盆底供水。

3
上盆和移栽
发芽后移栽到 5 号钵或者花盆里。幼苗长大、根长长了后，移栽到 7 号盆里，或者地栽，用土是赤玉土和腐殖土比例为 6：4 的混合土。

瑞香

沈丁花、毛瑞香 / 瑞香科
常绿灌木（高 1~2 米）

原产于中国。3~4 月，圆球形的小花挂满枝头。花香芬芳，看起来像花瓣的部分其实是花萼。还有一种开白色花的白花瑞香。

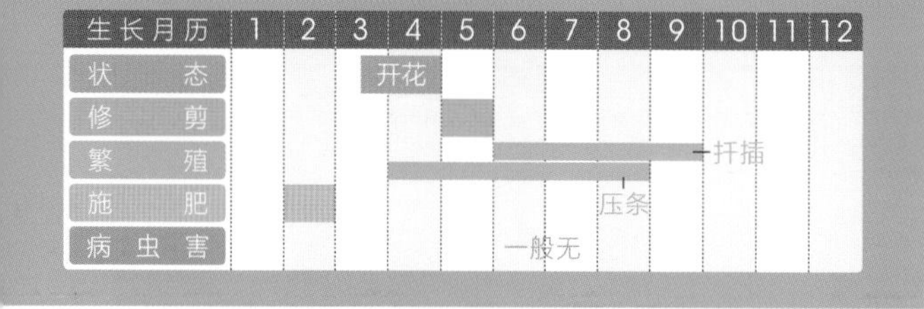

生长月历	1	2	3	4	5	6	7	8	9	10	11	12
状态			开花	开花								
修剪					■							
繁殖				压条	压条	压条、扦插	压条、扦插	压条、扦插	扦插			
施肥		■										
病虫害	一般无											

1 剪枝

选择在光照充足的地方生长的健壮枝条作为插穗，如图片中这种笔直的枝条比较舒展，但因为是徒长的柔软的枝条，不适合用于嫁接。

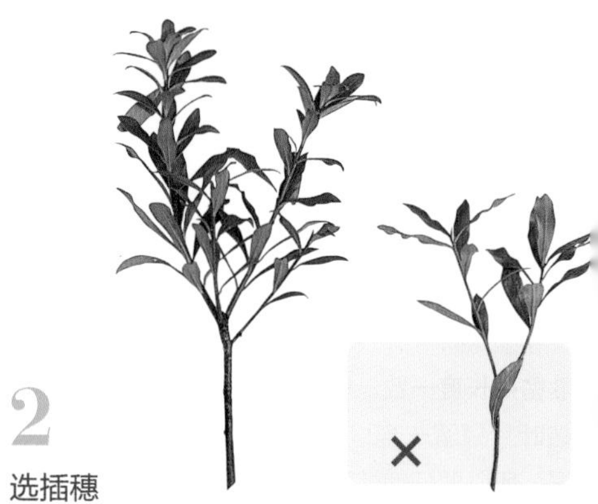

2 选插穗

使用左图中这种粗壮的长势良好的枝条。右图中的这种太细。剪下用作插穗的部分，然后剪成长 8~10 厘米的枝段。留下顶端的 2 片叶，去除下端叶片，把大叶片剪去一半。

在夏季的干燥期进行扦插，所以要注意防止干燥。不仅要浇水，防止叶片的水分蒸发也很重要

扦插在 6~9 月进行。使用开花后生长的健壮新梢，剪成长 8~10 厘米的枝段，只留下顶端的 1~2 片叶，去除其余的叶片，切口切成斜面。放进水里浸泡 1~2 小时。在 6 号平底花盆里放入鹿沼土（小粒），插入插穗，深度为插穗长度的一半左右。置于半阴处，土表干了就要浇水。约 1 个月后，让幼苗慢慢地适应光照。因为瑞香喜温暖不耐寒，所以要把幼苗放进塑料大棚里越冬，第 2 年春季 3 月上盆。用土是赤玉土（小粒）和腐殖土比例为 6：4 的混合土。扦插虽然容易生根，但是根又粗又软，如果断了很容易腐烂。上盆移栽的时候，要小心地挖出来，以免伤到根部，由于其不适合移植，所以在地栽时要考虑长成后的大小，能不移植的尽量不要移植。压条在 4~8 月进行。

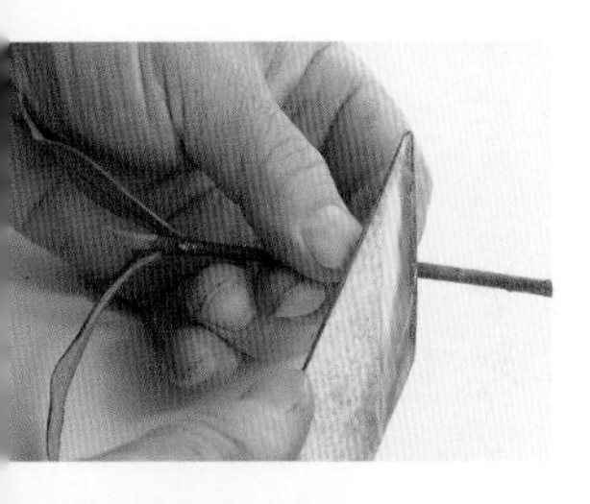

3

削插穗

用刀把插穗的切口切成45度的斜面。

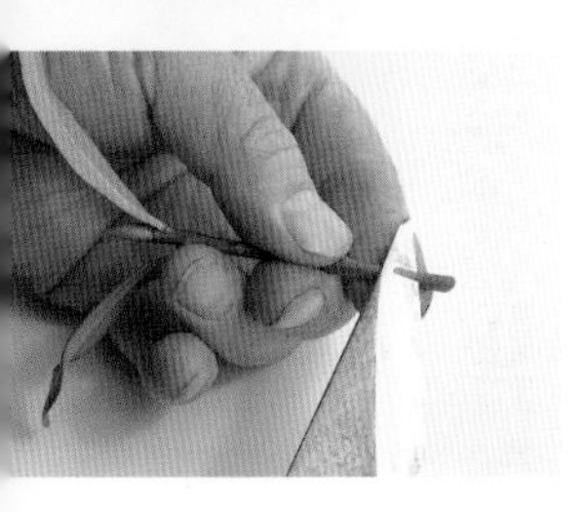

4

露出形成层

在插穗斜面的另一侧削掉1~2厘米长的表皮，露出形成层。

5

完成插穗制作

准备好长度一致、切口一致的插穗，去除下端叶片，上端叶片只留一半以防止水分蒸发。因为是从形成层生根，所以要仔细处理切口，趁着还没干燥，做好插穗后立刻放进装有水的容器里。小小的插穗，在若干年后会长成大树。

6 ### 浸水

把插穗放进装有水的容器里，浸泡1~2小时。插穗充分吸收水分更容易生根。

1~2小时

7 ### 插入插床

把鹿沼土放进花盆，铺平，均匀地插入插穗，深度为插穗长度的1/2。

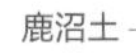

压条

难易度 ★★★

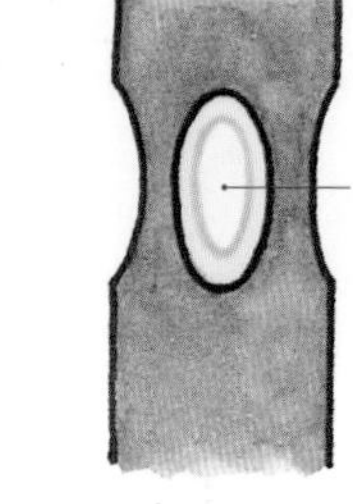

1

选择压条位置

选择健壮的枝条，在压条处绕枝条一圈用刀削出3~4个缺口。

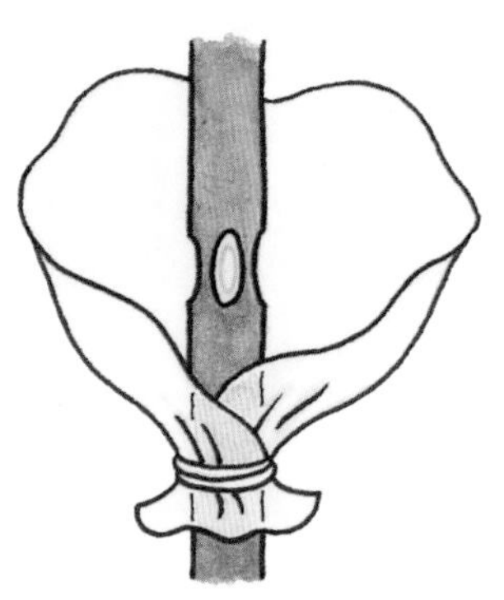

2

套袋

套上一个大小合适的塑料袋，在压条位置的下方打结系好。

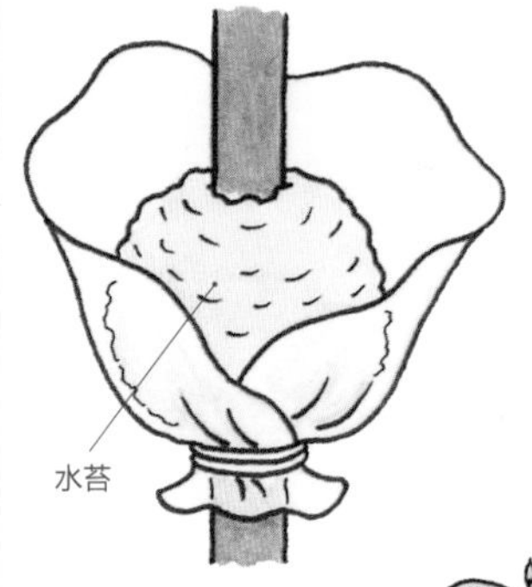

3

用湿水苔包裹

轻轻地拧干泡了水的水苔，然后用水苔包裹住缺口。

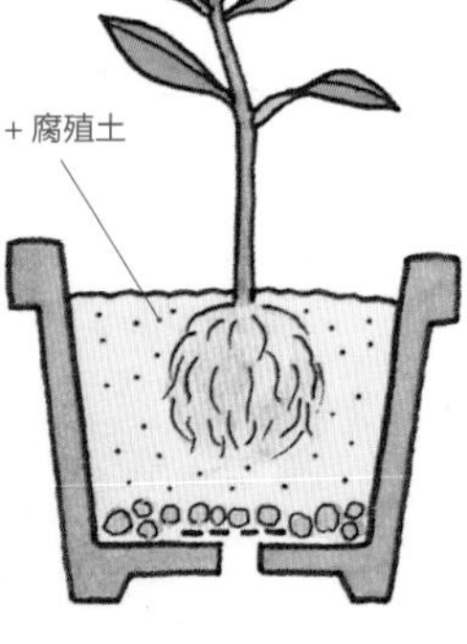

4

上盆

生根后，从生根的下端切断分离，仔细地去除水苔，移栽到混合了赤玉土和腐殖土的花盆里。

云片柏

柏科

常绿针叶乔木（高 20~30 米）

常用于一般的园林景观绿化，因为适合修剪、易成形，常用作树篱和造型。特征是树枝笔直地生长，叶片没有正反面之分，叶尖短而密生。

生长月历	1	2	3	4	5	6	7	8	9	10	11	12
状态						常绿						
修剪	■	■			■	■	■	■				■
繁殖						■	扦插	■				
施肥		■										
病虫害						一般无						

扦插

难易度

★★★

1

剪枝

使用在光照充足的地方生长的健壮枝条。

2

选插穗

把可以用作插穗的部分和不能用作插穗的部分分开。使用健壮的部分，剪成长 8~10 厘米、带有 3~4 个节的枝段。

如果扦插得太深，有可能造成根部腐烂，所以扦插的深度为插穗长度的一半左右。管理时要注意防止夏季水分蒸发

扦插在 6~8 月进行。选择春季生长的新梢作为插穗，剪成长 8~10 厘米、带有 3~4 个节的枝段。用刀处理切口，留下上端叶片，去除下端叶片。放进水里浸泡 1~2 小时后插进插床。在 6 号陶盆的盆底铺上一层鹿沼土（中粒），上面再铺上一层鹿沼土（小粒）。扦插的深度为插穗长度的一半左右，不可太深。盆底积水会造成根部腐烂。浇足水后进行半遮阴管理，生根后每月施 1 次液态肥，以促进生根。幼苗长大后，让其慢慢地适应光照，但是在夏季要避免阳光直射。幼苗不耐寒，冬季最好放进塑料大棚越冬。这样培育一段时间后在第 2 年 3 月上盆。

3 去除下端叶片

留下顶端叶片，去除下端叶片。用左手捏住插穗，右手把下端叶片的叶柄拉掉，这样操作容易，也不会损伤插穗。

注意：从上往下撕会撕掉表皮。

4 削插穗

插穗的切口要切成 45 度的斜面。因为茎很细，所以要小心处理。

5 露出形成层

在插穗斜面另一侧削掉表皮，露出 1~2 厘米长的形成层，以增大吸水面积。

6 完成插穗制作

确保插穗的长度一致、切口一致。长度一致有利于生长保持一致，日后的管理也会较为轻松。因为是从切口的形成层生根，所以做好插穗后，要在切口还没有干燥之前就放进水里浸泡。

1~2 小时

7 浸水

放进水里浸泡 1~2 小时。

8 插入插床

在花盆里放入鹿沼土（中粒），轻轻铺平，上面放一层鹿沼土（小粒），铺平后插入插穗，深度为插穗长度的 1/2。因为茎很细，用木棒戳出插孔后更容易插进去。

9 扦插后管理

间隔均匀地插入后，浇透水。

黄杨类

齿叶冬青、犬黄杨 / 冬青科　黄杨、小叶黄杨、尖叶黄杨 / 黄杨科
常绿灌木或乔木（高 1~6 米）

提起黄杨类，一般是指齿叶冬青。具有叶片色泽鲜艳、光泽感较好等特点。通常将其修剪成球体后，用于园林植物景观或者树篱等。具体品种有龟甲冬青、尖叶黄杨、长梗太平山冬青等。

生长月历	1	2	3	4	5	6	7	8	9	10	11	12
状态											结果	
修剪						■	■					
繁殖		实生	实生			扦插	扦插	扦插			实生	
施肥		■							■			
病虫害						一般无						

6~8 月适合进行比较简单的扦插。去除种子上的果肉，用水洗净后播种

齿叶冬青等品种采用实生繁殖方式，而斑叶黄果品种和龟甲冬青则通过扦插来繁殖。因为如果从种子开始培育，几乎都会长成齿叶冬青。在 6~8 月，用春季长出的新梢进行扦插。把插穗切成长 8~10 厘米的枝段，去除下端叶片，放进水里浸泡，然后用鹿沼土进行扦插即可生根。第 2 年 3 月左右上盆。实生繁殖要在 11 月采摘播种，或在第 2 年 2~3 月播种。弄碎果皮，取出种子并用水洗净后，进行撒播。

扦插

难易度
★★★

1

剪枝

在 6~8 月，剪下用作插穗的枝条，使用在光照充足的地方生长的健壮枝条。

2

选插穗

把能用作插穗的部分和不能用作插穗的部分分开，可以使用健壮的新芽，不宜使用柔软的新芽。

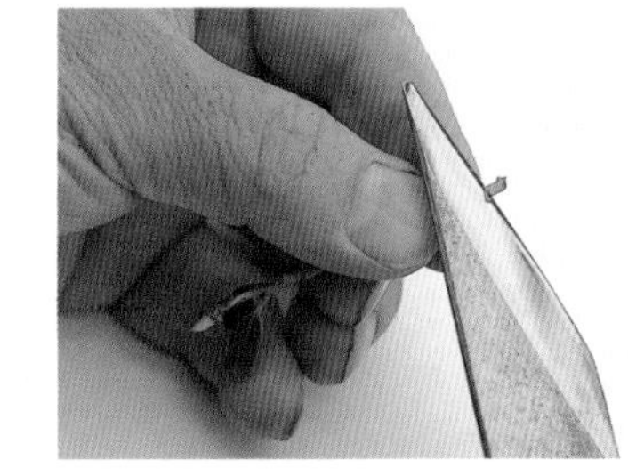

3

制作插穗

切成长 8~10 厘米的枝段，留下几片顶端的叶片，去除下端叶片。将切口切成 45 度的斜面。

4

削插穗

在插穗斜面的另一侧，用小刀削去表皮，露出 1~2 厘米长的形成层。

5

完成插穗制作

剪成长度一致、切口一致的插穗，用手去除下端叶片。

6

浸水

把插穗放进装有水的容器里，浸泡 30~60 分钟。

7 插入插床

在花盆里放入鹿沼土并铺平，插入插穗，深度为插穗长度的 1/2。

8

生根

一段时间后会长出新芽，也会生出许多根。

1

采种

选择成熟的果实，用手捏碎果肉，取出种子。

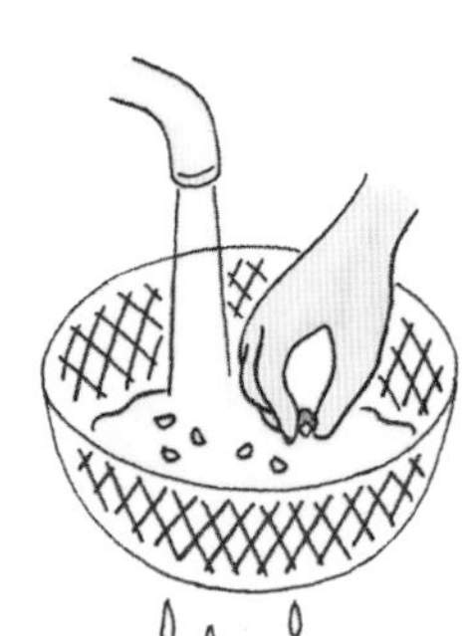

2

洗净去皮

果肉内含有抑制发芽的成分，所以要充分洗净。

3

播种

在平底花盆里放入赤玉土（小粒），铺平后撒播种子。然后用筛子在上面筛上一层土。在寒冷地区，可以把花盆埋在庭院里，为了防止上冻，可以铺上稻草。

4

移栽

幼苗长出后间苗。等幼苗长到一定程度后，移栽到花盆里或者地里。

杜 鹃

映山红 / 杜鹃花科
常绿灌木（高 0.5~3 米）

日本各地都有分布。据说其品种丰富性在世界上首屈一指，有大花的锦绣杜鹃、落叶种的菱叶杜鹃、小巧可爱的九州杜鹃等。花期是 4~5 月，有白色、粉色、紫红色、黄色等各种颜色。

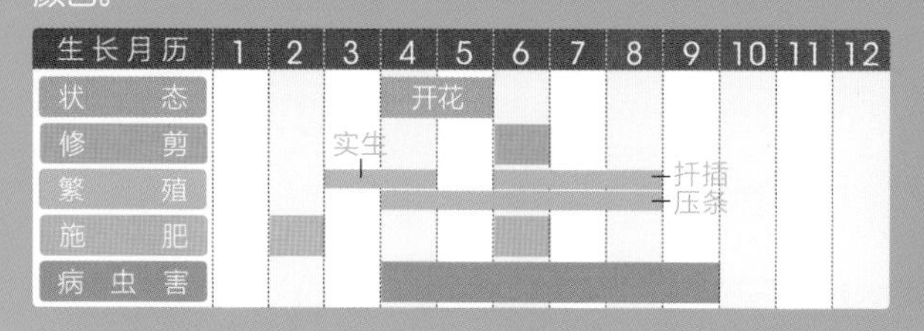

生长月历	1	2	3	4	5	6	7	8	9	10	11	12
状态				开花	开花							
修剪						■						
繁殖			实生	实生、压条	压条	扦插、压条	扦插、压条	扦插、压条				
施肥		■				■						
病虫害				■	■	■	■	■	■			

弱酸性的鹿沼土最适合用来扦插。迎红杜鹃是通过种子繁殖的

扦插适合在 6~8 月进行，选择春季生长的新梢里的健壮枝条作为插穗。切成长 8~10 厘米的枝段，去除下端叶片。将切口切成斜面后，放入水里浸泡，然后插进鹿沼土（小粒）里。插得太深不利于生根，所以插入深度是插穗长度的一半。进行半遮阴管理，注意防止干燥。迎红杜鹃、菱叶杜鹃不容易生根，所以要采用实生繁殖。3~4 月，把种子撒播在用水浸湿的泥炭板上。

1

剪枝

适合在 6~8 月扦插，剪下用作插穗的枝条。使用在光照充足的地方生长的健壮枝条。

2

选插穗

把能用作插穗的部分和不能用作插穗的部分分开。使用健壮的枝条，不要使用柔软的新芽。

3

制作插穗

把插穗切成长 8~10 厘米的枝段，留下顶端的几片叶，去除下端叶片。把切口切成 45 度的斜面。

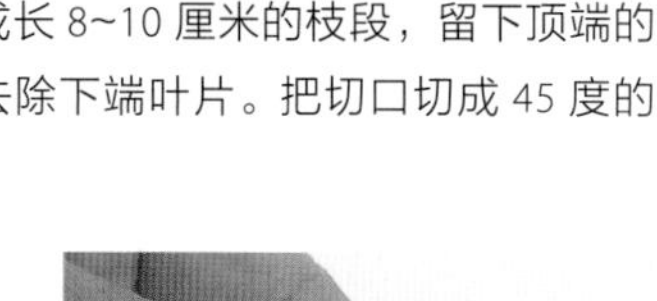

4

削插穗

在插穗斜面的另一侧削去表皮，露出形成层，增大吸收水分的面积。

5

完成插穗制作

确保插穗的长度一致、切口一致。叶片很小，用手去除下端叶片即可。

6

浸水

把插穗放进装有水的容器里，浸泡 30~60 分钟。充分吸收水分更利于生根。

7

插入插床

在花盆里放入鹿沼土，铺平后插入插穗，深度为插穗长度的 1/2，可以先用木棒戳出孔后再把插穗插进去，压实。

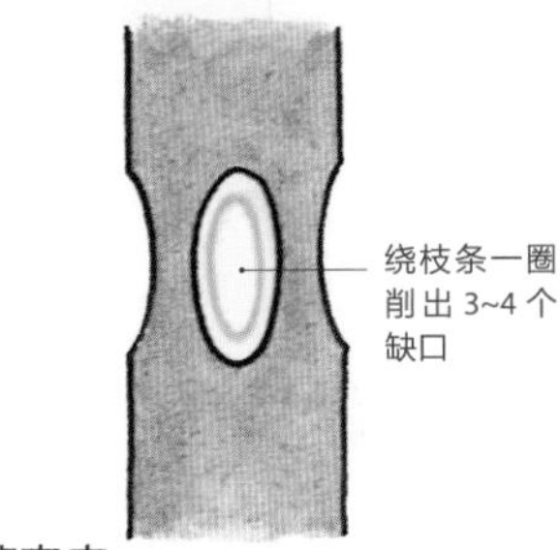

1

削掉表皮

确定压条的位置后，绕枝条一圈用刀削出 3~4 个缺口。

2

用水苔、塑料袋包裹

用提前浸湿的水苔包裹住缺口，再裹上一层塑料袋，用绳子绑好。

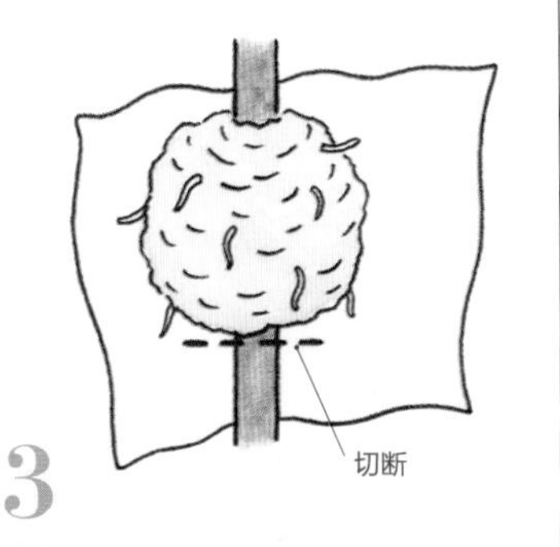

3

生根

生根后马上从压条部位的下端切断。取下塑料袋，去除水苔，将新株种到花盆里。

1

采种

棕褐色的蒴果里有种子。用手把蒴果揉碎，取出种子，用筛子把种子和果壳分开。

2

播种

因为种子非常小，所以要撒播在湿润的泥炭板上。把种子放在厚纸上，用指尖一边敲打一边均匀地播种。

3

发芽

播种后，采用盆底部供水法，放在阴凉处管理，1 个月后就会长出许多新芽。

4

后期管理

一段时间后，细小的种子会长成上图中这种健壮的新芽。如果发出的新芽太拥挤，可以间苗。

山茶

山茶花、椿 / 山茶科

常绿灌木或乔木（高 3~10 米）

山茶有风情的花自古以来就受到人们的喜爱。花期是 10 月 ~ 第 2 年 4 月。根据品种的不同，开白色、红色、有彩色斑纹的花，还有单瓣花和重瓣花品种。无论哪一种，都是花满枝头。长成大株后，不仅是盛花期，就连落花的样子也十分美丽。

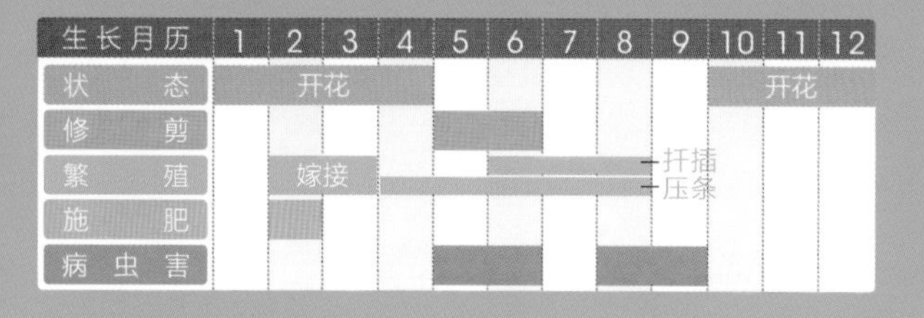

生长月历	1	2	3	4	5	6	7	8	9	10	11	12
状态	开花									开花		
修剪												
繁殖		嫁接							扦插 压条			
施肥												
病虫害												

压条时选择 2~3 年生的健壮枝条，绕枝条一圈在表皮上削出 3~4 个缺口

扦插适合在 6~8 月进行。剪下长 10 厘米的春季生长的健壮新梢，插进鹿沼土或者赤玉土。第 2 年的 3 月左右上盆。压条适合在 4~8 月进行。选择 2~3 年生的健壮枝条，撒上湿水苔，以促进生根。管理的时候要注意防止干燥，如果顺利生根，在 9 月上旬 ~10 月下旬从母株上切离。扦插繁殖不容易生根时，在 2~3 月进行嫁接。

扦插 冬红短柱茶

难易度 ★★★

1 剪枝

选择在光照充足的地方生长的健壮枝条，切成长 8~10 厘米的枝段。

2 制作插穗

留下上端的 1~2 片叶，将切口切成 45 度的斜面，削掉另外一侧的表皮。

3 完成插穗制作

确保插穗的长度一致，切口一致。

4 浸水

把插穗放进装有水的容器里，浸泡 1~2 小时。充分吸收水分更有利于生根。

嫁接

难易度 ★★★

1 制作接穗

用健壮的枝条制作接穗，然后插进砧木的切口，使形成层贴合在一起。

2 套袋

用嫁接胶带绑缚，浇足水后，套上有透气孔的塑料袋。

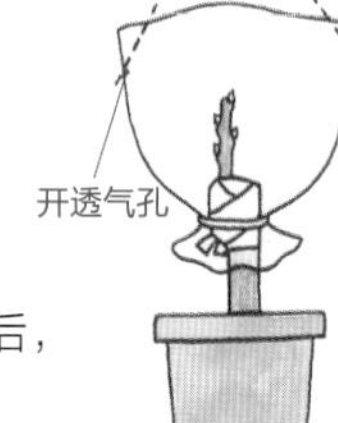

扦插

难易度

★★★

1 制作插穗

和左边的要领一样，把健壮的枝条切成长 8~10 厘米的枝段。

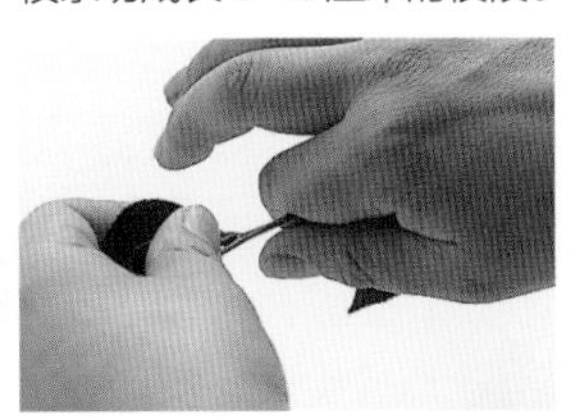

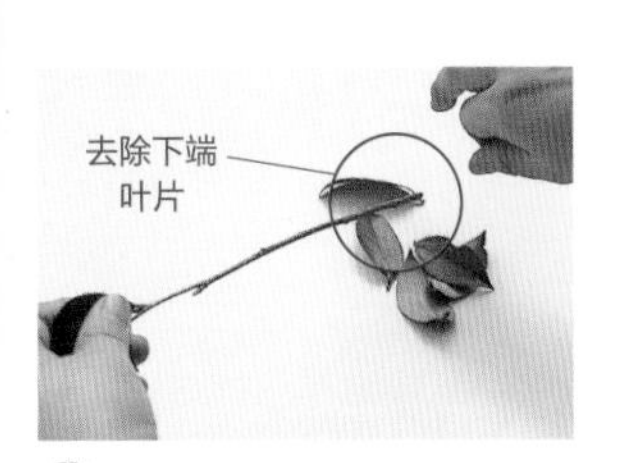

2 去除下端叶片

只留下 1 片叶，用手去除下端叶片。用食指和拇指夹住枝条，就可以轻松拔掉所有的下端叶片。

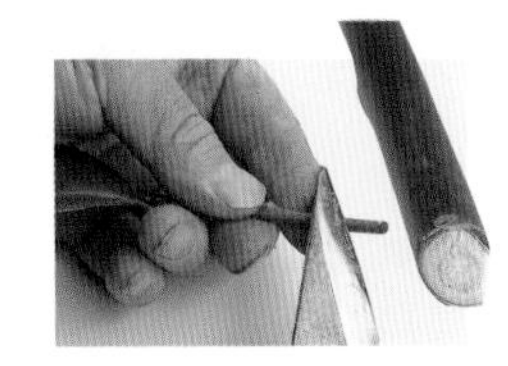

3 削插穗

把切口切成 45 度的斜面。

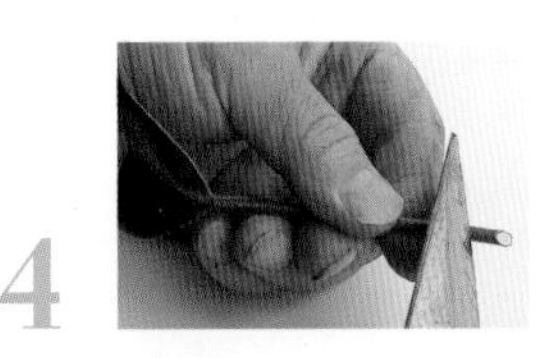

4 露出形成层

削掉插穗斜面另一侧的表皮。

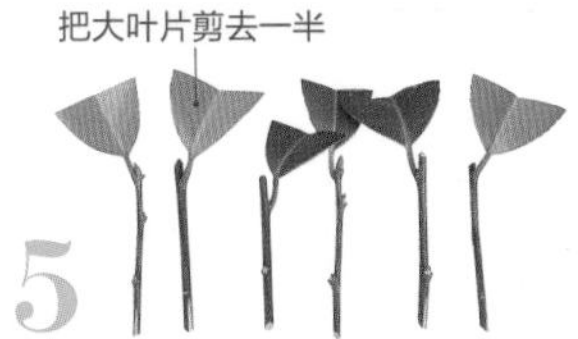

5 完成插穗制作

确保插穗的长度一致、切口一致。要把大叶片剪去一半。

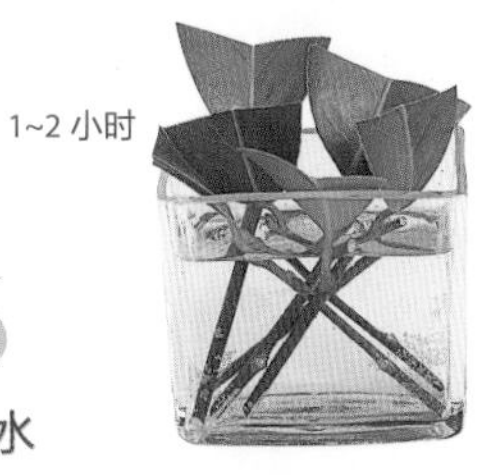

6 浸水

把插穗放进水里浸泡 1~2 小时，使其充分吸水。

7 插入插床

在花盆里放入鹿沼土，铺平后插入插穗。

8 扦插后管理

把插穗均匀地插到花盆里，然后浇足水。

9 生根

一段时间后就会发芽、生根，用鹿沼土种植的根呈白色。

压条

难易度

★★★

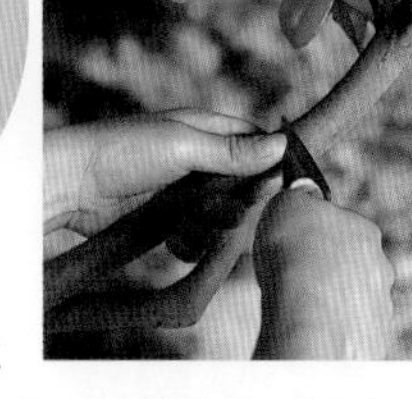

1 确定压条的位置

确定好压条的位置，用小刀削掉表皮，露出木质部。

2 削掉表皮

绕枝条一圈，用小刀削出 3~4 个半月形的缺口。

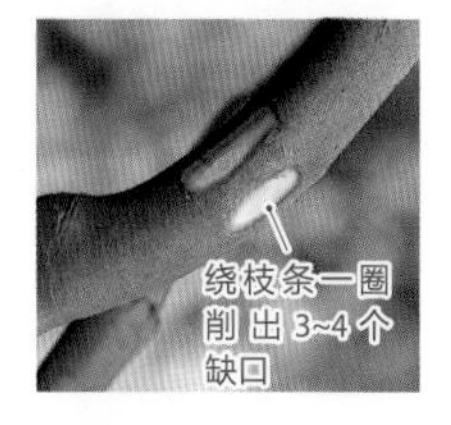

3 削皮后

露出木质部就可以了。

4 套上塑料袋

以压条的位置为中心，在下端套上塑料袋。

5 裹上水苔

在缺口部位裹上湿水苔。

6 用塑料袋包住水苔

用塑料袋包住水苔，塑料袋的上端用绳子系好。要经常松开上端的绳子浇水，并观察生长情况。

檵 木

继木、常盘万作 / 金缕梅科

常绿小乔木（高 5~8 米）

檵木是常绿的金缕梅科植物。花期是 4~5 月，开出带有浅绿色的白色花朵。虽然花瓣的长度只有短短的 2 厘米，但盛开的时候就像是整棵树摇曳着细丝带。还有鲜艳的红花品种。

生长月历	1	2	3	4	5	6	7	8	9	10	11	12
状态				开花								
修剪												
繁殖		分株				扦插						
施肥												
病虫害						一般无						

用春季以后生长的健壮枝条制作插穗是成功的关键

扦插适合在 6~8 月进行。选择春季以后生长的健壮枝条，切成长 8~10 厘米的插穗。留下上端的 1 片叶，去除下端叶片，在水里浸泡后插进鹿沼土里。放在半遮阴处，搬入塑料大棚越冬。在第 2 年 3 月左右，用赤玉土（小粒）和腐殖土比例为 6∶4 的混合土上盆移栽。分株在 2~3 月进行。选择根系发达的植株，用园艺剪刀从母株上剪下，或者用手掰开。

扦插

难易度 ★★★

1 剪枝

剪下用作插穗的枝条。选择在阳光充足的地方生长的健壮枝条。太细的枝条不适用。

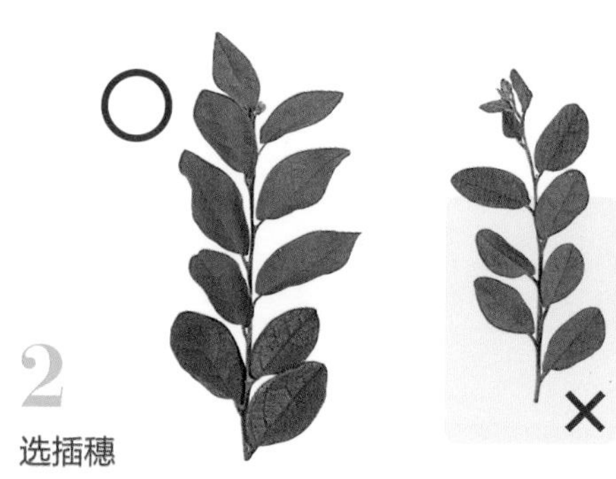

2 选插穗

把能用作插穗的部分和不能用作插穗的部分分开。可以使用健壮的新枝，但是不能使用柔软的新枝。

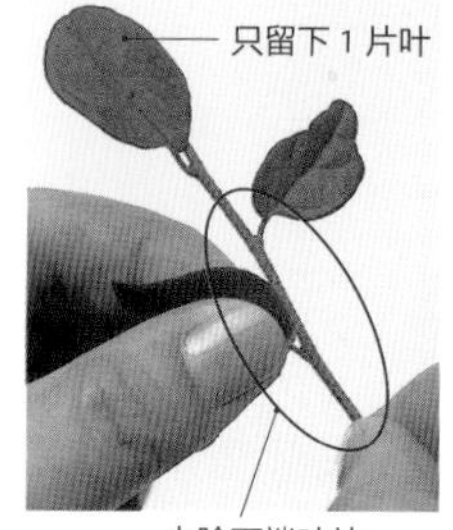

3 制作插穗

把插穗剪成长 8~10 厘米的枝段，只留下上端的 1 片叶，去除下端叶片。

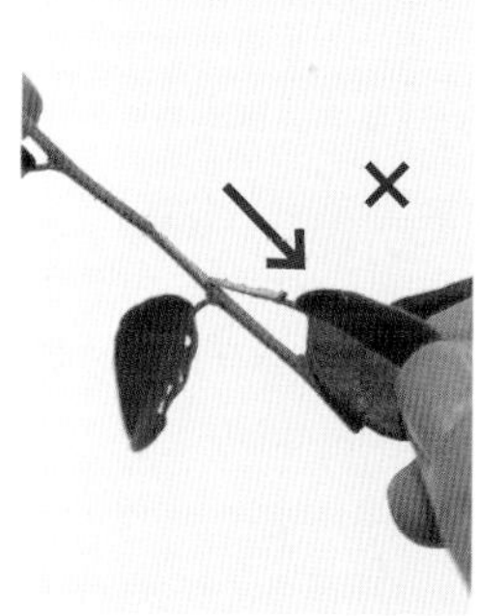

4 去除叶片的诀窍

如果把叶片往下拽，会撕掉表皮，所以要抓住叶片的叶柄往上拽。

5

削插穗

用锋利的刀把插穗的切口切成 45 度的斜面。

6

露出形成层

在插穗斜面的另一侧，用小刀削去表皮，露出 1~2 厘米长的形成层。

7

完成插穗制作

确保插穗的长度一致，切口一致。只留下 1 片叶是为了尽量防止水分蒸发。这样在扦插时幼苗的大小也能大体一致。

30~60 分钟

8 **浸水**

把插穗放进水里，浸泡 30~60 分钟，使其充分吸收水分。

9 **准备插床**

在花盆里放入鹿沼土，铺平。用木棒戳孔，插入插穗。

10 **插入插床**

间隔均匀地插入插穗，深度为插穗长度的 1/2，用手指轻轻按实根部。

11 **扦插后管理**

扦插完成后浇足水，置于背阴处管理，直到生根。

分株

难易度

★ ★ ★

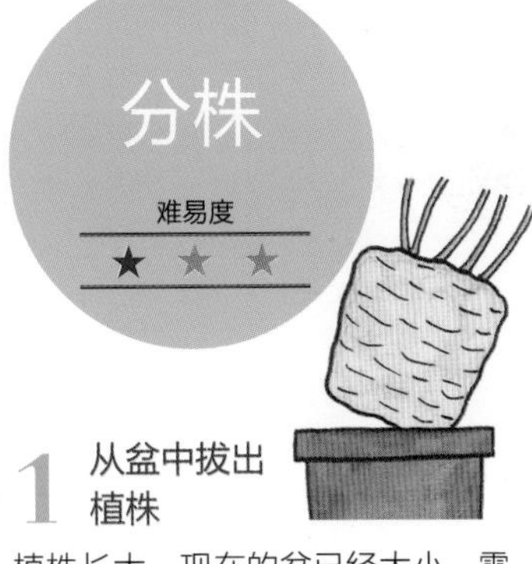

1 **从盆中拔出植株**

植株长大，现在的盆已经太小，需要进行分株。

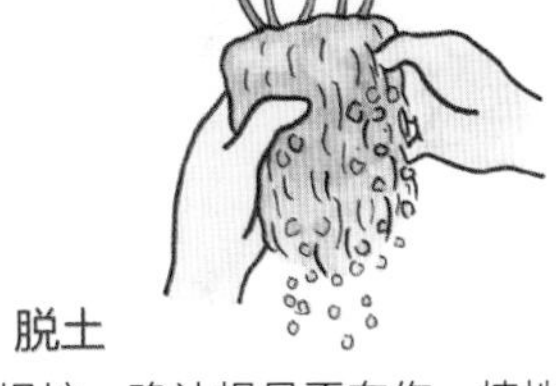

2 **脱土**

清理根坨，确认根是否有伤、植株的生长情况等。

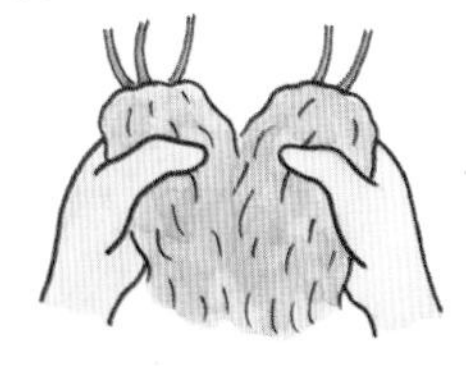

3 **分株**

确认从主干上长出的根，将其分成两半。用手分株，也可以用剪刀分株。

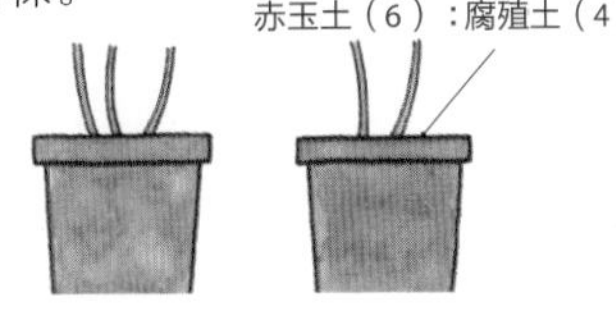

4 **分别栽入盆中**

清理掉有伤的根和长得过长的根，然后将新株分别移植到不同的新盆中。用土为赤玉土和腐殖土按 6：4 的比例混合后的营养土。

5 **浇足水**

移植后要浇足水，进行透光背阴管理。

南天竹

南天烛 / 小檗科

常绿灌木（高 1~2 米）

因为南天竹的日语发音和“转危为安”一词的发音相似，所以南天竹作为一种吉利的树受到人们喜爱。6月，开白花，呈圆锥花序，冬季结出红色小果。树丛姿态优美，被用作庭院树木。也有白色果实的品种。

生长月历	1	2	3	4	5	6	7	8	9	10	11	12
状态	结果					开花					结果	
修剪		■	■									
繁殖			实生			扦插	扦插	扦插			实生	实生
施肥		■	■									
病虫害					■	■	■					

扦插

难易度 ★★★

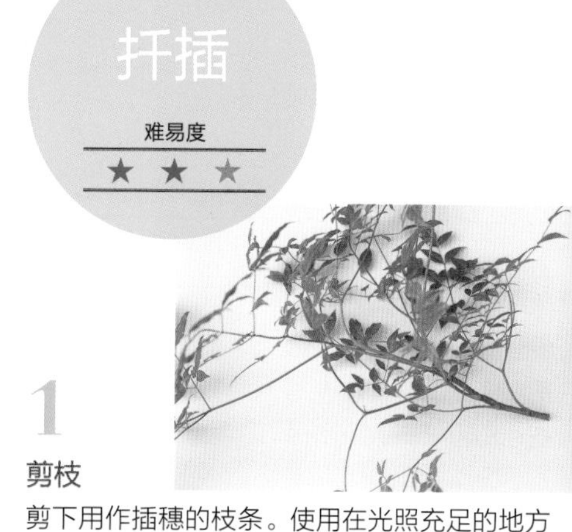

1 剪枝

剪下用作插穗的枝条。使用在光照充足的地方生长的健壮枝条。

2 选插穗

把能用作插穗的部分和不能用作插穗的部分分开。分清枝条与叶片，叶片部分也有一定的粗度，所以要注意不要弄错作为插穗的枝条部分。

扦插后放在明亮的背阴处进行管理，然后慢慢让植株适应光照。也可以去掉成熟的果肉，取出种子，进行实生繁殖

扦插适合在 6~8 月进行。选择 1 年生的无病虫害的健壮枝条，剪成长 10 厘米的枝段，只留下顶端的 4~5 片叶。扦插到鹿沼土或者赤玉土里，插入深度约为插穗长度的一半。放在明亮的背阴处，但若叶片枯萎，还要进行遮光。冬季移到没有霜冻的地方，或者做好防霜冻措施。第 2 年 3 月上盆。因为南天竹性喜温暖，所以要放在光照充足的地方进行管理。实生繁殖在 11~12 月采摘成熟的果实。去除果皮和果肉，把种子洗干净。取出种子后最好马上播种，也可以保存种子（要防止干燥），在 3 月左右再播种。在平底花盆里放入赤玉土，铺平后播种。充分浇水后，为了防止干燥，可以轻轻地铺上一层稻草。土变干就不容易发芽。发芽后拿掉稻草。但是，实生苗很难结果。

3

制作插穗

把枝条切成长 8~10 厘米的枝段，把切口切成 45 度的斜面。

5

完成插穗制作

确保插穗的长度一致、切口一致。

4

削插穗

在插穗斜面的另一侧削掉表皮，露出形成层。

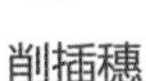

1~2 小时

6

浸水

把插穗放进水里浸泡 1~2 小时。

7

插入插床

在花盆里放入鹿沼土，铺平，把插穗均匀地插进去，深度为插穗长度的 1/2。浇足水后放到背阴处进行管理。

实生

难易度

★★★

1

采种

11 月左右结出红色的果实，摘下果实后弄碎果肉，取出里面的种子，用水洗干净。

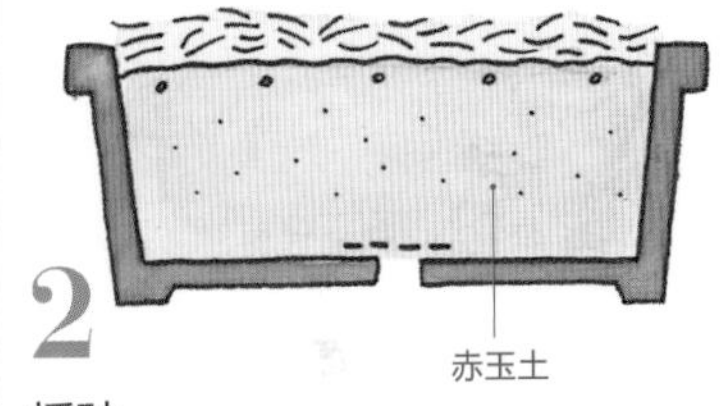

2

播种

在平底花盆里放入赤玉土（小粒），铺平，把种子均匀地撒下去。用筛子在上面筛一层薄土。在寒冷地区，为了防止结冰，可以铺上稻草。

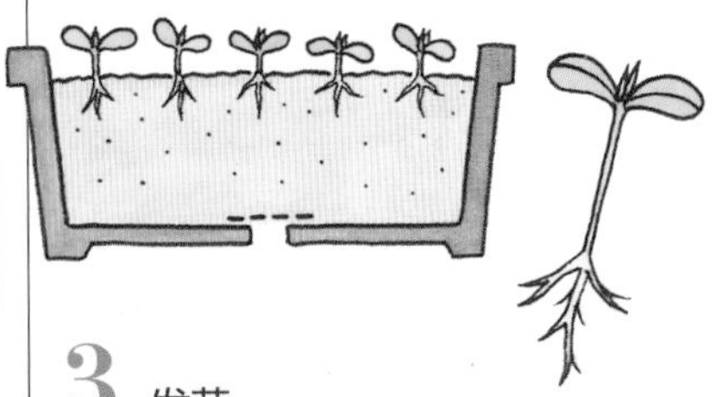

3 发芽

发芽后如果太挤，可以间苗。生根后移栽到 3 号盆里，盆土用赤玉土和腐殖土比例为 6：4 的混合土。

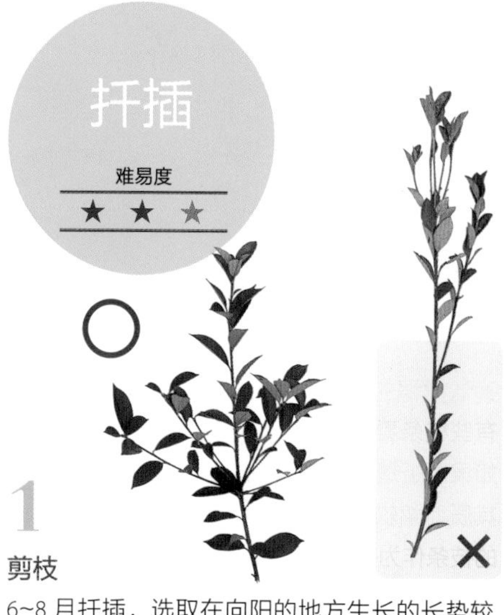

光叶石楠

山官木、石斑木 / 蔷薇科

常绿阔叶小乔木（高 4~5 米）

红色的嫩叶是光叶石楠的魅力所在。花期为 5~6 月，此时会开很多类似荞麦的白色小花，耐修剪，枝叶生长比较茂密，经常用作绿篱。当其长在下方较老的枝叶枯萎时，将其完全修剪后又会长出新芽。原产地为中国、朝鲜。

生长月历	1	2	3	4	5	6	7	8	9	10	11	12
状态					开花							
修剪												
繁殖						扦插						
施肥												
病虫害						一般无						

1

剪枝

6~8 月扦插，选取在向阳的地方生长的长势较好的枝条作为插穗。

选插穗

只留下可以作为插穗的部分，其他全部剪除。留下长势较好的新芽，摘除全部长得不好的新芽。

尽量不要选用新发的嫩枝扦插。诀窍是选择健壮的树枝，以能一下子折断为准

扦插的合适时期是每年的 6~8 月，插穗一般选用当年春季以后新长出的长势较好的枝条，但是太过柔软的枝条不能用。如果不太好判断，可以轻轻地折一下枝条，如果能折断就可以选用。把插穗上的叶片摘去，只留最上端的 1~2 片。用锋利的小刀把插穗的切口切光滑，并放在水里浸泡 1~2 小时。选用 6 号平底花盆或是扦插盒，在里面装入适量的鹿沼土或是赤玉土，然后把之前准备好的插穗插入其中，再浇足水，放在避光的地方进行半遮阴管理。由于光叶石楠的幼苗不耐寒，冬季需要搬进塑料大棚越冬。第 2 年 3 月左右上盆，在新芽长出来之前需要用小粒赤玉土和腐殖土以 6：4 的比例混合栽培，上盆时需把长出来的长长的根部卷起并放入盆中。光叶石楠一旦长出一个完好的根系就不会再长根，属于比较难移植的植物品种，而且必须尽量种植在光照充足的地方。

3

确认插穗的硬度

有些枝条看上去长得很粗壮，但是如果能折成如图所示的形状，证明其质地柔软，要尽量避免选取这样的枝条作为插穗。

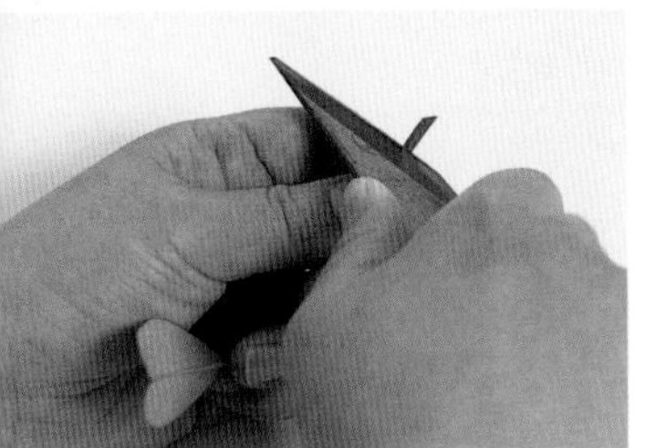

4

制作插穗

剪下长 8~18 厘米的枝条，只留取上端的 1~2 片叶，在下端用小刀切出一个 45 度的斜面。

5

削插穗

在插穗斜面的反面，切掉表皮使其露出 1~2 厘米长的形成层，以扩大吸收水分的面积。

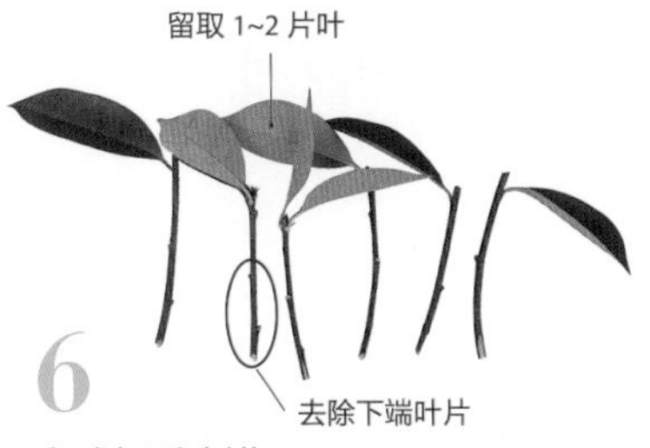

6

完成插穗制作

修整插穗的长度和切口，为了减少水分的蒸发，把枝条下面的叶片尽量摘除。

7

浸水

把制作好的插穗插入盛满水的容器中 1~2 小时，吸收充分的水分有助于插穗发芽。

8

插入插床

在花盆里装入鹿沼土，铺平，用木棍在土的表面戳出若干个小洞，方便插入插穗。插穗需均匀地插入其长度的一半，并浇足水，放在阴凉处管理。

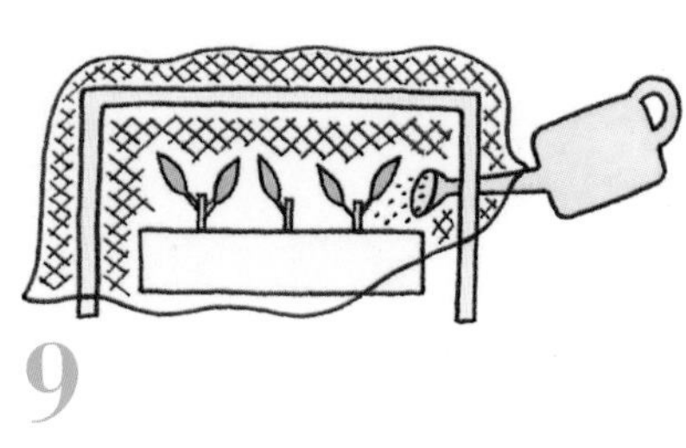

9

避免阳光直射

罩上寒冷纱等之类的可以遮光的材料，使其在避光的环境中生长。

10

木框温床培育

如果是在寒冷的地方，为了防止冻伤，应尽量放在木框温床中越冬。

11

上盆

第 2 年春季上盆。种植用土需采用赤玉土和腐殖土以 6：4 比例调配的混合土。

1

选择压条位置

设定好树形，选取压条的位置。

朱砂根

绿天红地、万两 / 紫金牛科
常绿小灌木（高 0.3~1 米）

从晚秋到冬季，深绿色的叶片下面一直挂着惹人怜爱的深红色的果实，颜色对比很强烈，也有白色和黄色果实的品种。由于比较喜庆而受人欢迎，一般都被种植在庭院里，也会在正月里被人买回家应景。7 月会开白色的花朵。

生长月历	1	2	3	4	5	6	7	8	9	10	11	12
状态	结果					开花				结果		
修剪												
繁殖				压条						实生		
施肥												
病虫害												

2

削除表皮

用锋利的小刀在要压条的部位周围削出 3~4 个缺口，露出木质部。

作为春节装饰用的盆栽植物可以种在小花盆里。树形长得不好的时候，可以进行简单的压条让其再生

压条最好在 4~8 月进行。朱砂根一般不长新芽，只会一味地往上长枝条。如果下面的叶片全部落了，树姿长得不好，可以直接压条让其重新生根。如果选定了压条的部位，就用小刀在其树干上削去 3~4 处表皮。找一个大小合适的塑料钵，剪开包在压条的枝干上，再用订书机把塑料钵的切口封上，如果没法固定就用绳子绑定。在塑料钵里装入适量的赤玉土并浇点水，等待其生根。为了不让其缺水干燥，要不断地浇水，一般 2~3 个月就会生根。

如果是实生繁殖，就要选取熟透的果实，去除果皮和果肉，并把里面的种子用水洗干净。果实摘下来需立刻播种，即所谓的“直播”。在平底花盆里装入小粒的赤玉土，单粒播种，种子要用手指轻轻压一下，放在半阴处，罩上塑料袋防止其干燥，大概 1 个月左右就会发芽，一般 4 年后结果。

3

套上塑料钵

剪开大小合适的塑料钵，将其套在枝干上的压条部位，并用订书机把剪开的塑料钵封上。

4

用绳子绑缚

如果塑料钵没法用订书机固定住，就需用绳子系牢，再往塑料钵里装入适量的赤玉土，装好土后浇水，一直浇到钵底流出水。

用种子种出树苗

播种后一般 3 年后才长成如上图所示的树苗，选取熟透的果实，然后去除果肉和果皮，用水洗干净种子，再一粒粒地播种进赤玉土中。坚持浇水，确保发芽前不出现缺水问题。

红叶石楠

蔷薇科

常绿阔叶小乔木（高 4~5 米）

光叶石楠的西洋种，特点是叶片较大。其叶片全年呈红色，非常美丽，作为绿篱或是庭院观赏树木颇受欢迎。长势较好，喜好向上攀升，抗病虫能力强。12 月 ~ 第 2 年 2 月需要修剪树形。

生长月历	1	2	3	4	5	6	7	8	9	10	11	12
状　　态												
修　　剪						■	■					
繁　　殖						扦插	扦插	扦插				
施　　肥		■										
病 虫 害						一般无						

要把插穗长度的一半插入土中，一直到生根都得坚持半遮阴管理

在 6 号花盆或是扦插箱里装上鹿沼土和赤玉土的混合土，插入插穗之后一点点地浇水，避免阳光直射，直到生根都需注意不能缺水。生根之后，可以慢慢地减少浇水量。树苗需要在塑料大棚里越冬。第 2 年 3 月左右，在树苗发芽前移植到用小粒赤玉土和腐殖土以 6∶4 的比例调配的混合土中。新长出的红叶的色泽取决于光照，所以需尽量在光照条件好的地方培育。

1 剪枝

剪取插穗，需要选用长势较好的枝条，剪成长 8~10 厘米的枝段。

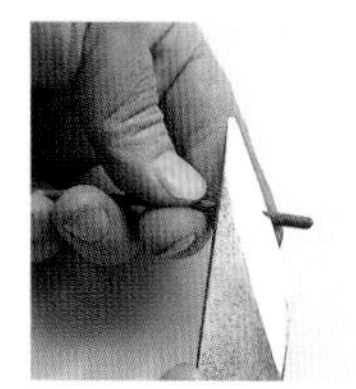

2 制作插穗

把之前剪下的枝条下端的叶片都摘除，只留下上端的 1~2 片。用小刀把切口切成一个锐角。

3 露出形成层

在插穗的另一侧削除表皮，露出形成层。

4 削插穗

颜色和表皮不一样的地方就是形成层，这里就是生根的地方。

5 完成插穗制作

统一插穗的长度，切口也要保持一致，如果留下的叶片较大可以剪去一半，只留半片叶。

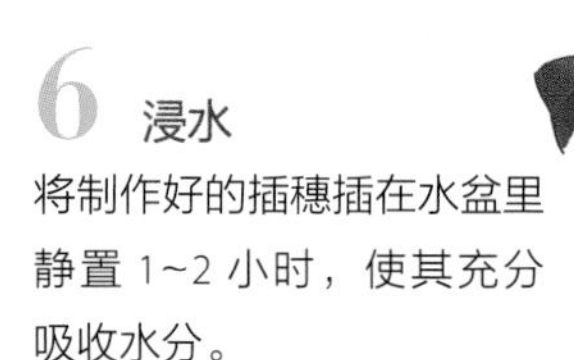

6 浸水

将制作好的插穗插在水盆里静置 1~2 小时，使其充分吸收水分。

7 插入插床

在平底花盆里放入适量的鹿沼土，铺平，并把准备好的插穗均匀地插入土中，一般需插入其长度的一半。

第四章 果树

杏

杏树 / 蔷薇科

落叶乔木（高 5~10 米）

杏是比较寻常的受欢迎的果树，花期为 3~4 月，浅红色的花朵开满全树。果实在 7 月成熟，酸甜可口。如果种植在其他的果树旁边比如桃等，用不同品种的果树的花授粉，结果会比较多。杏的果实可入药。

生长月历	1	2	3	4	5	6	7	8	9	10	11	12
状态			开花			结果						
修剪												
繁殖		嫁接		压条								
施肥												
病虫害												

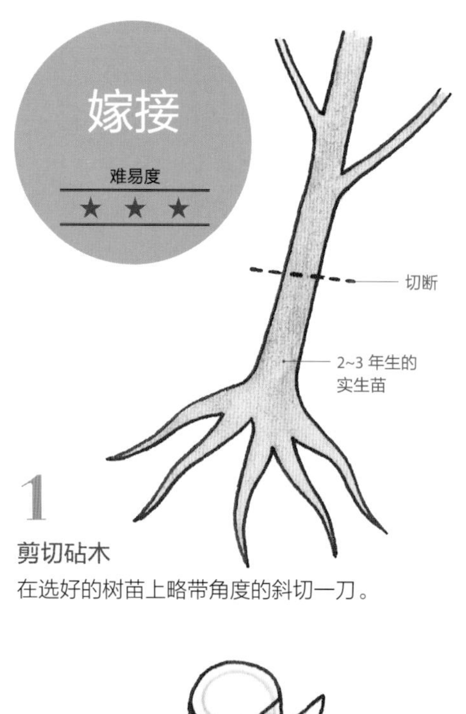

1

剪切砧木

在选好的树苗上略带角度的斜切一刀。

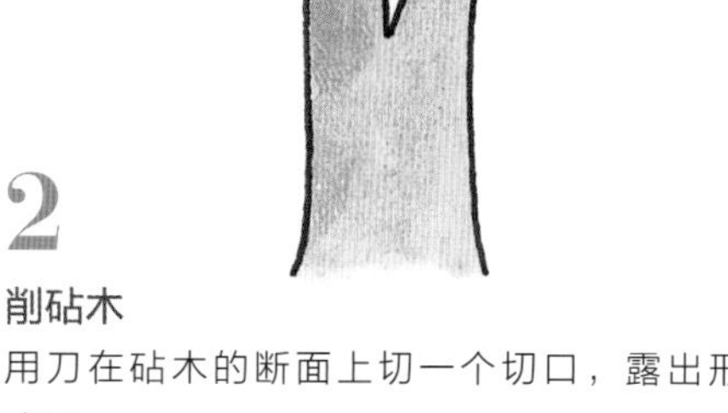

2

削砧木

用刀在砧木的断面上切一个切口，露出形成层。

砧木一般采用 2~3 年生的梅实生苗。目前市场上售卖的苗木基本都用梅作为砧木。尽量栽种在排水性较好的土壤中，半遮阴管理

每年 2~3 月是嫁接的最佳时期，一般都采用切接法。对于砧木，基本都选用同为蔷薇科的、与杏亲和力较强的梅苗木，关键是要选取长势较好的 2~3 年生的实生苗。要选用 1 年生的健壮枝条作为接穗，带有花苞的、长得较细的枝条不适合用作接穗。从选好的枝条上截下长 5~6 厘米的枝段，用锋利的小刀修整切口。在事先选好的砧木上切一个切口，使表皮和里面的木质部分离，这就是准备插入接穗的地方。接穗插入砧木上的切口时，要与形成层完全贴合，最后用嫁接胶带包裹住并打结绑缚。在绑好的接穗上套 1 个开有透气口的塑料袋以防止干燥，注意不能暴晒。1~2 个月后视发芽情况把套上的塑料袋取下。由于梅冒芽较多，一旦砧木上冒出新芽，就需要及时摘下。另外，还可采用腹接、靠接和枝接等嫁接方法。

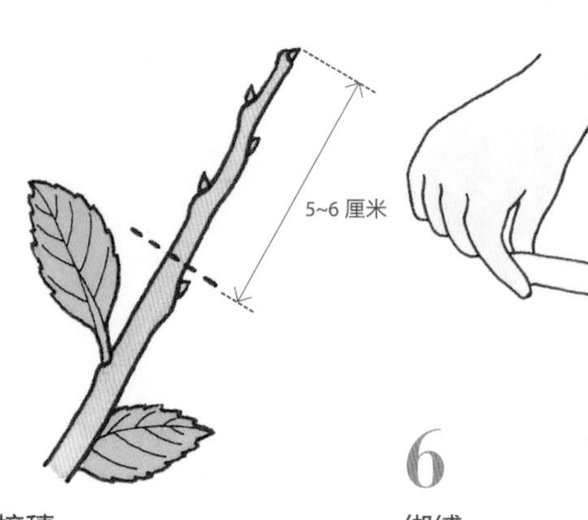

3 剪取接穗

选取较粗壮的枝条的前端，用锋利的刀利落地一刀切断。

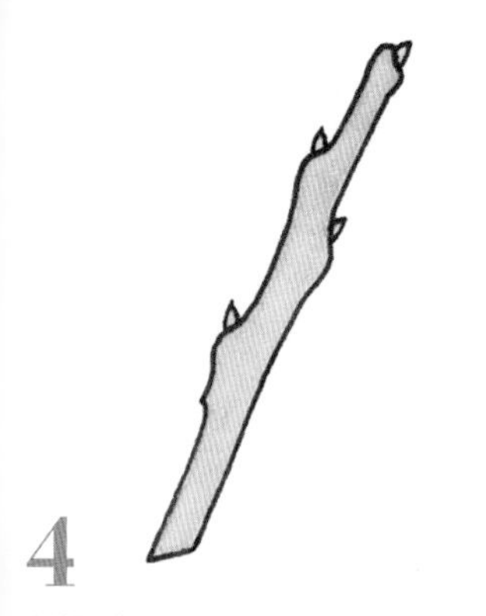

4 削接穗

接穗一般长 3~4 厘米，在切口处切一个约 45 度的斜面。用小刀削去切口处的表皮，露出形成层。

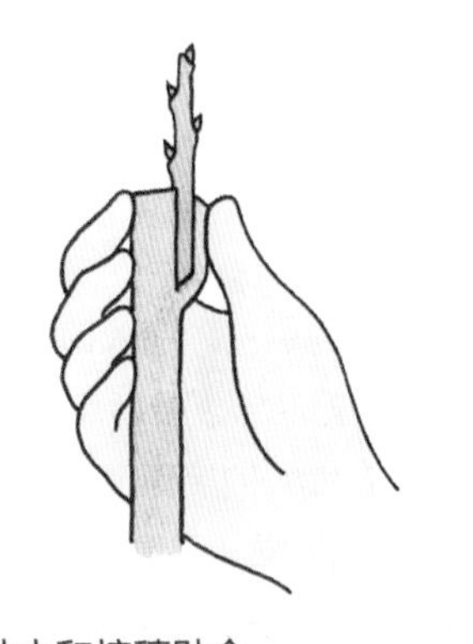

5 将砧木和接穗贴合

把准备好的接穗插入砧木上切好的切口中，要让接穗的形成层和砧木的形成层紧密贴合。

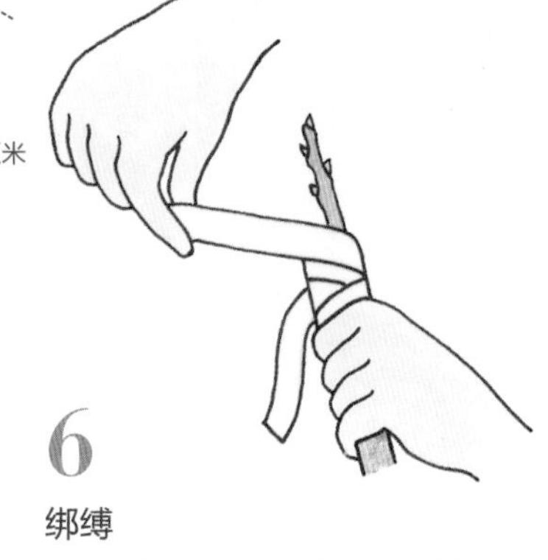

6 绑缚

为了不让嫁接口干燥，需用嫁接胶带将嫁接口牢牢地包扎好。

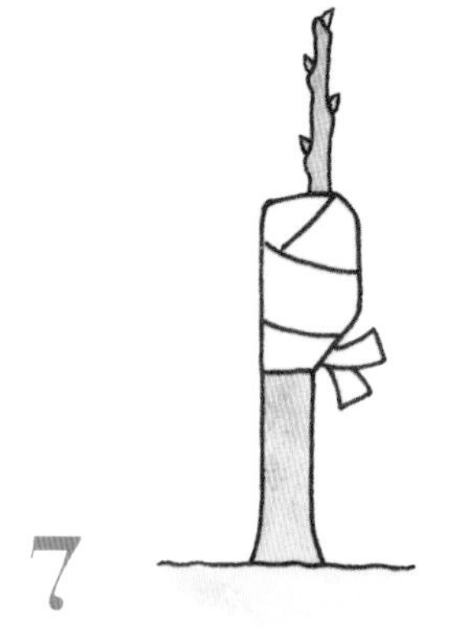

7 完成嫁接

用嫁接胶带包好嫁接口后打个结，然后栽种到赤玉土和腐殖土的混合土中。

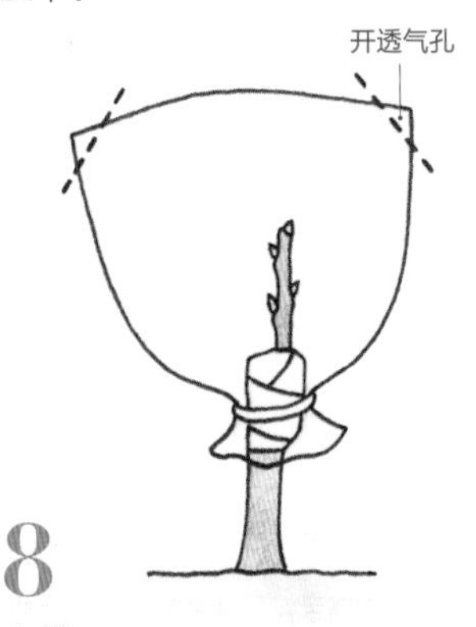

8 套袋

为了不让嫁接苗缺水干燥，需在嫁接苗上方套 1 个塑料袋，并在塑料袋上扎 2 个透气孔。

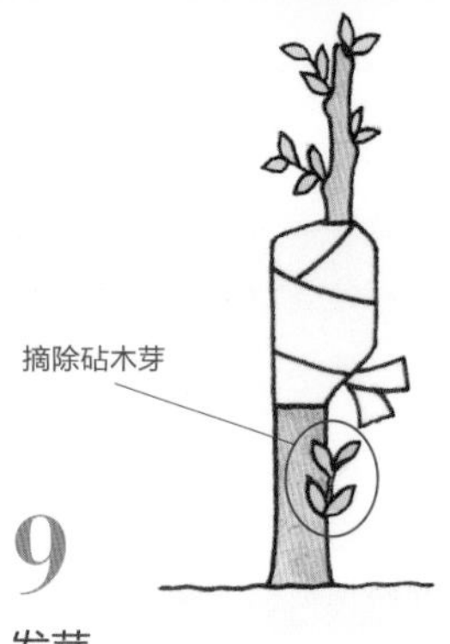

9 发芽

如果嫁接苗木长势较好，那么砧木和接穗上都会冒出新芽，砧木上的新芽需要全部摘除，而接穗上的新芽只需留下 1~2 个，其他的也全部摘除，直接用手摘下就好。

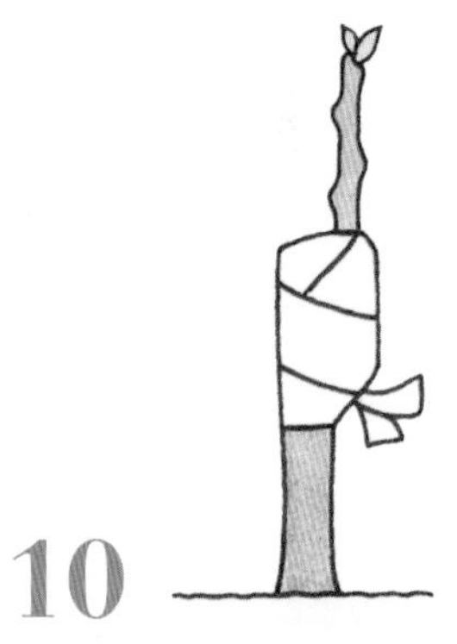

10 育芽

把多余的新芽全部摘除后，只留接穗上最上端的 1~2 个新芽，促使其继续生长发育。

11 生长

一般嫁接后半年，苗木就能长到高 1 米左右，3~4 年后结果。

无花果

红心果 / 桑科

落叶灌木（高 2~4 米）

花期为 6~9 月，由于其花开在鸡蛋状的果实里面，从外观上很难发现，所以把它称为“无花果”。秋季，果实成熟，呈紫褐色，口感比较独特，很受欢迎。原产于亚洲西南部，雌雄异花。

生长月历	1	2	3	4	5	6	7	8	9	10	11	12
状　态						开花、结果						
修　剪												
繁　殖		扦插		压条								
施　肥												
病虫害												

压条的最佳时期是 4~8 月的整个生长期。在压条位置削去 3~4 处表皮，用湿水苔包裹住

扦插一般在 2~3 月的落叶期进行，插穗要选用 1 年生的较为健壮的枝条，剪下 8~10 厘米长的枝条，上面最好留有 2~4 个芽，在切口处切出一个斜面，然后泡水，插入鹿沼土中，插入其长度的一半，插入时不能把上下端弄颠倒。压条一般在 4~8 月进行，在选定的枝条上削去 3~4 处表皮，并用湿水苔包裹住，罩上塑料袋，长出根部后再从原株上切下，移植。

扦插

难易度

★★★

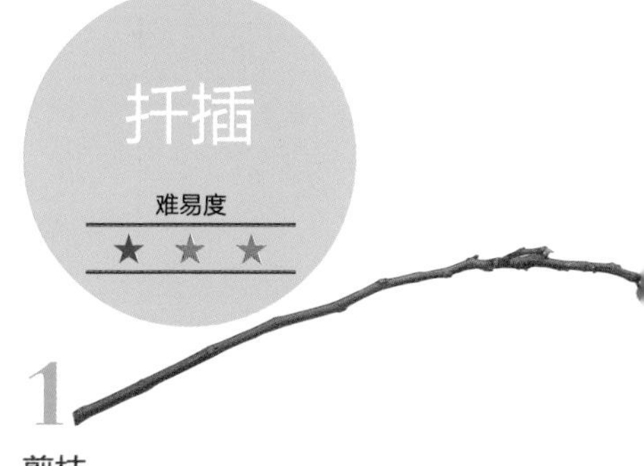

1 剪枝

2~3 月扦插。选用生长在光照好的地方且比较粗壮的枝条作为插穗。

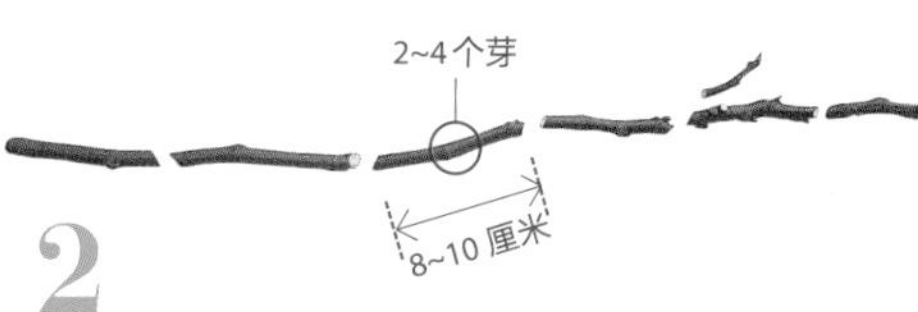

2 制作插穗

从剪下的枝条上剪取带有 2~4 个芽的部分，长度为 8~10 厘米。

3 削插穗

用锋利的刀在枝条下端切一个 45 度的斜面，在另一侧削去表皮，露出形成层。

4 完成插穗制作

制作若干长度统一和切口一致的插穗，并蘸水保存，以防止其干燥。

5

浸水

把准备好的插穗放入盛有水的容器 30~60 分钟，使其充分吸收水分。

6

插入插床

在陶盆里装入适量的鹿沼土，铺平，插入插穗。无花果的枝干较粗，比较容易扦插成功。为了不弄坏之前切好的切口，最好事先用木棒在土中戳好洞再将插穗插入。

7

扦插后管理

把之前准备好的若干插穗均匀地插入盆中，浇足水，避光管理。

压条

1

确定压条的位置

确定压条的位置后，在选定的枝干处用小刀削出 3~4 个缺口。

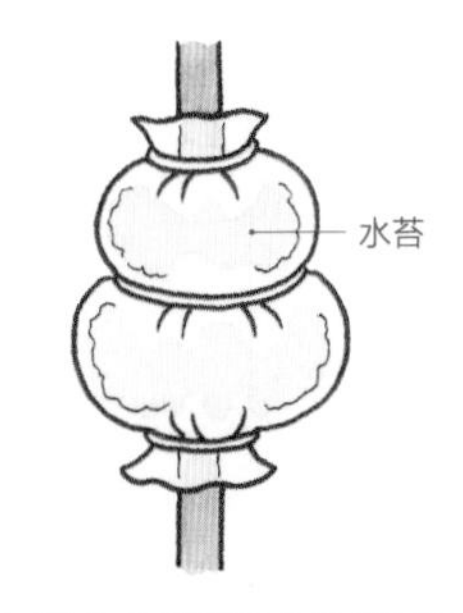

2

用湿水苔包好并罩上塑料袋

用湿水苔包住切口，用塑料袋包裹好并用绳子扎紧。

3

浇足水

需要时常浇水，防止压条部位干燥。解开上面的绳子，往里浇水，浇完水后再次扎紧。

4

生根后切离原株

如果发现塑料袋里的压条部位已经长满根，就紧挨着塑料袋的下方切断枝条，并取下塑料袋。

5

剥除水苔

一点点地把之前包上的水苔剥除。

6

移栽

把生根的新株移栽进新的盆里，移栽时要注意不能伤到其根部。盆栽用土为赤玉土和腐殖土（混合比例为 6：4）的混合土。

梅

梅花 / 蔷薇科

落叶小乔木或乔木（高 2~8 米）

作为果树，梅树每年 6 月果实成熟，可以制作梅干和梅酒。另外，早春时节梅树开花，作为园艺树木的品种也很多，花色有白色、红色和浅红色，开满枝头煞是美丽，深受人们喜爱，也有枝条下垂的品种。

生长月历	1	2	3	4	5	6	7	8	9	10	11	12
状态		开花				结果						
修剪												
繁殖				嫁接 实生								
施肥												
病虫害												

嫁接需要在新芽还未发出的 2~3 月进行

接穗要选用 1 年生的健壮枝条，每段长 5~6 厘米。砧木要用 2~3 年生的野生梅实生苗。嫁接时为了让接穗与砧木形成层完全对接，需用嫁接胶带绑好。实生繁殖需选用完全成熟的果实取种，平常用来泡梅酒的青梅不适用。选好种子后把果肉和果皮去除干净，用水洗干净后立刻播种，或是保存到第 2 年 3 月左右再播种到赤玉土中。由于种子较大，1 个坑只埋 1 粒种子，浇足水后进行半遮阴管理。

嫁接

2~3 年生的实生苗

1 选砧木

准备用作砧木的树苗，要使用健壮的 2~3 年生的实生苗。

2 剪切砧木

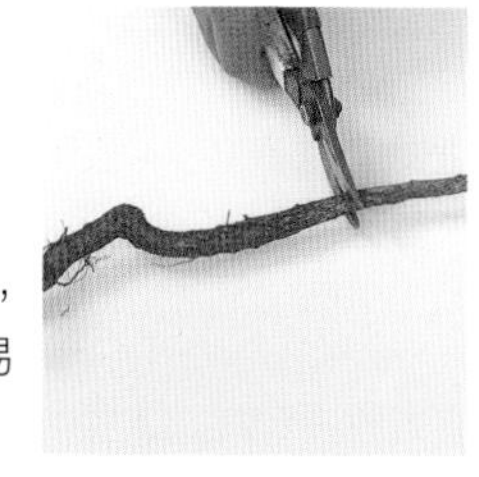

用修枝剪修剪砧木，要选用长得直且容易修剪的部分。

3 制作接穗

接穗要选用长势好的健壮枝条，每段要带有 2~4 个芽。

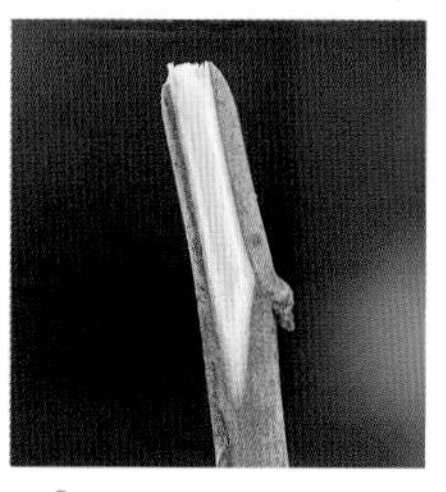

4 削接穗

用较锋利的小刀切接穗的切口，然后削去表皮，露出 2~3 厘米长的形成层。

5 削砧木

用刀切入砧木的木质部和表皮之间，深 2 厘米，露出形成层。

6 绑缚

砧木和接穗的形成层要完全贴合好，用嫁接胶带盖上并一层层地缠好。

7 完成嫁接

按照之前的步骤完成嫁接，并且以同样的方法嫁接好多株嫁接苗，以备完成后面的操作。

8 上盆

把之前准备好的嫁接苗移植到 5 号盆里，浇足水。

9 套袋

为了防止干燥，需用事先打好透气孔的塑料袋从上到下罩住移植到花盆里的嫁接苗，下端用扎带扎好。

10 发芽

砧木和接穗都发芽时，就可以进行下一步操作了。

11 抹芽

取下塑料袋，然后把砧木和接穗上发出的嫩芽全部摘除，但是接穗上需留下 1 个嫩芽。

垂枝梅的嫁接

将垂枝梅的枝条嫁接在 3 年生的普通梅上，粉红色的梅花盛开后非常漂亮，需用嫁接胶带将嫁接的部位牢牢地包扎好。

红梅和白梅同时盛开

把开红色花的垂枝梅嫁接到开白色花的砧木上，两种颜色的梅花同时开放，异常美丽。花谢以后，需要将砧木上的嫩芽摘掉。

满是接穗的梅树

由于垂枝梅的生长比较缓慢，有时会将垂枝梅的枝条嫁接到长势较好、树形比较合适的白梅古树的所有枝条上。

12 育芽

接穗上只留 1 个长势较好的芽，以促使其生长。

13 立支架

为了让新发的嫩芽茁壮成长，需给嫁接苗立支架，并且用扎带将支架好好地固定在树苗上。

14 数月后的嫁接苗

上图所示为长势较好的嫁接苗，到结果还需 3 年左右的时间。

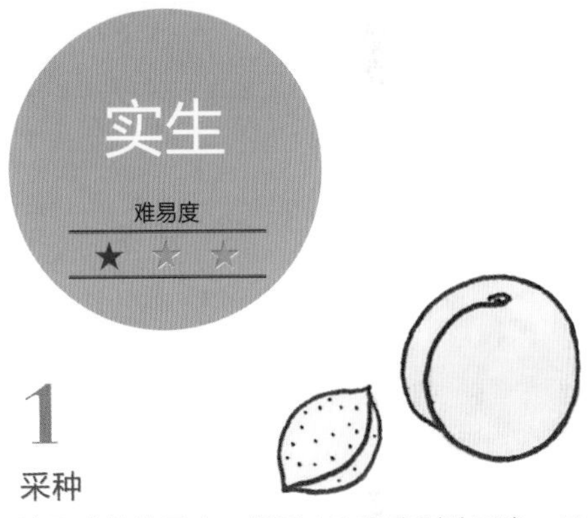

1 采种

选取成熟的果实，把果肉和果皮剥除干净，只留里面的种子。青梅由于没有成熟，不适合留种。

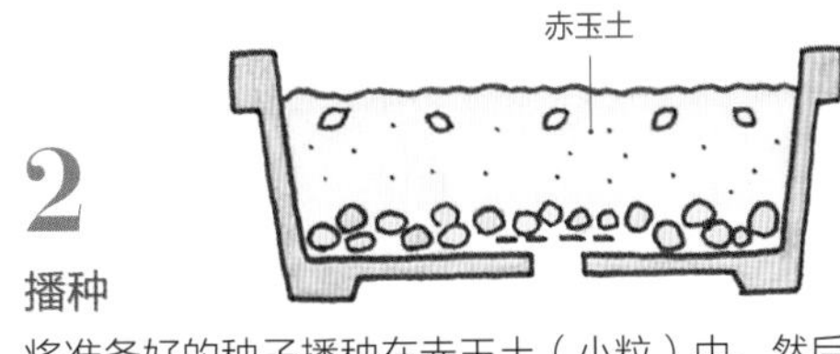

2 播种

将准备好的种子播种在赤玉土（小粒）中，然后轻轻覆土并浇水。

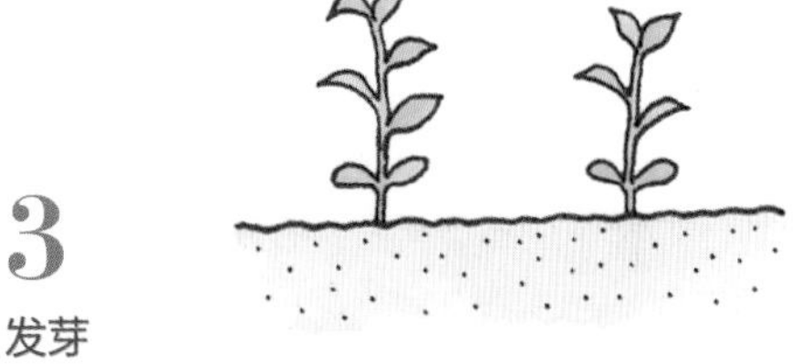

3 发芽

播种后若放在透光背阴处管理，新芽生长快。当根充分伸展后切断主根并移植到盆里。

柿

柿子 / 柿科

落叶乔木（高 5~10 米）

作为秋季上市水果的代表，大致可分为甜柿和涩柿 2 种。在甜柿中，富有柿和次郎柿特别有名。另外，果实小巧可爱的老鸦柿经常作为观赏树种。花期在 5 月，花呈浅黄色，分雌花和雄花。

生长月历	1	2	3	4	5	6	7	8	9	10	11	12
状态					开花					结果		
修剪												
繁殖				嫁接 实生								
施肥												
病虫害												

用野柿的实生苗作为砧木最合适。要及时掐掉砧木上长得比较快的嫩芽，以促进嫁接苗的生长

2~3 月嫁接最合适。如果砧木选用了涩柿的树苗，即使嫁接的接穗是甜柿枝条，结出的果实也会带有涩味。用 2~3 年生的山柿实生苗作为砧木最合适。接穗要选用健壮的枝条，剪成 5~10 厘米长的枝段。枝条不要太粗，否则很难完整切出形成层，就不能很好地与砧木贴合在一起。在砧木上选好部位，切好嫁接口，然后插入接穗。把砧木上冒出的嫩芽全部摘掉，实生苗一般都用作砧木。

嫁接

难易度 ★★★

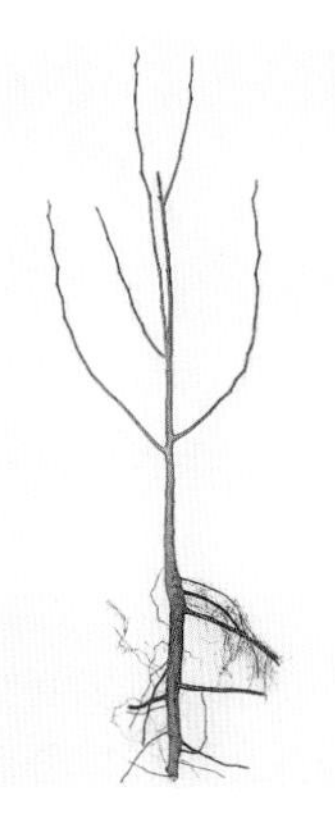

1 选砧木

在 2~3 月嫁接。要选用约 2 年生的长势较好的实生苗作为砧木。

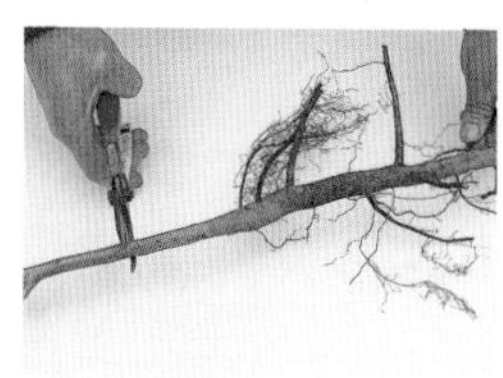

2 剪切砧木

在作为砧木的树苗上选一个较直且容易剪的地方用剪刀一下剪断。

3 制作接穗

选长势比较健壮的枝条作为接穗，每段长 5~10 厘米，留有 2~4 个芽。

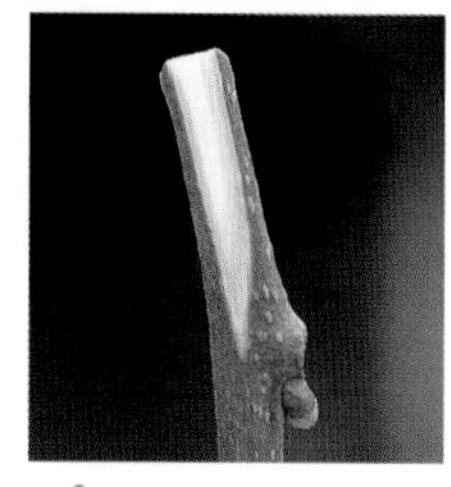

4 削接穗

用较锋利的刀修剪接穗的切口，削去切口的表皮，露出 2~3 厘米长的形成层。

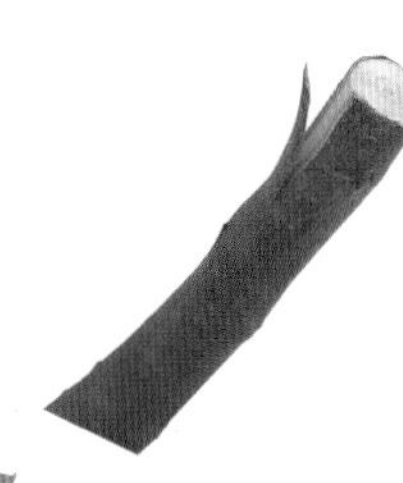

5 削砧木

在砧木的断面上，于木质部和表皮之间切一个切口，露出形成层。

6 将接穗和砧木贴合

把接穗插入砧木的接口，使两者的形成层完全贴合。

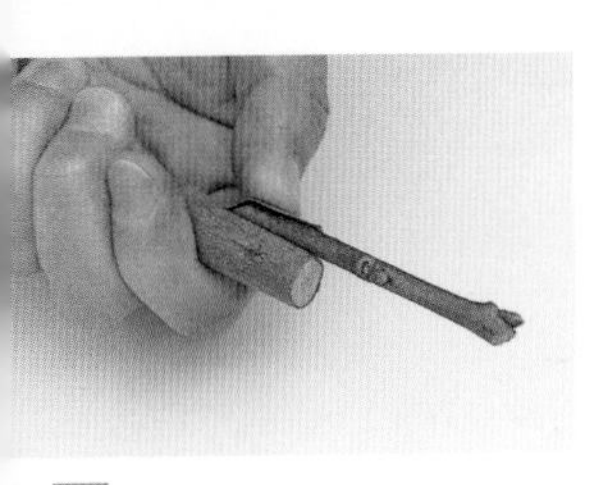

7

用手按紧贴合部位

为了让砧木和接穗的形成层完全贴合不移位，需用手将贴合部位按紧。

8

绑缚

为了防止接口干燥，需用嫁接胶带将接口部位盖上并一层层地缠牢。

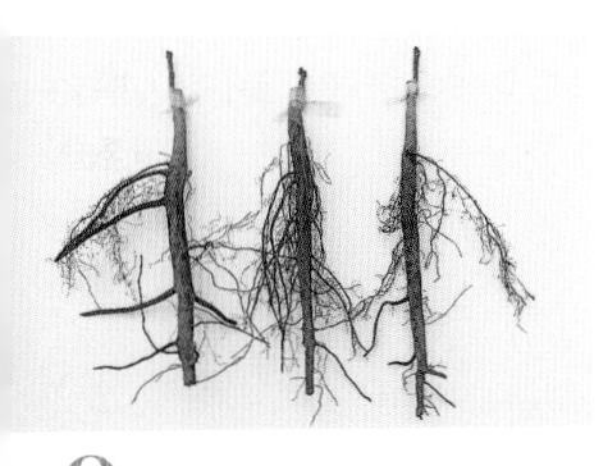

9

完成嫁接

缠好嫁接胶带后，用同样的方法同时嫁接好多株树苗。

10

套袋

将嫁接好的树苗移植到较大的盆里，浇足水。另外，在嫁接苗上套上开有透气孔的塑料袋以防止干燥。

11

发芽

砧木上冒出的嫩芽需全部摘掉，接穗上的嫩芽也只留下1个。

小知识 嫁接苗

目前苗木市场上出售的树苗基本都是嫁接后1~2年的树苗。仔细观察其根部，嫁接的部分一般都会长得比较歪，很容易分辨。尽量选用长势较好的树苗。

实生

难易度 ★☆☆

1 采种

选取成熟的果实，剥除果肉，只留种子。由于果肉上含有抑制种子发芽的物质，需仔细地去除干净。

2 播种

在平底花盆里放入赤玉土，铺平，均匀地播入准备好的种子。

3 覆土

播种完毕后，用筛子筛土覆盖，浇水后放在有光照的阴凉处管理。

4 发芽

播种后等待发芽，注意不要缺水。

5 苗壮生长

发芽1个月后，子叶和真叶冒出。若一切顺利，等到第2年春季就可以移栽了。

柑橘类

蜜橘、金橘、柚子、橙子、柠檬等 / 芸香科
常绿灌木或小乔木（高 2~10 米）

柑橘类水果种类繁多，颇具代表性的柑橘当中最有名的就是温州蜜柑，作为冬季的水果很受欢迎，树的品种也很多。由于香味宜人被广泛喜爱的金橘，在冬季的果实成熟期里，满树都挂着小巧可人的亮橙色果实，甚是好看。

生长月历	1	2	3	4	5	6	7	8	9	10	11	12
状态	结果	结果					开花				结果	结果
修剪	■	■										
繁殖		嫁接	嫁接									
施肥			■									
病虫害					■	■						

无论哪个品种，嫁接时都是选用枳的实生苗作为砧木最合适，嫁接时要用嫁接胶带绑缚牢固

2~3 月是柑橘类果树嫁接的最佳时期。接穗要选用 1 年生的较为粗壮的枝条，每段剪成 5~6 厘米长，砧木要选用枳的实生苗。嫁接时在砧木上切一刀，然后将接穗插入砧木的表皮和木质部之间，使接穗的形成层与砧木的形成层对齐，并用嫁接胶带绑缚。为了防止水分蒸发，在嫁接苗上还需套上一个塑料袋，放在半遮阴的地方。砧木上冒出的新芽需全部摘除，以促进接穗上的芽生长发育。

嫁接

难易度 ★★★

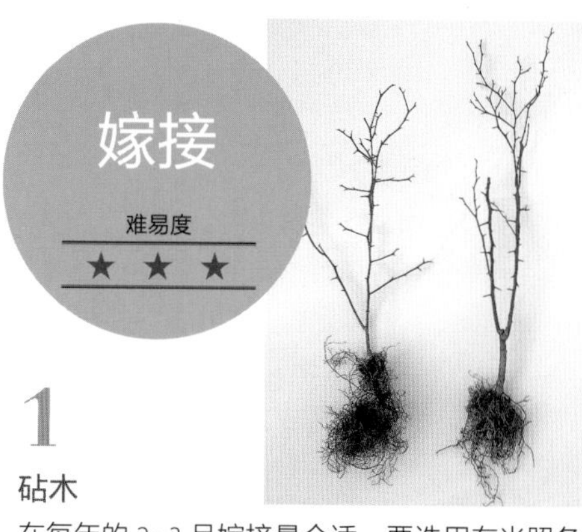

1 砧木

在每年的 2~3 月嫁接最合适，要选用在光照条件较好的地方生长的长势好的树苗作为砧木。

2 剪切砧木

用修枝剪剪断砧木，剪口不要太高，否则不利于嫁接。

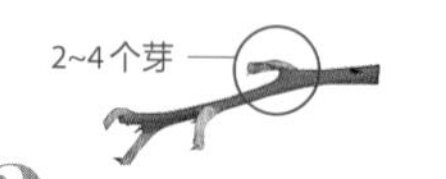

3 制作接穗

要选用长得较粗壮的枝条，每段上要留有 2~4 个芽。如果枝条长得非常健壮，那么枝条的顶端也是可以用的。把叶片去掉，只留下叶柄。

4 削接穗

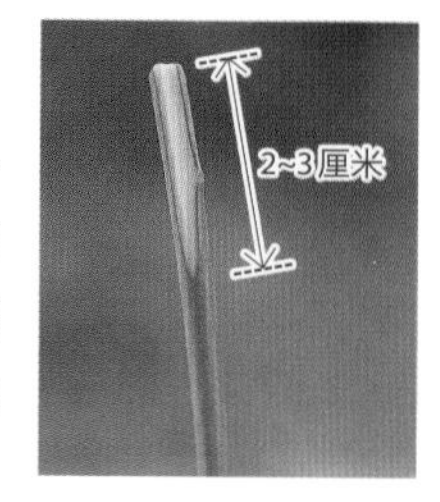

在接穗的下端用小刀切一个干净利落的切口，削去表皮，露出 2~3 厘米长的形成层（形成层的颜色与表皮颜色不一样）。

5 削砧木

在砧木的切口处，于表皮和木质部之间切一个 2 厘米深的切口，露出砧木的形成层。

6 将砧木和接穗贴合

将制作好的接穗插入砧木的切口里，使接穗的形成层正对砧木的形成层。接穗的形成层最好比砧木露出的长5毫米。

7 绑缚

将接穗和砧木的形成层贴合之后，要用嫁接胶带将贴合部位缠2~3层并打个结。不要让接穗干燥，操作时动作要麻利且轻柔。

8 完成嫁接

嫁接完成1年后，嫁接树苗就能长得很好。

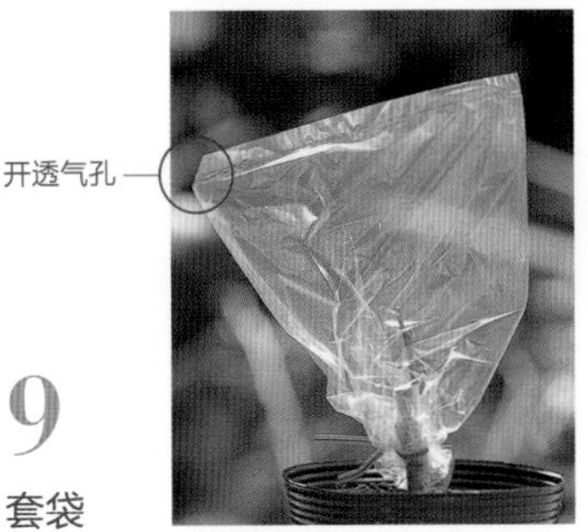

9 套袋

将嫁接苗移栽到较大的盆里，浇足水，在嫁接苗上罩上塑料袋，并在袋子上事先剪1个孔，防止干燥。

10 发芽

嫁接好的树苗需要放在温室里培育，砧木和接穗上都会冒出嫩芽。

11 抹芽

取下之前罩上的塑料袋，将砧木上冒出的新芽全部抹掉；接穗上只留下顶端上的1个芽。

12 育芽

留下长得较好的1个嫩芽，平时注意浇水，保证接穗的生长。

13 数月后的嫁接苗

为嫁接树苗逐步增加光照，让其适应自然环境，数月以后就可以移植到庭院或是果园里了。

小知识 柚子是一种容易种植的果树

柚子成熟时满树的果实将枝条压得弯弯的，鲜亮的黄色点缀在绿色中非常漂亮。柚子也有许多品种，有的可以用于柚子浴，有的可以用来制作火锅材料或是果酱。柚子作为观赏树木栽培较容易，培育的方法与柑橘一样。

猕猴桃

奇异果、中华猕猴桃、阳桃 / 猕猴桃科
落叶藤本植物（藤长 10 米以上）

原种原产于中国，又名藤梨、阳桃，后被引入新西兰，品种得到改良，被命名为“奇异果”。花期是 5 月，开可爱的白花，深秋结出的果实表皮上有茸毛。雌雄异株。

生长月历	1	2	3	4	5	6	7	8	9	10	11	12
状态					花					结果		
修剪												
繁殖		嫁接										
施肥												
病虫害												

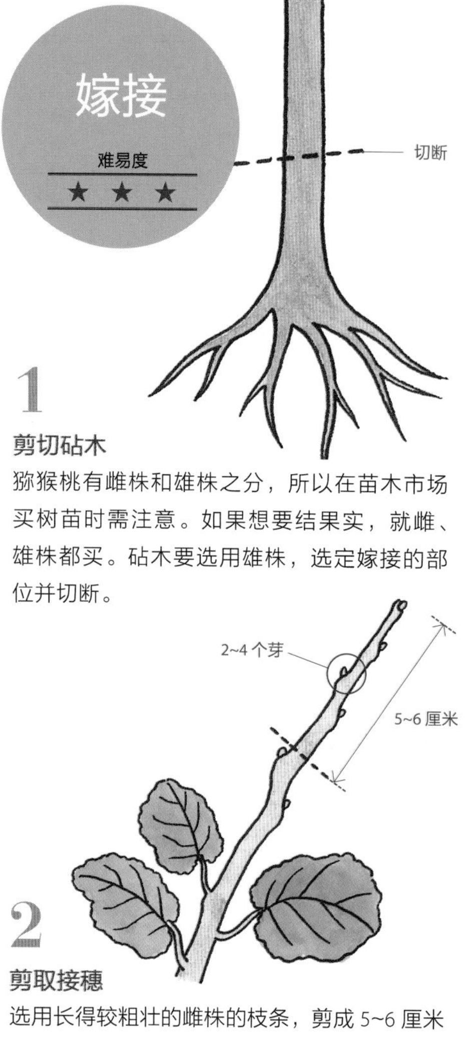

1

剪切砧木

猕猴桃有雌株和雄株之分，所以在苗木市场买树苗时需注意。如果想要结果实，就雌、雄株都买。砧木要选用雄株，选定嫁接的部位并切断。

2

剪取接穗

选用长得较粗壮的雌株的枝条，剪成 5~6 厘米长的接穗。

雌雄异株，接穗在雌株上选择。带黄色的花蕊的大多是雄花，不能结果

由于猕猴桃是雌雄异株，所以一般在栽种时都是雌株和雄株间隔排列种植，这样有利于授粉。嫁接一般在落叶期的 2~3 月进行，可以用切接法或腹接法。接穗要选用雌株上长得比较粗壮的枝条，每段统一剪成 5~6 厘米长并留有 2~4 个芽，切口要平整。砧木要选用雄株的树苗。腹接法就是在嫁接的部位薄薄地削去一层表皮，然后将接穗插入砧木接口，并使接穗和砧木的形成层完全贴合。为了防止切口干燥，要用嫁接胶带缠绕多层并绑缚牢固，并且在嫁接苗上罩上一个事先开好口的塑料袋。接穗成活后，需要剪去砧木的上半部分，以促进接穗新芽的生长。

猕猴桃生长旺盛，为了让新发的藤蔓生长顺利，要搭好支架让它顺着生长。需要把长得太长的藤条的头部剪掉，好好修整。为了让果实变大，有时还需疏果。

3

削接穗

用锋利的小刀薄薄削去一层表皮，露出形成层。

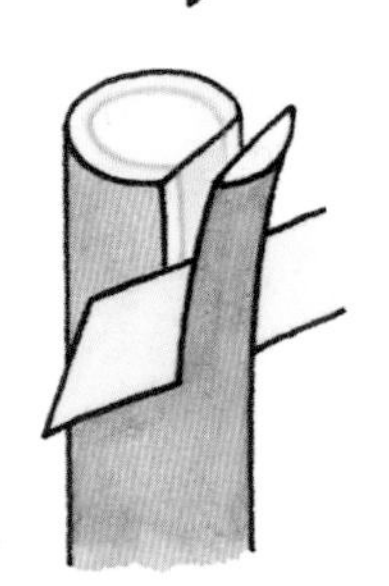

4

削砧木

在砧木的表皮和木质部之间用小刀切出 1 个切口。

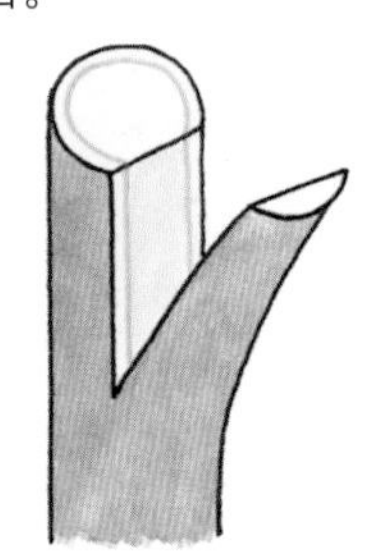

5

露出砧木的形成层

砧木的表皮和木质部之间有一层薄薄的形成层，用刀切出 1 个 2 厘米深的切口，略带木质部。

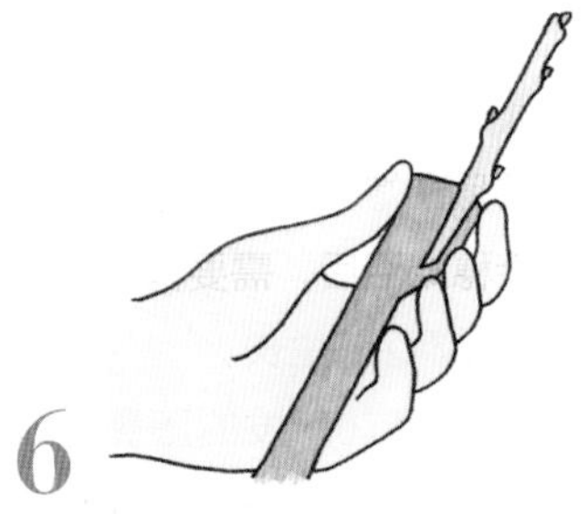

6

插入接穗

将接穗插入砧木上的切口，让砧木和接穗的形成层完全对齐。

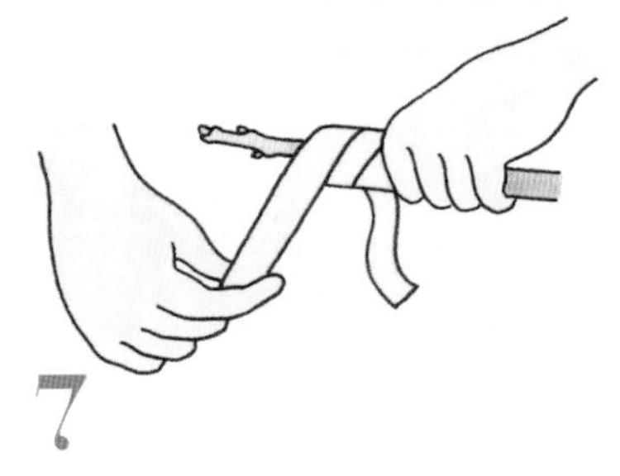

7

缠上嫁接胶带

用嫁接胶带将嫁接好的接穗缠 2~3 圈。

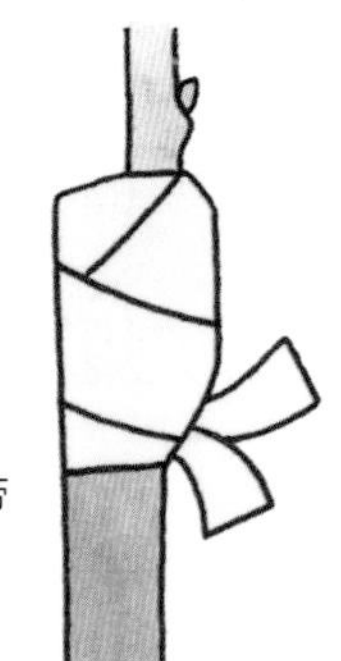

8

绑缚

将缠好的嫁接胶带打个结。

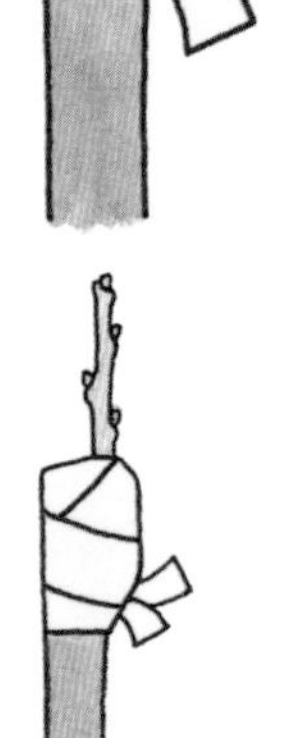

9

完成嫁接

将嫁接苗移植到一个大小合适的盆里，浇足水，嫁接工作就基本完成了。

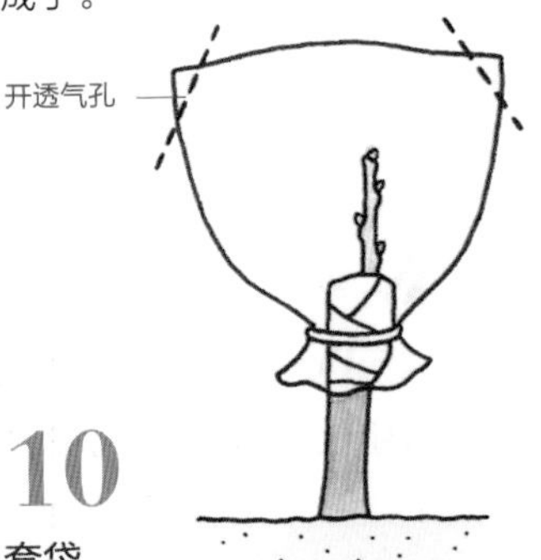

10

套袋

为了防止干燥，将事先留有透气口的塑料袋罩在嫁接苗上，下端用扎带扎紧。

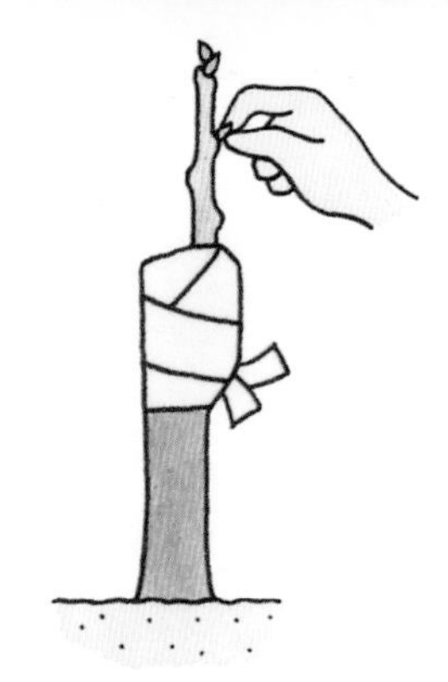

11

抹芽

砧木和接穗上都冒出嫩芽时，要将塑料袋摘掉。砧木上冒的叶芽要全部抹掉，接穗上留 1~2 个长得好的芽，剩下的也全部抹去。

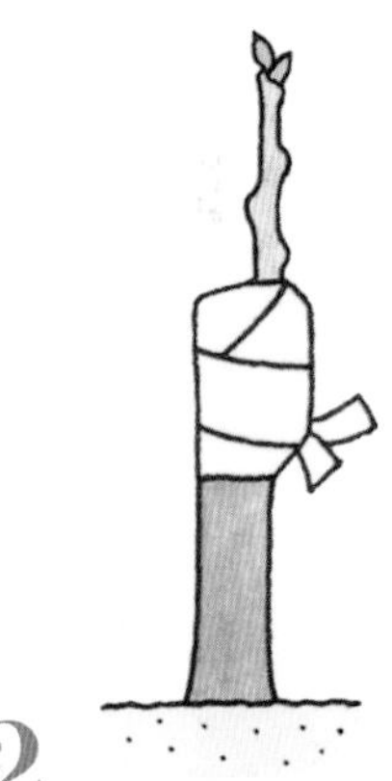

12

培育优质叶芽

冒出的叶芽用手指抹掉就好，留下长得较好的叶芽，以促进嫁接苗的生长。

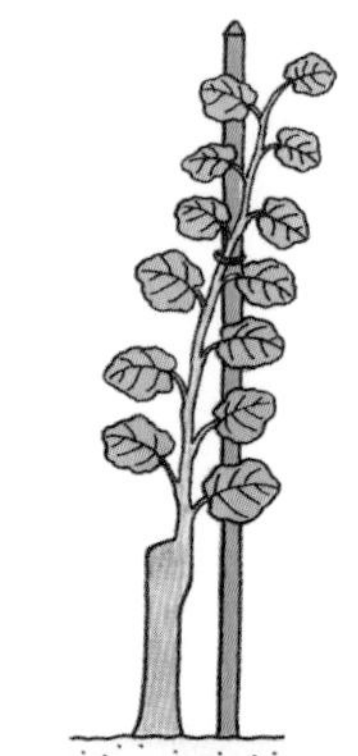

13

立支架

嫁接半年后会长出 1 米左右长的藤，需要立个支架辅助其生长。

胡颓子

茱萸、沙枣 / 胡颓子科
落叶灌木（高 1~3 米）

胡颓子是一种比较容易培育且长势很好的果树，带刺的树枝上挂着红色的果实。被称作夏茱萸和羊奶子的木半夏的果实又大又甜，除了当水果生吃之外还可以用来酿酒。原产于亚洲、南欧和北美洲。

生长月历	1	2	3	4	5	6	7	8	9	10	11	12
状态						结果	结果					
修剪	■	■										■
繁殖		扦插	扦插	压条	压条	扦插、压条	扦插、压条	扦插、压条				
施肥		■										
病虫害			■	■	■							

扦插

难易度 ★☆☆

1 剪枝

选用向阳处生长的较粗壮的枝条来制作插穗。

2 选插穗

把适合作为插穗的部位剪下来。长势较好的新枝较为合适，不用较为纤细的软枝。把选好的枝条分成 3~4 节、长 8~10 厘米的枝段。

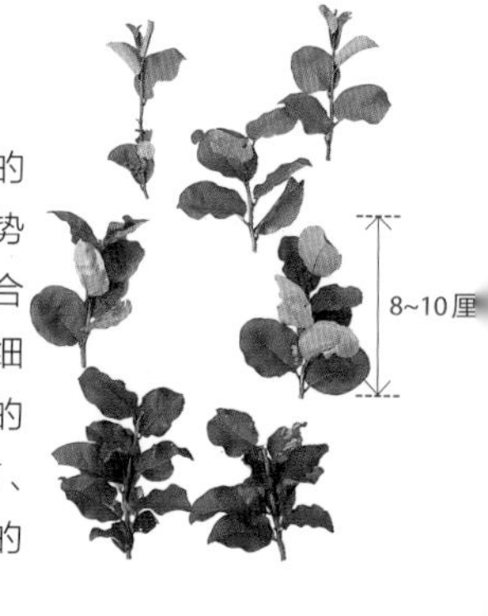

3 制作插穗

插穗的上端留 2 片叶，下端叶片全部摘除。用手摘除即可。

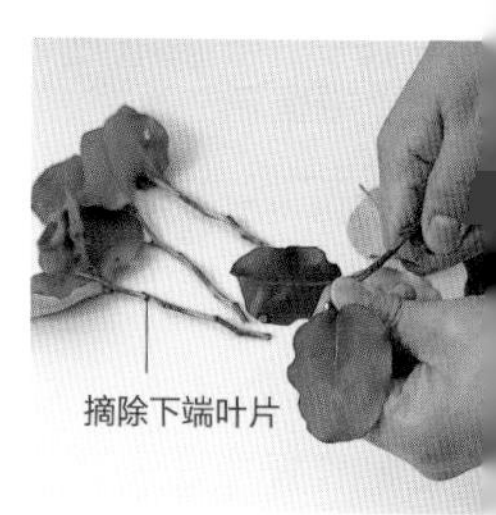

质地较硬的老枝不太适合用作插穗，那些银白色的嫩枝比较适合制作插穗。压条时要在枝条的四周削 3~4 个缺口并用用水苔包住，以促其生根

扦插一般在每年的 2~3 月和 6~8 月进行，挑选向阳处长得较为粗壮的春季新发的枝条剪下，然后 3~4 节为 1 段，每段长 8~10 厘米，每段的上端留 1~2 片叶，下端的叶片全部摘除。用小刀切一个带角度的切口，另一面也要削薄，然后放进盛有水的容器中静置 30~60 分钟后插入放有鹿沼土和赤玉土的混合土的 6 号平底花盆。在扦插之前用小木棒在土的表面戳几个洞，再将之前准备好的插穗轻轻地插入洞口，插入深度为其长度的一半，以免弄伤切口。再用手轻轻地压实根部，浇水，放在阳光不是很强烈的地方直到重新生根。

压条一般在每年 4~8 月进行。选好压条的部位，削出 3~4 个缺口，缺口处用湿水苔包裹并用塑料袋包住。

长出新根后从原株上切离并移植。胡颓子基本都是自花授粉结果，有个别品种无法自花授粉，需要人工授粉。

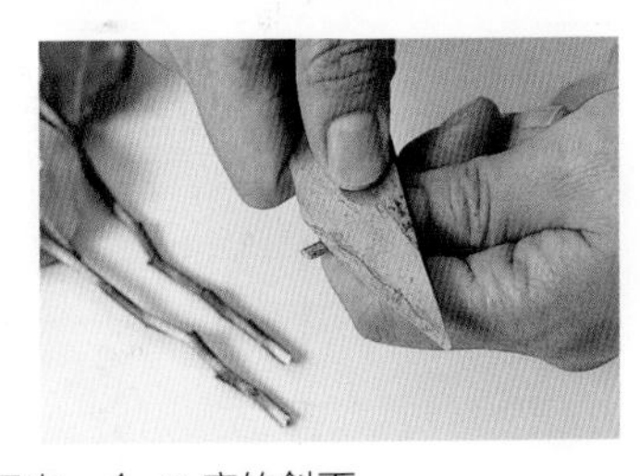

4 削插穗

用刀将插穗的切口切出一个 45 度的斜面。

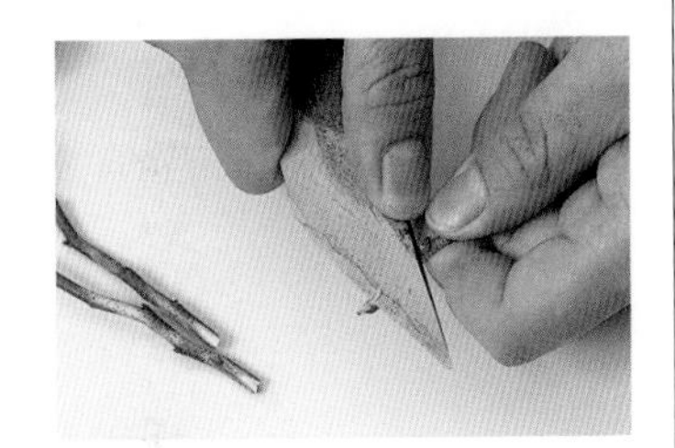

5 露出形成层

在插穗斜面的另一面削掉表皮，露出 1~2 厘米长的形成层，这样可以扩大吸水面积。

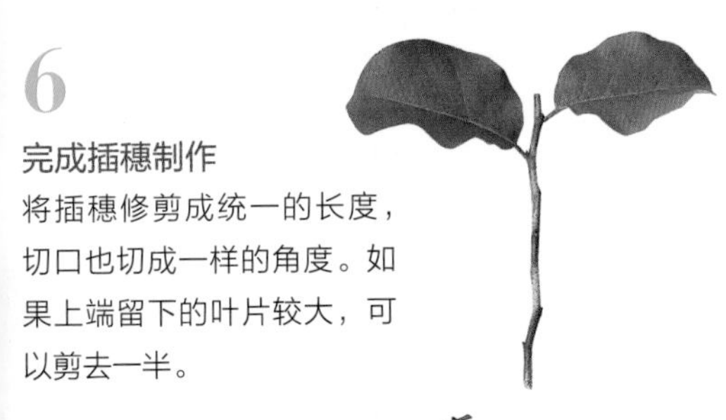

6 完成插穗制作

将插穗修剪成统一的长度，切口也切成一样的角度。如果上端留下的叶片较大，可以剪去一半。

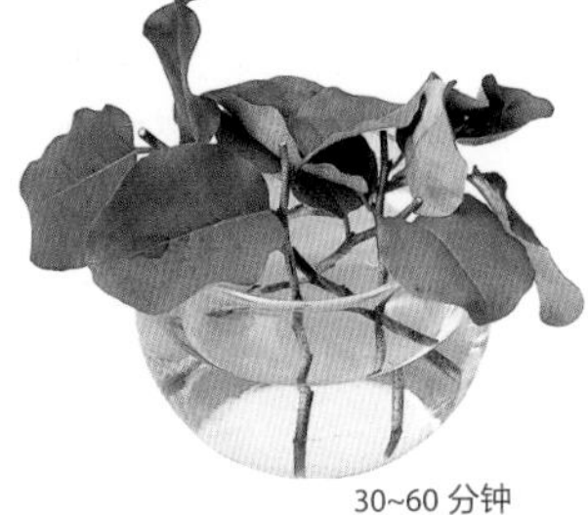

7 浸水

把制作好的插穗放入盛有水的容器中，浸泡 30~60 分钟，使其吸收足够的水分。

8 插入插床

在平底花盆里装入鹿沼土，铺平，把插穗均匀地插入其长度的一半。插好后浇水，进行半遮阴管理。

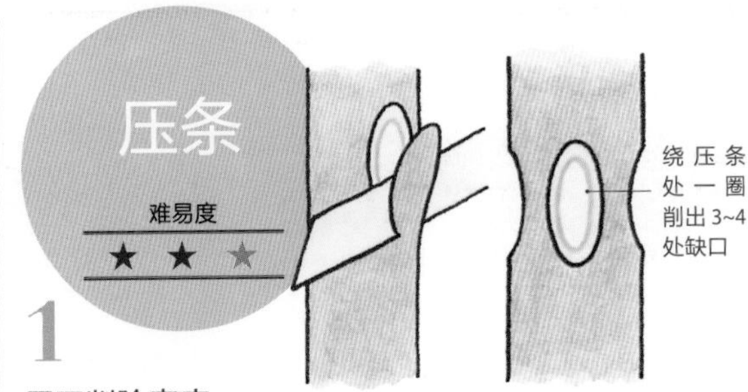

1 用刀削除表皮

在选定的压条部位削出 3~4 个半月形的缺口。选择向阳处的粗壮枝条。如果选了背阴处的细软枝条，成活率会很低。

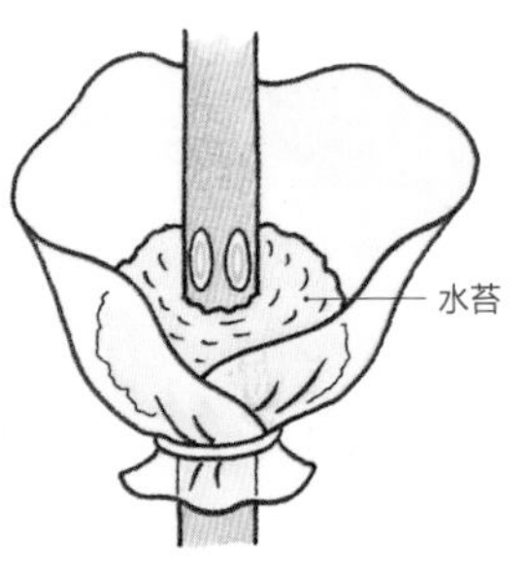

2 包裹水苔和塑料袋

用湿水苔包裹缺口处，并用塑料袋紧紧包住水苔。

3 用绳子扎紧

用绳子扎紧，防止水苔的水分流失。中途可以解开上端的绳子，往里浇水，以促进根系生长。

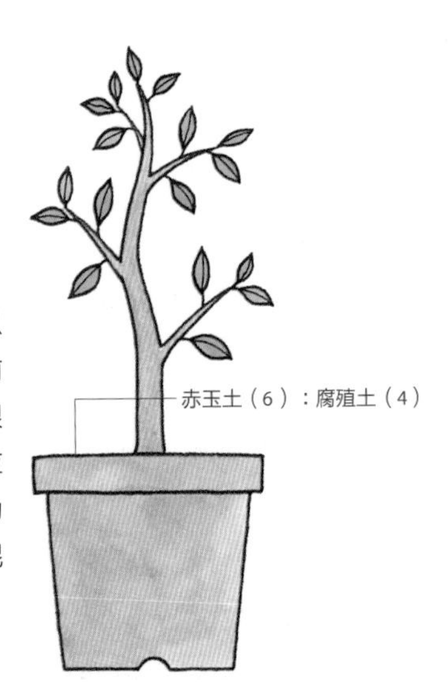

4 上盆

生根后，在压条处以下剪断，再剥除之前填塞的水苔，将带有根茎的枝条移植到相应大小的花盆里，用土为赤玉土和腐殖土的混合土（比例为 6:4）。

板 栗

毛栗 / 壳斗科

落叶乔木（高 15~20 米）

作为日本人的食用果实，在《古事记》中就有记载，历史悠久。花期是 6~7 月，雌雄异花，长达 15 厘米的花序从枝头垂落下来，散发出独特的香味。秋季，表面长有锐刺的壳斗破裂，就会露出成熟的果实。

生长月历	1	2	3	4	5	6	7	8	9	10	11	12
状态						开花	开花		结果	结果		
修剪	■	■										■
繁殖		嫁接	嫁接									
施肥		■										
病虫害						■						

接穗要选用在向阳处生长的长势较好的枝条，在 1 月左右剪下枝条并冷藏保存

最好在 2~3 月嫁接树苗，接穗要选用 1 年生的健壮枝条，并且在 1 月的时候就剪下来。为了不让剪下的枝条干燥，要用塑料袋包裹好放入 4~6℃的冷库里保存。到了嫁接的时候，把保存好的枝条切成 5~6 厘米长的枝段，每段枝条上留有 2~4 个芽，切口处用小刀切成一个斜口，做成长度统一的接穗。砧木要选用 3~4 年生的实生苗，不管是盆栽还是直接地栽，建议最好带土移植，这样有利于其成活生长。

嫁接

难易度

★ ★ ★

1 剪切砧木

砧木选用长得较健壮的树苗比较合适。板栗砧木的修剪位置没有什么特别的要求，高度合适就好。

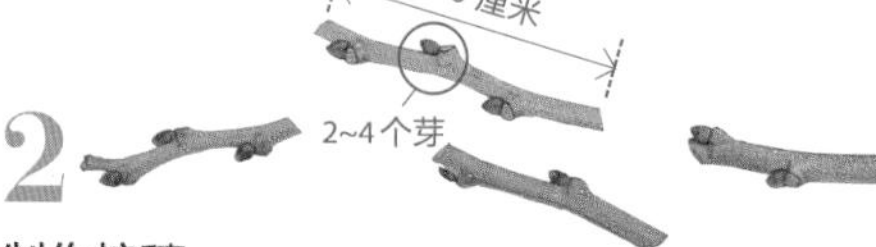

2 制作接穗

选用长得比较粗壮的枝条，上面要留有 2~4 个芽，如果枝条的尖端长得比较饱满，也可以用来制作接穗，每段接穗长 5~6 厘米。

3 削接穗

用小刀在每段接穗的下端切出一个光滑的切口，并把切口处的背面表皮削掉，露出形成层。

4 削砧木

在砧木的木质部和表皮之间用小刀切一个切口，露出里面的形成层，最好先切掉一角，这样比较容易找到形成层。

5 完成砧木制作

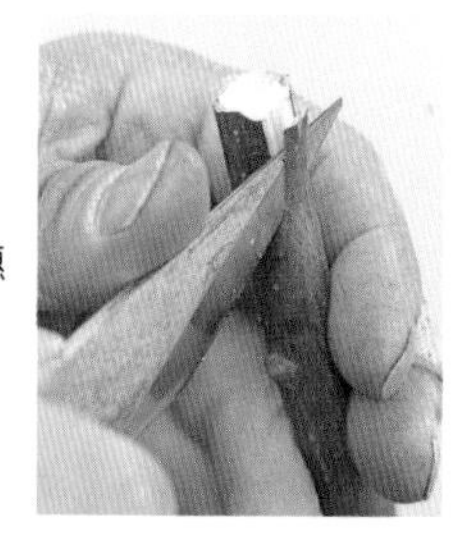

砧木上的切口要比接穗的切口稍短。

6 将砧木和接穗贴合

将接穗插入砧木的木质部和表皮间的切口里，将接穗的形成层正对砧木的形成层，并且用手压紧。

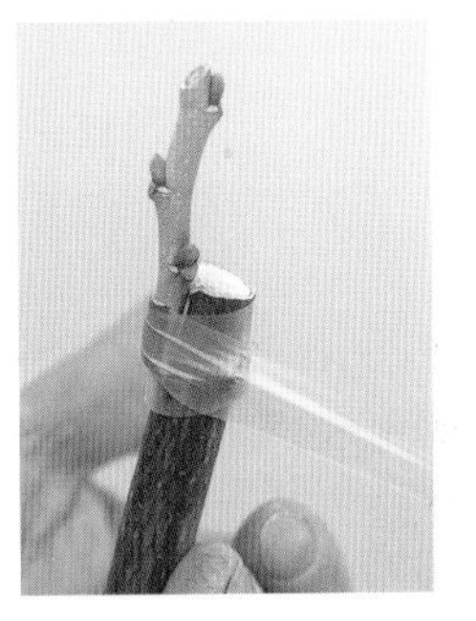

7 绑缚

在嫁接处缠上嫁接胶带。为了不让砧木的切口干燥，要用嫁接胶带盖住切口并紧紧地缠 2~3 层。

8 完成嫁接

用嫁接胶带包扎好后打个结，嫁接操作就完成了。按照相同的流程，可以一次嫁接很多树苗。

9 套袋

地栽时要浇足水。为了防止干燥，还需在嫁接苗上面套上一个顶端留有透气口的塑料袋，并将塑料袋口扎在砧木的枝干上。

10 发芽

将嫁接好的树苗栽种在光照较好的地方，接穗会很快发芽。

11 抹芽

只留接穗顶端长得最好的 1 个芽，其他的全部抹掉。砧木上的新芽也要全部抹除。

12 育芽

抹芽有利于嫁接树苗的生长。

13 3 个月后的嫁接苗

如果操作正确，嫁接苗就能够成活并生长良好，但是生长 3 个月的树苗可能还不是非常强壮，所以有时立个支架会有助于树苗的成长。

14 半年后的嫁接苗

半年后嫁接苗就可以成长得很健壮了，虽然此时嫁接苗还不是很高大，但是已经能够开花，结果还需要约 3 年的时间。

石榴

安石榴、花石榴 / 石榴科
落叶乔木（高 5~6 米）

原产于西亚，秋季果实的外皮会裂开，露出浅红色的种子，味道酸甜，在日本，比起食用，更多的时候石榴是作为观赏树木种植的。一般每年 6~7 月开花，开赤红色的 6 瓣花，但是也有开 8 瓣花且赤红色的花瓣外延呈白色的品种，非常美丽。

生长月历	1	2	3	4	5	6	7	8	9	10	11	12
状态						开花				结果		
修剪												
繁殖			扦插					压条				
施肥												
病虫害						一般无						

扦插

难易度 ★★★

1 剪枝

3 月中旬 ~4 月中旬是剪枝和扦插的最佳时期，插穗要选用向阳处生长的长势较好的枝条。

2 选插穗

插穗要选用长势较好且带有健康的新芽的枝条，如果新芽长得比较软，就不适合用作插穗，要把这部分的枝条剪除。

扦插要选用有很多芽体的枝条，虽然它可能看上去就像要枯萎了一样。扦插的用土最好选用鹿沼土或者赤玉土

扦插在每年 3 月中旬 ~4 月中旬进行，要选用 1 年生的长势较好的枝条，将每段枝条剪成 8~10 厘米长。由于此时正值修剪期，可以利用剪下来的枝条作为插穗。用锋利的小刀将插穗的下端切一斜口，并插入水盆里放置 30~60 分钟。在 6 号平底花盆里的底部放入中粒土，然后在上面铺上适量的鹿沼土或者赤玉土，做成插床。将插穗均匀地插入土中，插入深度为其长度的一半，扦插后要将插床放在明亮又遮阴的地方，定期浇水，不能让根部和枝叶缺水。第 2 年 3~4 月上盆，移入 3 或 4 号花盆里，移栽土为赤玉土和腐殖土以 7：3 的比例调配的混合土。等到插穗的根部较为发达后就可以移植到庭院里了，移植到光照条件较好的地方，多浇水，需要注意的是移植树苗的根部需要略高于地面，成活后的树苗在 5~6 年后才能结果。

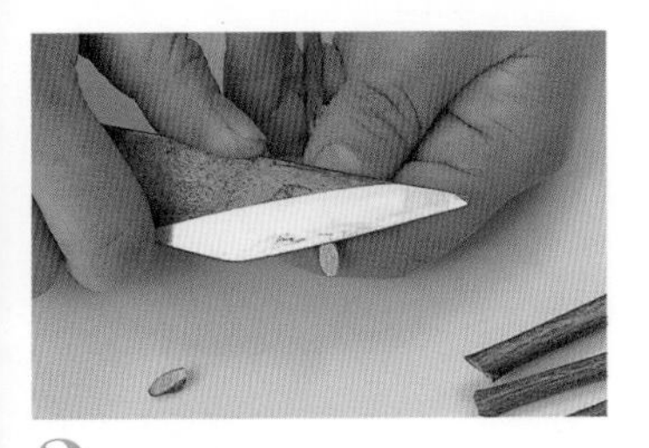

3 制作插穗

将选作插穗的枝条剪成 8~10 厘米长的小段，每段枝条上要留有 2~4 个芽，插穗的下端要用小刀切一个 45 度的斜面。

4 削插穗

在切口的背面用小刀削去约 2 厘米长的表皮，露出里面的形成层，以扩大插穗的吸水面积。

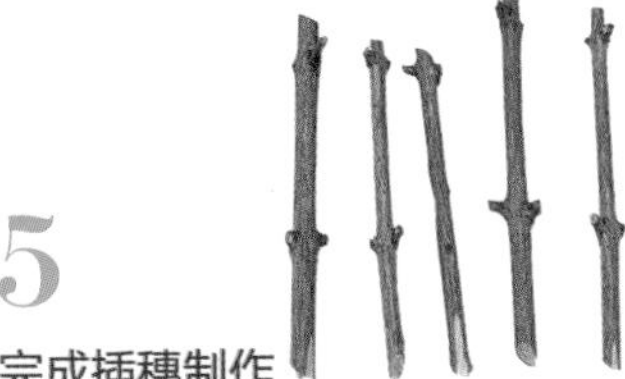

5 完成插穗制作

制作若干长度和切口都统一的插穗，插穗的上下端容易混淆，在扦插的过程中要注意。

6 浸水

将插穗的切口端放入盛水的容器，浸泡 30~60 分钟，让切口吸足水有利于生根。

7 插入插床

将浸过水的插穗均匀地插入铺平的赤玉土中，插入深度为其高度的一半。

8 扦插后管理

插入插穗后要浇足水，在生根前进行半遮阴管理。

9 生根

等到发出新芽，插穗的根系也就长出来了。也可以用鹿沼土代替赤玉土种植。

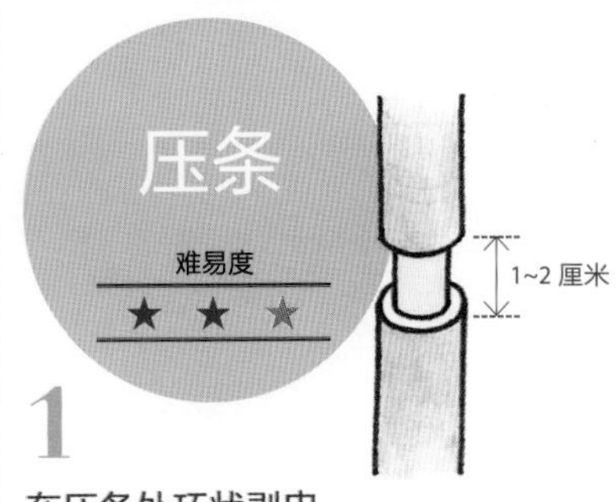

压条

1 在压条处环状剥皮

选定较为粗壮的枝条，确定压条的部位。剥去一圈表皮，剥除的表皮应宽 1~2 厘米。

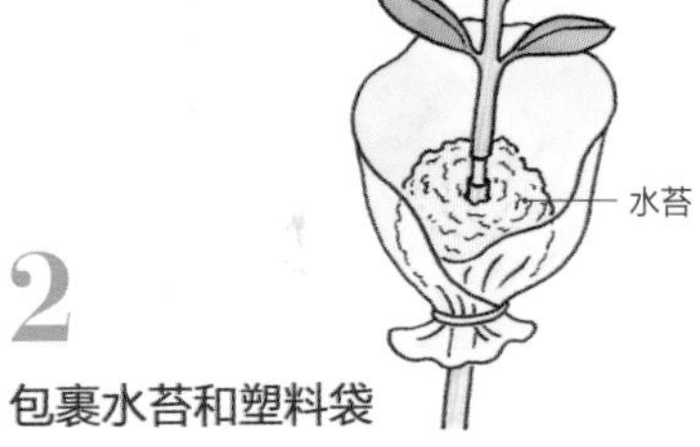

2 包裹水苔和塑料袋

在剥除表皮的部位包上湿水苔，并且用大小合适的塑料袋将切口部位的水苔包紧，以保持水分。

3 用绳子扎紧

用塑料袋包紧水苔后要用绳子将塑料袋扎紧。

4 剪枝并去除水苔

为了不让压条部位干燥，还需定期地将塑料袋的上端打开往里浇水，促使压条部位生根。根部长出以后，需小心地将水苔去除，不要伤害到新长出的根，在生根处的下方剪断枝条，然后移植到花盆里。

梨

蔷薇科

落叶乔木或灌木（高 2~3 米）

有以幸水梨、长十郎梨、二十世纪梨为代表的日本梨品种，也有法国梨等很多西洋梨品种。日本梨品种适合家庭栽培，但仅靠自花授粉难以结实。为了增加梨的产量，通常是将 2 个品种种植在一起。

生长月历	1	2	3	4	5	6	7	8	9	10	11	12
状态				开花					结果			
修剪												
繁殖		嫁接										
施肥												
病虫害												

用沙梨树苗作为嫁接用的砧木最合适。用吃完果肉的种子直接种出砧木树苗也是可以的

一般都是在每年 2~3 月嫁接。接穗要选用在光照条件较好的地方长出的粗壮的 1 年生枝条，然后剪成 5~6 厘米长的接穗，每段接穗上要留有 2~4 个芽。用沙梨树苗作为嫁接用的砧木最合适，买不到时也可以用吃完果肉的梨种子直接种出砧木，2~3 年可育成粗壮树苗。在选定砧木的上端用小刀在表皮和木质部之间切一个切口，然后将准备好的接穗插入切口里并绑缚好。为了防止接穗处的水分蒸发，还要在接穗上套 1 个塑料袋，进行半遮阴管理。

嫁接

难易度

★★★

2~3 年生的实生苗

1 选砧木

准备砧木时，最好选用长势较好的 2~3 年生的实生苗。

2 剪切砧木

选定砧木后，在长得比较直且适合嫁接的部位剪断。

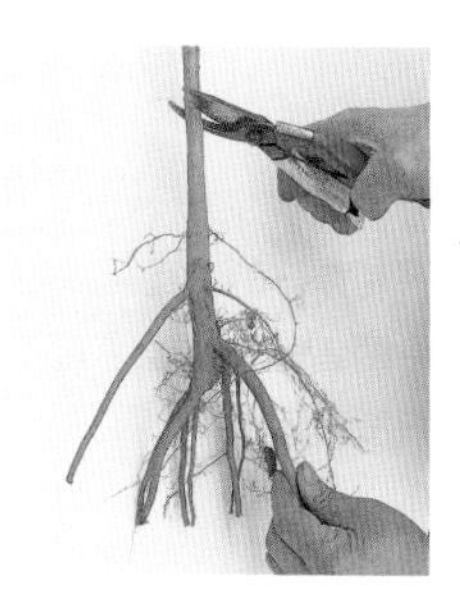

5~6 厘米

2~4 个芽

3 剪取接穗

制作接穗时，要选用长得比较粗壮的枝条，每段长 5~6 厘米，且留有 2~4 个芽。一些枝条的先端如果长得比较健壮，也可以用作接穗。

4 削接穗

用锋利的小刀在接穗的下端削一刀，削除表皮，露出 2~3 厘米长的形成层。

5 削砧木

在砧木的木质部和表皮层之间切一刀，露出里面的形成层。

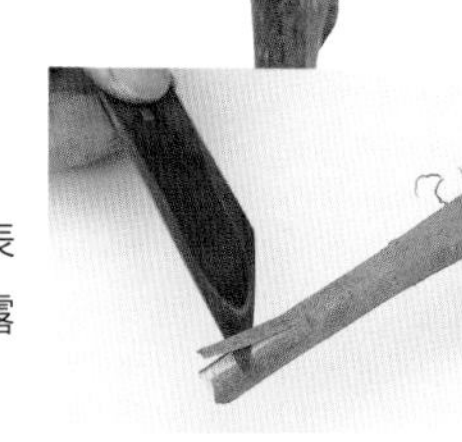

6 完成砧木制作

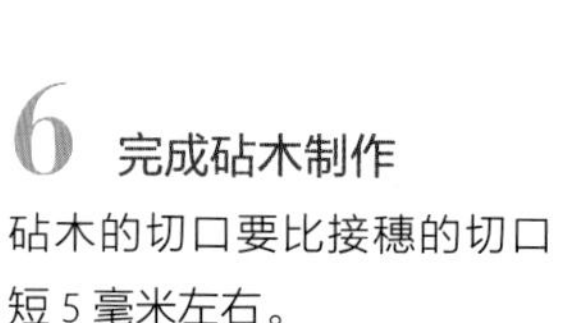

砧木的切口要比接穗的切口短 5 毫米左右。

7 将砧木和接穗贴合

将制作好的接穗插入砧木的切口中，将两者的形成层完全对齐，并用手指按紧固定。

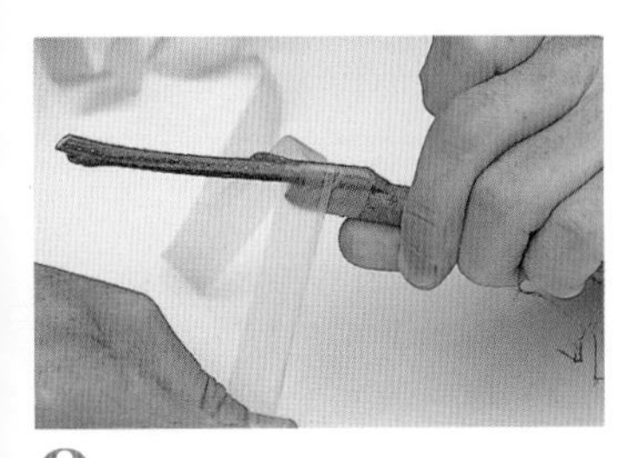

8 缠上嫁接胶带

为了不让嫁接部位干燥，要用嫁接胶带盖住嫁接部位并紧紧缠好。

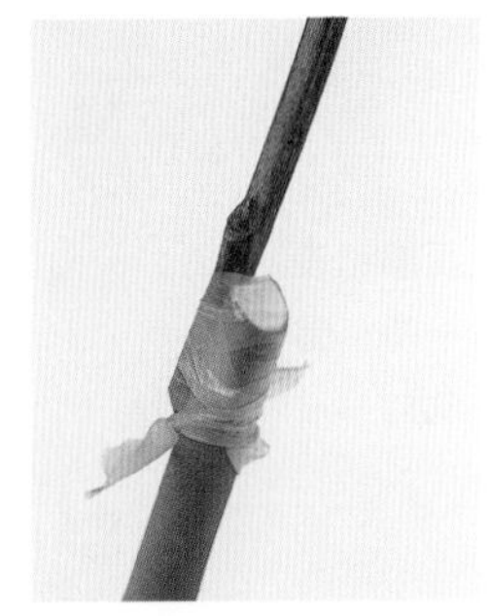

9 绑缚

用嫁接胶带将嫁接部位包裹 2~3 圈后打个结。每一株嫁接苗都要用相同的方式绑缚。

10 完成嫁接

由于梨 1 年只有 1 次嫁接机会，而且嫁接苗也不一定能成活，所以为了提高成活率，最好一次性多嫁接几株。

11 套袋

将嫁接苗种植到 5 号盆里，并浇足水，放置在半阴处管理，要套上顶端开透气孔的塑料袋，以防止干燥。

12 发芽

大约 3 个月之后，砧木和接穗上都会发出新芽，做好每天的观察记载。

13 抹芽

发芽后，取下塑料袋，将砧木上发的新芽全部用手摘掉，接穗上的嫩芽留下 1 个长得比较好的就行，其余的也全部摘除。

14 育芽

接穗上只留下 1 个长得比较好的新芽，以促进嫁接苗的成长。如果砧木上还冒芽，就要随时摘掉。

15 半年后的嫁接苗

如果每天都能得到适当的光照，那么嫁接苗就会茁壮成长，半年后就会长成如上图所示的样子。注意不能让嫁接苗暴晒，否则长出的叶片尖端会干枯。

16 1 米高嫁接树苗的培育

如果嫁接苗长到了 1 米高，就需要把它移栽到种植园的地里，不过要等到梨树结果至少还需 3~4 年的时间。

枇 杷

蔷薇科

常绿乔木（高 5~10 米）

11~12 月，枇杷树上会密集开放白色的小花，散发出宜人的香味。枇杷果实在第 2 年 6 月成熟，并变为橙黄色，果肉里有大粒的种子。枇杷的叶片很大，细长，有光泽，呈放射形分布在枝头。可以入药。

生长月历	1	2	3	4	5	6	7	8	9	10	11	12
状态					结果						开花	
修剪												
繁殖		嫁接										
施肥												
病虫害						一般无						

食用枇杷果肉后留下的种子可以直接播种，嫁接的砧木就选用这样的实生苗

每年 2~3 月是嫁接的最佳时期。接穗要选用 1 年生的健壮枝条，剪成 10 厘米长的枝段，枝段上只留下叶柄。砧木要选用 2~3 年生的实生苗。吃完枇杷果实果肉后剩下的种子直接播种比较容易发芽成活，所以培育实生苗作为砧木并不难。将选作砧木的枇杷树苗斜着剪断，在砧木上端的表皮和木质部之间切一个切口，用作插接穗的插口。嫁接时要让接穗的形成层与砧木的形成层相贴合，并用嫁接胶带绑好。

1 选砧木

2~3 月是嫁接的最佳时期。要选用 2~3 年生的长势较好的实生苗作为砧木。

2 剪切砧木

用剪枝剪剪切砧木，在选好的健壮树苗的挺直且适宜嫁接的部位剪断。

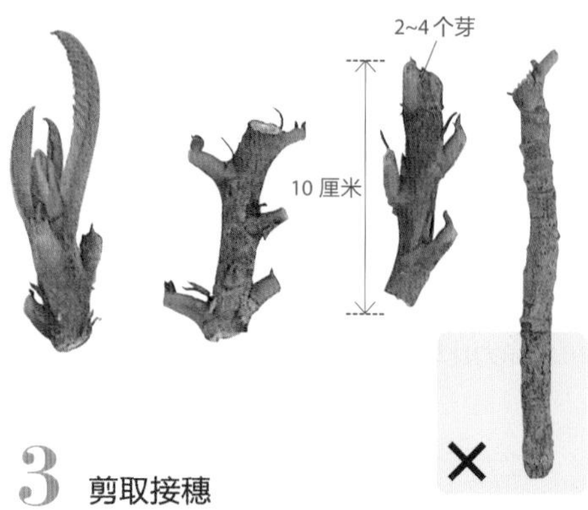

3 剪取接穗

接下来就是制作接穗。选长势比较好的枝条，剪成 10 厘米长的枝段，每段上要留有 2~4 个芽。一些枝条的先端长得比较健壮，也可以用作接穗。

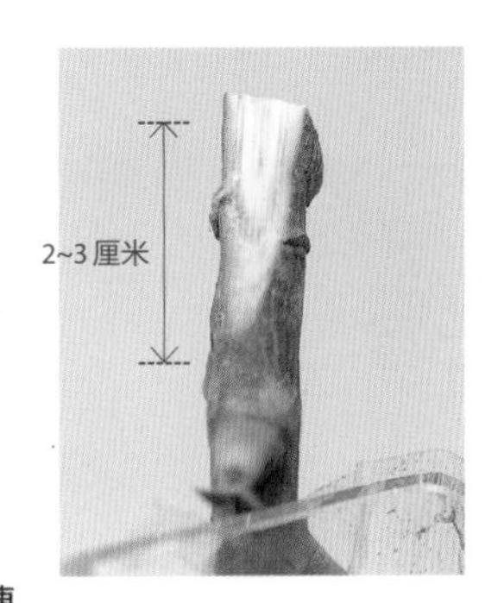

4

削接穗

用锋利的小刀在接穗的下端斜切，再削去表皮，露出里面 2~3 厘米长的形成层。

5

削砧木

用小刀在砧木的木质部和表皮之间切一刀，露出里面的形成层，可以削去断口的一角。

小知识　枇杷的嫁接苗

目前，花木市场上出售的枇杷树苗一般以 1~2 年生的嫁接苗居多。仔细观察就会发现那些枝干长得比较粗且呈弯曲状的就是嫁接树苗。在选购苗木的时候，要注意观察嫁接部位有没有受伤，枝干上有没有开裂等，要买生命力比较旺盛的树苗。

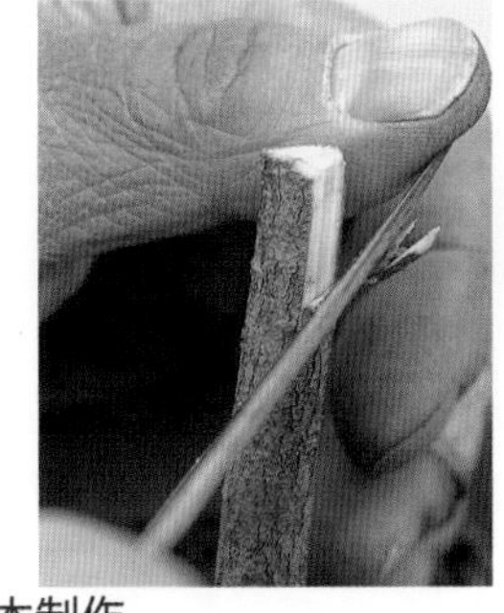

6

完成砧木制作

将砧木的切口向下切入深 2 厘米左右，比接穗的切口短 5 毫米左右即可，不能切得过深。

7

将砧木和接穗贴合

将接穗插入砧木木质部和表皮之间的插口里，要确保两者的形成层完全对齐。

8

缠上嫁接胶带

用嫁接胶带将嫁接部位从上边盖住，缠 2~3 层。

9

绑缚

缠好嫁接胶带后还需打个结。为了不让切口处干燥，包扎要迅速且严密，不能留缝隙。

10

套袋

浇足水，用塑料袋从上到下罩住树苗，而且在塑料袋的顶端要开一个透气孔，以防止嫁接苗缺水干燥。放置在半阴处管理。

11

发芽

发芽时，保留接穗上发出的健康新芽，砧木上发出的新芽要全部摘除。

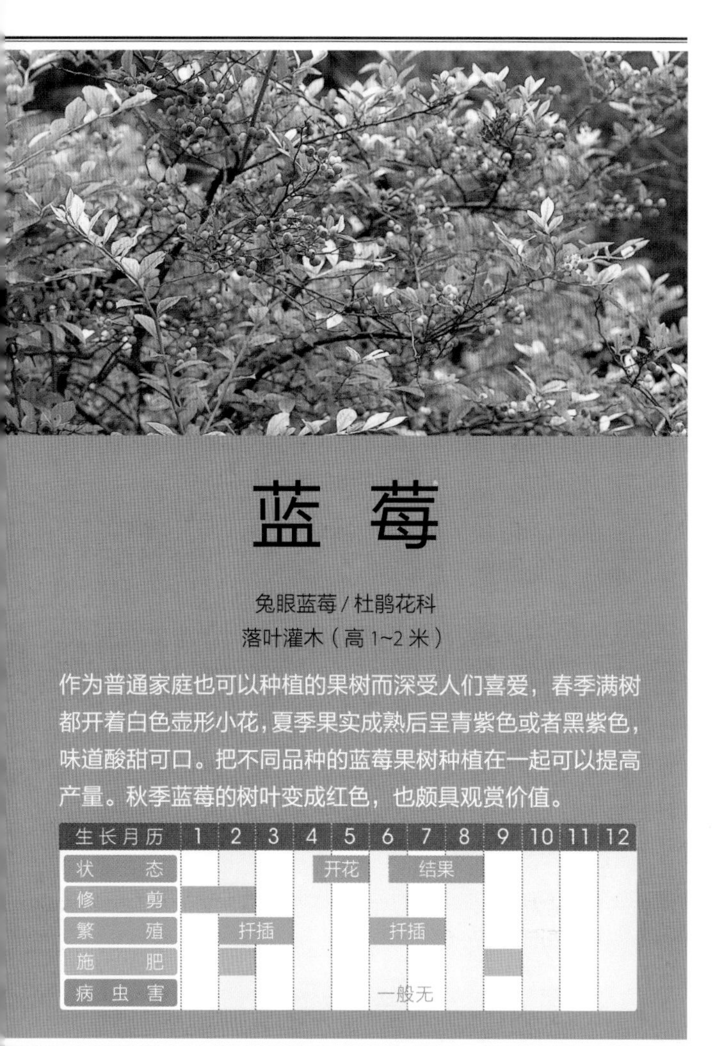

蓝莓

兔眼蓝莓 / 杜鹃花科

落叶灌木（高 1~2 米）

作为普通家庭也可以种植的果树而深受人们喜爱，春季满树都开着白色壶形小花，夏季果实成熟后呈青紫色或者黑紫色，味道酸甜可口。把不同品种的蓝莓果树种植在一起可以提高产量。秋季蓝莓的树叶变成红色，也颇具观赏价值。

生长月历	1	2	3	4	5	6	7	8	9	10	11	12
状态				开花		结果						
修剪	■	■										
繁殖		扦插				扦插						
施肥		■							■			
病虫害						一般无						

扦插

难易度 ★★★

1 剪枝

扦插一般在每年 2~3 月进行。首先是剪插穗，要选用在向阳处生长的长势较好的枝条，选长得比较粗壮的部位，然后每段剪成 8~10 厘米长，且都留有 2~4 个芽。

2~4 个芽

8~10 厘米

2 削插穗

用小刀将插穗的下端切出一个 45 度角的斜面。

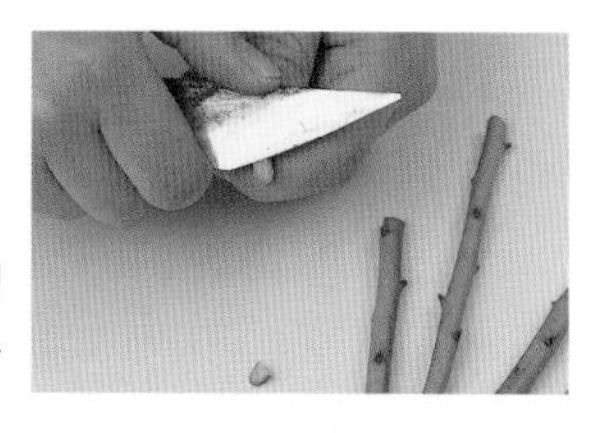

3 露出形成层

在插穗斜面的另一侧，用小刀削去薄薄的一层表皮，露出 1~2 厘米长的形成层，以扩大吸水的面积。

由于蓝莓果树喜酸性土壤，因此需要移栽到混有腐殖土和园艺专用草炭土的赤玉土中。露地种植的时候也不需要往土里掺石灰中和酸碱度

扦插最好在每年萌芽前的 2~3 月进行。选用 1 年生的粗壮的枝条作为插穗。在 6 号盆的盆底先铺一层中粒土，再在上面放入小粒的赤玉土作为插床。插入插穗后，浇足水，进行半遮阴管理，注意不能让土变干。大约 1 个月以后，插穗就会生根，这时就要每天酌量增加光照的时间。冬季为了防冻和干燥，需要放在塑料大棚里培育。第 2 年 3 月左右上盆。要准备 3 号盆，由于蓝莓喜排水性较好的酸性土壤，所以在盆里放入赤玉土、腐殖土和草炭土以 6：2：2的比例调配的混合土壤。由于扦插苗的根部还比较细软，所以在上盆时要用小竹铲一点点地将扦插苗从 3 号盆里挖出，尽量不要把根弄断。

当然，也可以在 6~7 月用已发出新芽的枝条作为插穗，每段插穗上要留有 2~4 个芽。夏季土容易变干，因此要勤浇水，要一点点地浇入土中。另外，也可以采用波状压条的方式进行繁殖。

小知识　压条后的培育要点

蓝莓在进行压条后，要尽量放在通风处避光培育。如果日照过强，容易造成表皮灼伤，影响叶片水分的循环。为了避免叶片灼伤现象的发生，需要罩上遮阳网避光保存。如果培育土壤用的是赤玉土，那么就要像本书 23 页所述的那样，移植到大一号的栽培盆里。移植时，根上带的土块不用清除，直接连根一起种到移栽盆里。如果用水苔包扎压条部位，要保证压条部位湿润，及时浇水，将裹上的塑料袋的上端打开，然后往里慢慢注水，再将上端的口扎起来。等到根部发育成熟后，在其下方剪断枝条，然后细心地去除包裹的水苔，再移植到盆里。

术语解说 II

压条术语

- 环状剥皮法
  将树干或者枝条的表皮部分以环状剥下。
- 舌状剥皮法
  将压条部位的枝条或者树干的表皮剥成舌形。
- 高位压条
  在枝干较高的位置进行压条操作。
- 半月形削皮法
  将要压条部位的枝条的表皮削成半月形。
- 波状压条法
  将母株根部长出的枝蔓弯成波状，将着地的部分埋压到土中，促使其生根的一种压条方法。
- 埋土法
  适于根颈部分蘖性强或丛生的植物。将根颈部枝条基部剥皮后堆土埋压，待生根后分割成新植株。

实生和分株术语

- 丛生
  从根部长出若干枝干或者枝条，如麻叶绣线菊、珍珠绣线菊等。
- 干果种子
  干燥的种子，指豆荚或是果实成熟以后自然裂开，露出里面的种子，如日本紫茎、杜鹃等。
- 厌光性
  植物发芽时不喜阳光的习性。播种时，需在种子上盖厚度与种子直径相同的土。
- 喜光性
  植物发芽时喜光的习性。播种时，种子上可以不用盖土。
- 多肉果种子
  有果肉包裹的种子，如梅、桃、苹果、桃叶珊瑚、南天竹等。播种时，要将抑制生根发芽的果肉全部剥除，并用水洗净。
- 根坨
  连根拔起植株时包裹在根部的土块。
- 基生枝
  指从茎的基部长出的分枝。

4 完成插穗制作

制作若干长度、切口都一致的插穗，虽然这些插穗看上去有点像枯枝，但是切口处却出奇地湿润。插穗切口处颜色和表皮不一样的地方就是形成层，从这里生根。

5 浸水

将插穗插入盛水的容器 30~60 分钟，让其充分吸收水分，这样做有利于生根。

30~60 分钟

6 插入插床

将鹿沼土放入平底盆，铺平，把事先准备好的插穗均匀插入土中，插入深度为其长度的一半。

7 扦插后管理

将插穗插入盆里之后，浇足水，放在温室等比较温暖的地方培育，一直到插穗生根都要进行遮阴管理。

桃

桃树、桃子 / 蔷薇科

落叶乔木（高 2~3 米）

原产于中国，弥生时代传到日本，每年 4~5 月开粉红色的花朵，7~8 月果实成熟，果实的味道甜美。桃的品种很多，大久保、白凤等适合种植在庭院里。桃为自花授粉植物，专用观赏花的桃树也叫“花桃”。

生长月历	1	2	3	4	5	6	7	8	9	10	11	12
状态				花			结果					
修剪												
繁殖		嫁接						嫁接				
施肥												
病虫害												

嫁接的砧木可选用山桃、梅、李、杏等 2~3 年生的实生苗

嫁接桃树时一般 2~3 月用切接法；7~9 月比较适合用芽接法。切接的接穗要选用在向阳处生长的健壮枝条。砧木最好选用 2~3 年生的实生桃苗，山桃、李、梅、杏等果树的实生苗也适用。接穗下端要切出一个斜口，然后插入砧木的木质部和表皮之间，要将接穗的形成层正好贴在砧木的形成层上，最后再用嫁接胶带将嫁接部位裹好。

嫁接

难易度

★★★

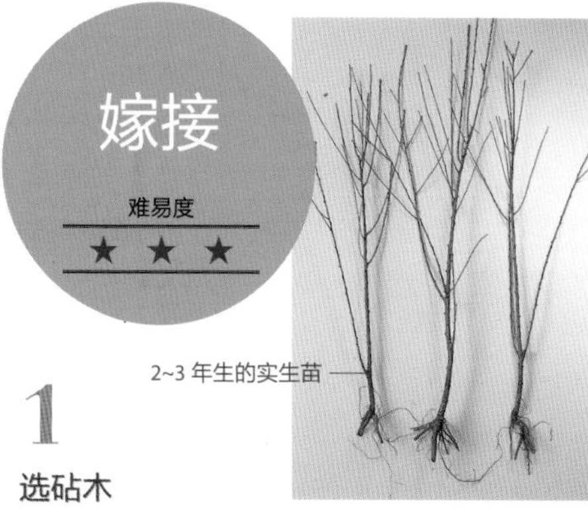

1 选砧木

嫁接一般在 2~3 月进行。需选用在光照充足的地方生长的长势较好的树苗作为砧木。

2 剪切砧木

选好砧木后，在地面以上约 10 厘米的地方剪断树苗，注意该部位要长得比较粗且直，不能弯曲，这样才便于嫁接。

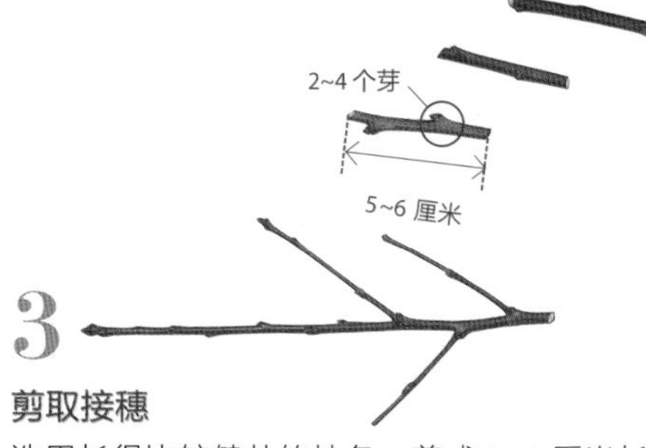

3 剪取接穗

选用长得比较健壮的枝条，剪成 5~6 厘米长的接穗，每段接穗上要留有 2~4 个芽，如果枝条的前端长得比较粗壮，也可以用作接穗。

4 削接穗

用锋利的小刀将接穗一端的表皮削去，露出 2~3 厘米长的形成层。颜色明显与表皮不一样的地方就是形成层。

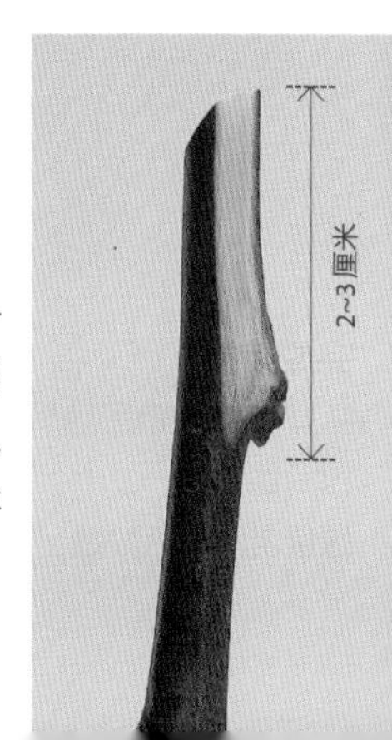

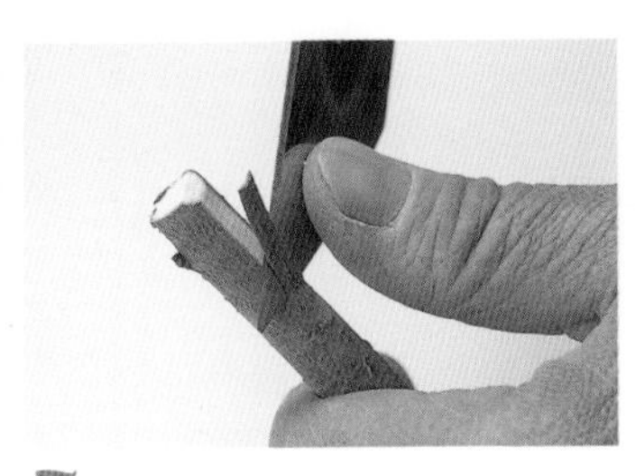

5

削砧木

在砧木的木质部和表皮之间切一个切口，露出里面的形成层。

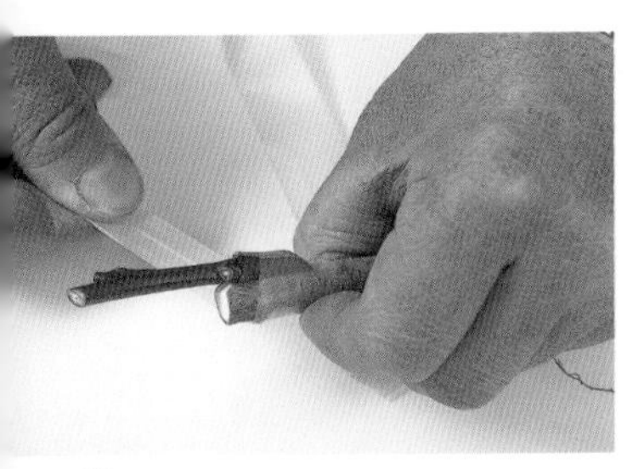

6

绑缚

用嫁接胶带把嫁接部位包裹 2~3 层并打个结。

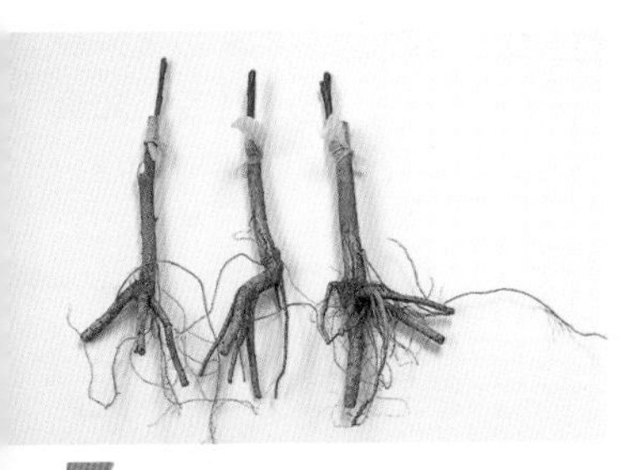

7

完成嫁接

扎好嫁接胶带后嫁接就完成了。用相同的方法一次嫁接多株，以提高嫁接苗的成活数量。

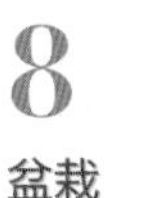

8

盆栽

在 5 号盆里面放入适量的赤玉土，将嫁接苗种在盆里，并且浇足水后放在明亮的遮阴处管理。

9

套袋

准备一个塑料袋，事先开一个透气孔，从上到下罩在盆里的嫁接苗上，塑料袋的下面用扎带扎紧以防止嫁接苗干燥。

10 **发芽**

大约 3 个月后，砧木和接穗上都会冒出新芽，这时就可以将罩上的塑料袋取下。图中的圈内就是砧木上发的新芽。

11

抹芽

砧木上冒出的新芽要全部摘除，接穗上的新芽只需要留 1 个长得最好的就行。用手轻轻地掐掉即可。

12

育芽

在接穗上留下 1 个长得最好的芽，继续放在透光半阴的地方培育，防止因阳光直射产生灼伤。

13 **数月后的嫁接苗**

几个月后，嫁接苗就可以长成上图中的样子。1 年后能长到 1~2 米的高度，至少需要 3 年才能结果。

苹 果

柰、林檎 / 蔷薇科

落叶乔木（高 2~3 米）

苹果是果树中最耐寒的。果皮呈红色的品种有富士、津轻、国光等；果皮呈黄绿色的有王林、乔娜金等。苹果自花授粉比较难结果，因此一般都是将花期相同的不同品种的苹果树种植在一起，以提高产量。

生长月历	1	2	3	4	5	6	7	8	9	10	11	12
状态				开花				结果				
修剪												
繁殖		嫁接										
施肥												
病虫害												

嫁接时，如果没有合适的苹果树苗，也可以用海棠树苗作为砧木。摘除砧木上的叶芽可以促进嫁接苗生长。

2~3 月是嫁接的最佳时期，一般采用切接法。接穗选用 1 年生的没有病虫害的健康枝条，修剪成 10 厘米长的枝段。砧木选用 2 年生的苹果树苗或是其近亲海棠树苗，现在市面上也有很多矫形过的苹果砧木苗出售。将作为砧木的那部分剪断，在砧木上端切一道切口，将接穗插入切口，用嫁接胶带绑缚，罩上塑料袋。砧木上长出的芽要全部抹掉，以促进接穗的生长。

嫁接

难易度

★★★

1 选砧木

首先准备砧木，选用长势较好的 2~3 年生的实生苗。

2 剪切砧木

在选好的树苗长得粗壮且笔直的部位之上剪断，用作嫁接的砧木。

3 剪取接穗

选用长得比较健壮的枝条，修剪成多段，每段长 10 厘米左右，且上面留有 2~4 个芽。

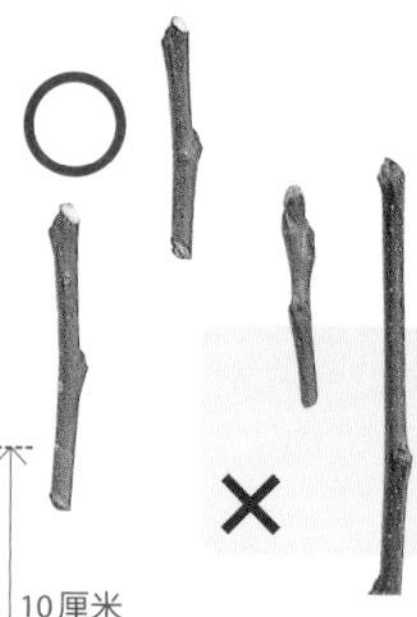

4 削接穗

在每段接穗的下端斜切一刀，削去表皮，露出里面的形成层。

5 削砧木

在砧木上端的表皮和木质部之间纵切一刀，露出形成层。

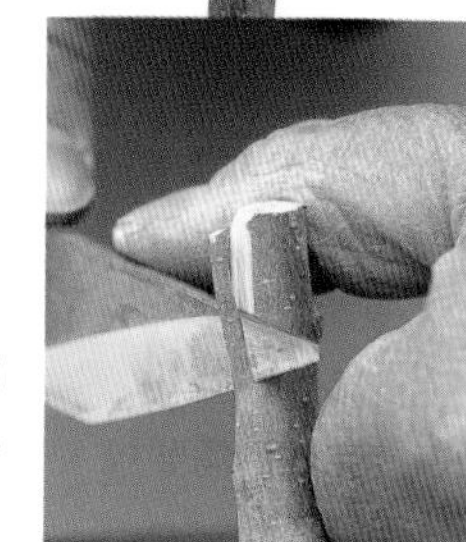

6 插入接穗

将制作好的接穗插入砧木的切口，使两者的形成层贴合在一起。

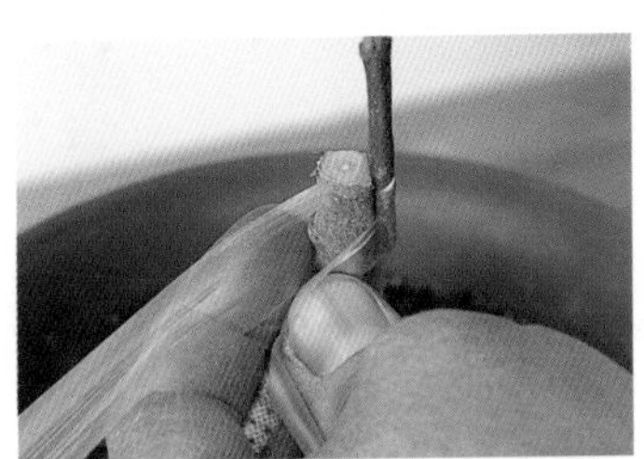

7 绑缚

为了保持嫁接部位湿润，需用嫁接胶带将嫁接部位紧紧地包裹 2~3 层并打个结。

8 完成嫁接

嫁接完成后需要放入温室进行透光遮阴管理。

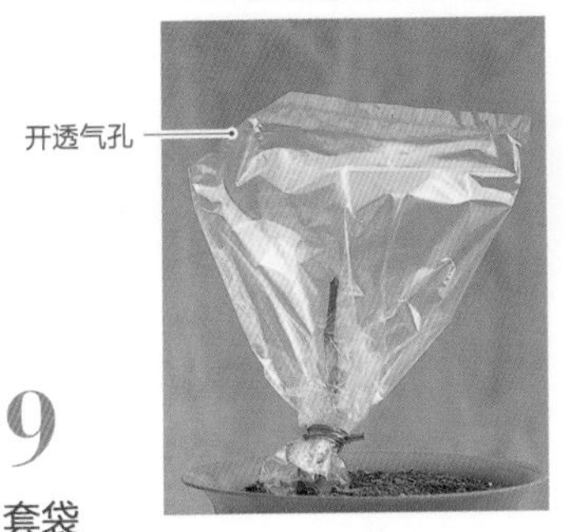

9 套袋

为了不让嫁接苗干燥，需在上面罩一个塑料袋，并且在塑料袋的顶端扎 1 个透气孔。

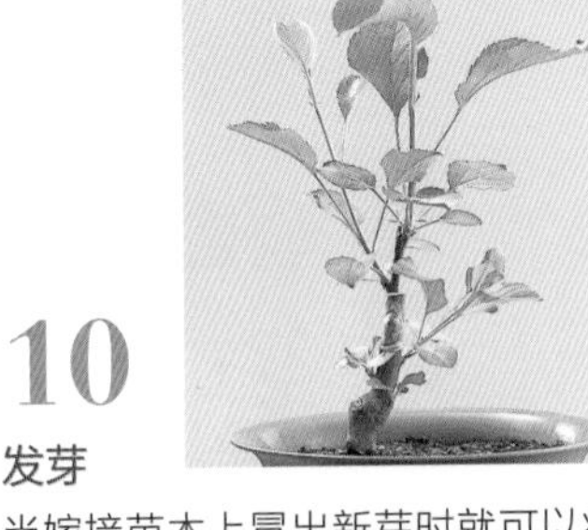

10 发芽

当嫁接苗木上冒出新芽时就可以将罩上的塑料袋取下。需要注意的是砧木和接穗上都会不断长出新芽。

11 抹芽

砧木上冒出的新芽需要全部摘除；接穗上的新芽也只需要留下 1 个长得比较好的，其他的也要摘除。摘芽时用手轻轻地掐掉即可。

12 育芽

只留下接穗上 1 个健康的嫩芽是为了促进嫁接苗生长。

13 成长

数月后嫁接苗就可以长到 1 米高。这时也可以移植到光照比较好的地方了，但培育的时候需要防范烧叶现象的发生。正常情况下，桃的嫁接苗至少需要 3 年才能结果。

14 嫁接苗的状态

上图所示是嫁接成活的苗木，接穗可以通过砧木吸收养分并不断生长。

葡萄

葡萄科

木质落叶藤本植物（高 2~8 米）

葡萄是藤本植物，可以通过支架牵引往不同的方向生长。春季开浅绿色的花，花聚集成圆锥状花序，8~10 月结果，是秋季的时令水果。葡萄的叶片呈心形，很多人喜欢将其制成观赏盆栽。结果后，看着葡萄一天天地成熟也是一种乐趣。

选用抗病虫害强的品种作为砧木是嫁接的关键，需要立支架牵引葡萄枝蔓的生长方向

葡萄扦插也是可以生根发芽的，但是由于其根茎内部容易进入细菌，所以扦插的葡萄苗一般生长得都不是很顺利。所以，培育葡萄树苗时最好选用抗病虫害较强的品种作为砧木，在落叶期的 2~3 月，选用 1 年生的粗壮枝条，修剪成 5~6 厘米长的接穗，每段接穗上要留有 3~4 个芽，并切出一个斜面。砧木要选用 2 年生的实生苗。在长出新芽后要逐步增加光照。嫁接 3 年后就可以结果。葡萄基本都是自花授粉。

嫁接

难易度

★★★

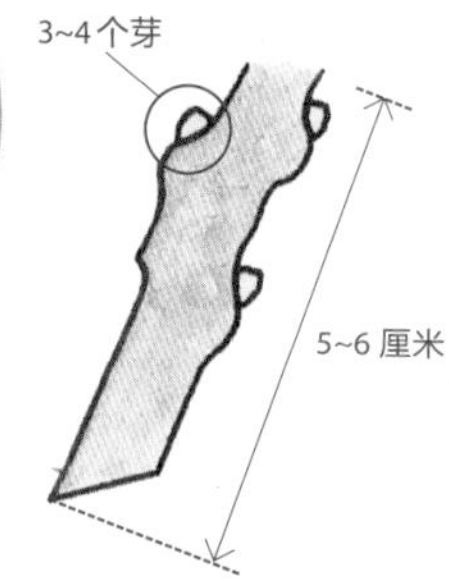

1 制作接穗

选用长得比较粗壮的枝条，修剪成 5~6 厘米长的接穗，每段上要留有 3~4 个芽，且要将一端的表皮削去一部分，露出里面的形成层。

2 将接穗插入砧木后的嫁接苗

嫁接 1 年后，如果树苗成长顺利就可以上市销售了。

3 套袋及抹芽

用事先留好透气孔的塑料袋罩住嫁接苗。砧木上发出的嫩芽要全部摘掉，接穗上发出的嫩芽只留 1 个长得最好的，其他的也全部摘掉，这样能够保证接穗正常生长。

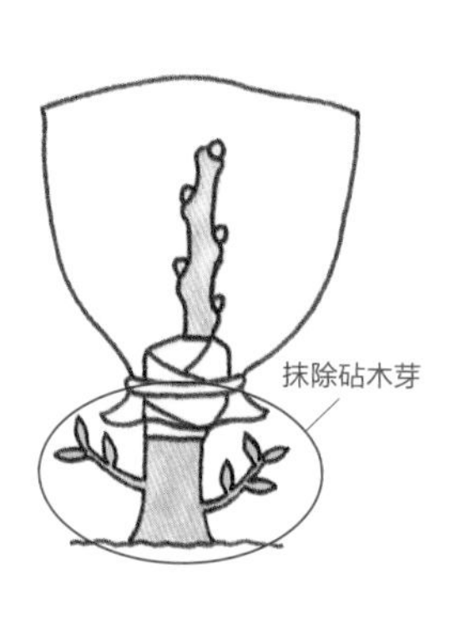

4 嫁接苗培育

将嫁接的葡萄苗栽种在盆里，放在光照条件好的地方管理，保证树苗健康成长。由于葡萄是藤本植物，还需立支架牵引枝蔓的生长。

5 第五章

观叶植物、盆栽花卉

榕 树

细叶榕 / 桑科

常绿乔木（高 1~20 米）

树干中间会长出很多的气生根，在热带地区往往能长成参天大树，可以通过小型化培育作为观叶植物种植。深绿色的叶片具有野性的力量。榕树和橡皮树同属，在树干上切一个口子也会有白色的液体流出。

生长月历	1	2	3	4	5	6	7	8	9	10	11	12
状态	常绿											
修剪				■	■	■	■	■	■	■		
繁殖				扦插、压条	■	■	■	■				
施肥					■	■	■	■	■	■		
病虫害				■	■	■	■	■	■			

多数观叶植物的生长发育都比较旺盛，扦插和压条都很容易成功

4~8 月是扦插的最佳时期，要选用开春之后长出的粗壮枝条。软嫩的新枝的芽容易枯萎，不适合用于扦插。将选作插穗的枝条下端的叶片全部摘除，修平切口，插入放有鹿沼土的平底花盆，插入深度为插穗长度的一半。压条和扦插一样，也是在 4~8 月进行比较合适，在选作压条的部位进行 2 厘米宽的环状剥皮，然后用浸水的水苔包裹，再用塑料袋包裹好促使其生根。只要注意不让其干燥，榕树生长发育旺盛，基本都能成活。

扦插

难易度

★★★

1

剪枝

先剪插穗，要选在光照条件较好的地方生长的粗壮枝条。

2

选插穗

要选用新长出的比较粗壮的枝条，剪成 8~10 厘米长的插穗。

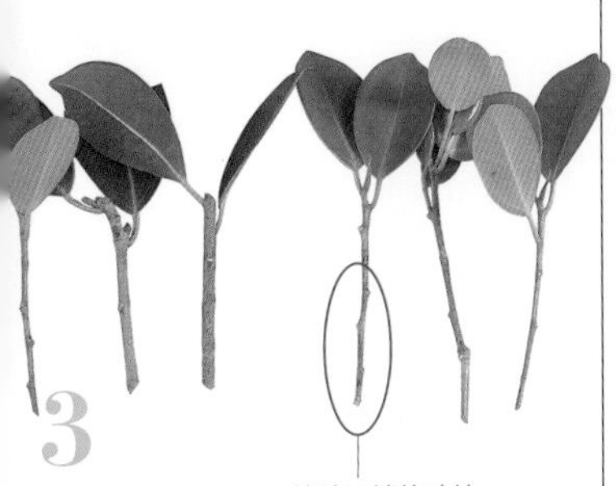

削插穗

用锋利的小刀将插穗的下切口切成锐角，把枝条下端的叶片都摘除，只留上端的2片新叶。

浸水

30~60分钟

将制作好的插穗放在盛水的容器里30~60分钟，让插穗吸收足够的水分。

5

插入插床

在平底盆里放入鹿沼土，铺平，将吸足水的插穗均匀插入土中，插入深度为插穗长度的一半。

压条

难易度 ★★★

1

确定压条位置

首先选定压条的位置，要选择比较粗且直的部位。

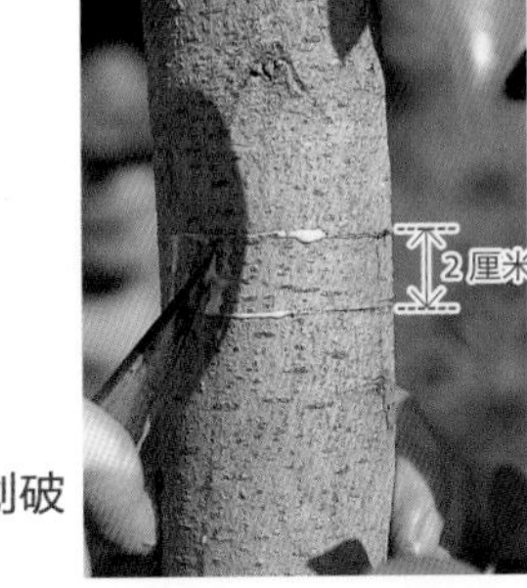

2

用刀划破树皮

用刀在选定压条的部位的树皮上麻利地划2圈，上下相隔2厘米，并用刀竖着在圈内切几道切口。

3

剥树皮

用手将圈内的树皮剥去。因为会有白色的液体流出，所以需要一边擦一边剥树皮。

4

环状剥皮

剥除树皮后，就能看见里面的木质部，这个步骤就是所谓的“环状剥皮法”。

5

包裹水苔

用湿水苔包裹住剥去树皮的部位，准备好塑料袋，从下往上层层包裹住水苔。

6

用绳扎紧

为了不让水苔从塑料袋里漏出来，要用绳子从下往上捆绑好，上面留一个口子，需要的时候可以松开这个口浇水，促进其生根。

柏树类

以金冠柏、美国扁柏等树种为主 / 柏科

常绿灌木或乔木（高 1~20 米）

柏树类是柏科、松科等针叶树种的总称，是花坛、盆栽树的首选树种。金冠柏亮绿色的圆锥形树叶颜色明艳，颇具北欧风情，青绿色的岩生圆柏“蓝色天堂”也很受欢迎。

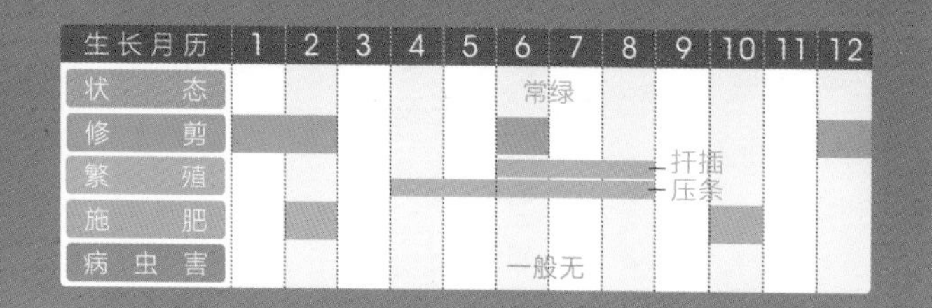

生长月历	1	2	3	4	5	6	7	8	9	10	11	12
状态	常绿											
修剪	■	■				■						■
繁殖（扦插）						■	■	■				
繁殖（压条）				■	■	■	■	■				
施肥		■								■		
病虫害	一般无											

在炎热和高温潮湿造成枝叶枯萎时，压条可以再生

金顶侧柏等侧柏类，金冠柏等柏木类，都可以扦插和压条。扦插要在 6~8 月进行，要用春季长出的健壮枝条，修剪成 8~10 厘米长的枝段，留下一点顶端的叶片，下端的叶片都要摘除。然后让其吸收水分，再插入鹿沼土中。压条要在 4~8 月进行，通风差和高温潮湿容易导致枝叶枯萎，可以利用压条的方式使其再生。

扦插

难易度

★★★

1

制作插穗

将健壮的枝条剪成 8~10 厘米长的插穗，用左手握住插穗的一端，用右手捏住叶片的根部，一点点地向上拉，把插穗下端的叶片摘除。

千万不要向下拽叶片，那样容易撕掉表皮。

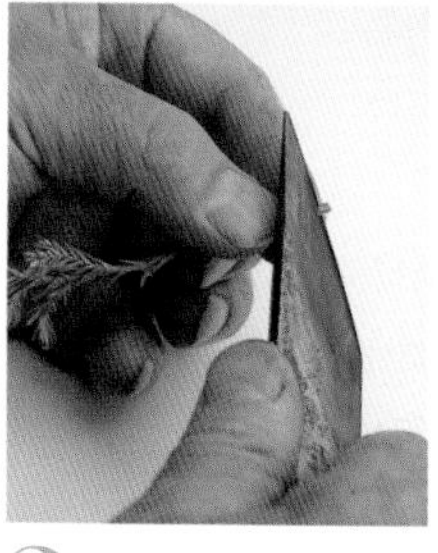

2

削插穗

将插穗的切口切出一个 45 度的斜面，轻轻地削去斜面另一面的表皮。

3 各种柏树的插穗

各种柏树的插穗的制作方法都是一样的。

4 浸水

将制作好的接穗插入水中 1~2 小时，使其充分吸收水分。

5 插入插床

在平底花盆里放入鹿沼土，铺平后插入插穗。由于插穗的茎比较细，所以在插入之前最好先用小细棍在土面上戳洞，然后将插穗插入洞中。

6 生根

插入土中一段时间后，插穗将长出新的叶芽及根，由于用的是鹿沼土，新长出的根往往呈白色，当根部长到图中这么长时就可以移植了。

压条

难易度 ★★★

1 必须压条的树苗

一般在树苗下方的叶片已经枯萎，需要让它再生时使用压条的方法比较多。我们需要仔细查看植株，尽可能地选取笔直容易压条的部位。

2 削除表皮

确定好压条位置后要用小刀削除表皮，露出里面的木质部。围绕树干一圈削出 3~4 个缺口。

3 确认压条位置

如果柏树下端叶片已经枯萎了，可以在其高出盆面 50 厘米左右的地方进行压条，使其再生。

4 用塑料袋包裹

准备好塑料袋，先从下方裹住压条部位，并用绳子把底部扎好。

5 包裹水苔

用湿水苔把压条的部位包裹好，再用之前扎在底部的塑料袋往上包裹住水苔，并用绳子扎好，不让里面的水苔漏出来。

橡皮树

印度榕 / 桑科

常绿乔木（高 1~30 米）

橡皮树是室内装饰绿植的代表树种。橡皮树的树叶很厚，颜色鲜绿并带光泽，很有存在感。新长出的嫩叶呈赤红色，长得很快也很漂亮。橡皮树的品种很多，有叶边呈黄绿色的金边印度榕，也有叶片呈暗红色的棕红印度榕。

<table>
<tr><th>生长月历</th><th>1</th><th>2</th><th>3</th><th>4</th><th>5</th><th>6</th><th>7</th><th>8</th><th>9</th><th>10</th><th>11</th><th>12</th></tr>
<tr><td>状态</td><td colspan="12">常绿</td></tr>
<tr><td>修剪</td><td></td><td></td><td></td><td colspan="7">修剪</td><td></td><td></td></tr>
<tr><td>繁殖</td><td></td><td></td><td></td><td colspan="5">扦插、压条</td><td></td><td></td><td></td><td></td></tr>
<tr><td>施肥</td><td></td><td></td><td></td><td></td><td colspan="6">施肥</td><td></td><td></td></tr>
<tr><td>病虫害</td><td></td><td></td><td></td><td colspan="6">病虫害</td><td></td><td></td><td></td></tr>
</table>

由于较易繁殖，只要时间合适，无论扦插还是压条，操作都很简单

在植物的生长周期中，最具活力的 4~8 月就是扦插和压条的最佳时间。压条就是在树干的选定部位进行 2~3 厘米宽的环状剥皮，用剪开的塑料钵包裹住压条部位，然后用订书机将剪开的塑料钵封好，并装入赤玉土，不断地往里浇水促使其生根。

扦插用的插穗要修剪成 10 厘米长的枝段，每个插穗上要留有 1 片叶，然后插入赤玉土中。另外，修剪时枝条的切口处会流出白色的液体，需要将其清理干净。

压条

难易度

★ ★ ★

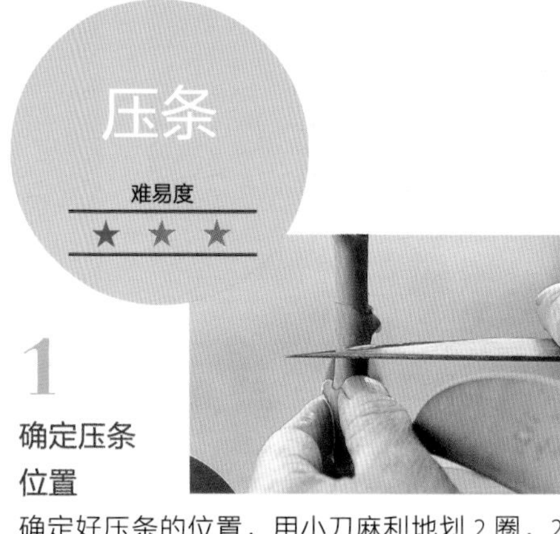

1 确定压条位置

确定好压条的位置，用小刀麻利地划 2 圈，2 道切口之间的距离为 2~3 厘米。

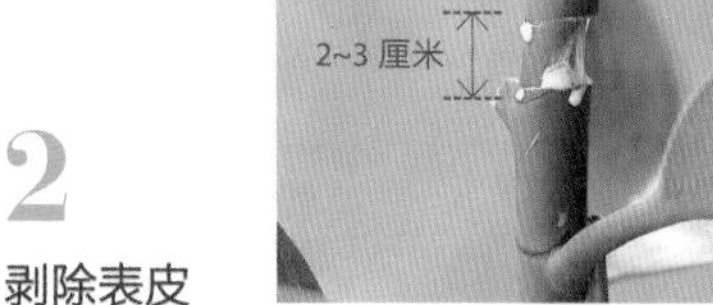

2 剥除表皮

用刀竖着切入之前的切口剥除表皮，露出里面的木质部。一边擦干净流出的白色液体一边剥除表皮。

3 环状剥皮

切口部位那一圈的木质部都显露出来之后，环状剥皮就完成了。

4 套上塑料钵

将塑料钵剪开，包裹住压条的部位，再用订书机将剪开的部位封好，关键是要将钵底堵住。

5

填土

在塑料钵里装满赤玉土，如果塑料钵不是很稳就要用绳子固定。

6

浇水

往塑料钵里浇水，一直浇到钵底溢水为止。

7

剪枝

大概 3 个月后，如果能够确认压条部位长出根，就可以将其从母枝上剪下来了。

8

生根

取下塑料钵后，我们可以看到长满钵体的根。

9

上盆

将剪下的压条枝干下端的叶片摘除，移植到大小合适的花盆里，用土为赤玉土。

10

压条完成

上盆完成后浇足水，这样压条就完成了。

扦插

难易度

★★★

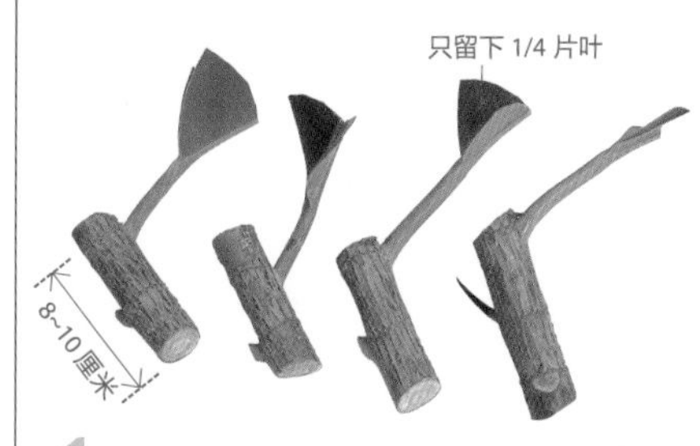

1

制作插穗

选用粗壮的枝条，修剪成 8~10 厘米长的插穗。仔细清除切口处流出的白色液体，插穗上的叶片只需留下原有的 1/4 即可。

2

插入插床

把赤玉土装入平底花盆，铺平，均匀地插入准备好的插穗，浇足水，然后放在透光遮阴处培育。

茉莉

茉莉花 / 木犀科

常绿藤本灌木（高 2~3 米）

早春时节，白里带红的花朵香气四溢，这一般是羽衣茉莉，也是香味浓的茉莉花的总称。开白花的是马达加斯加茉莉，属于夹竹桃科；开黄花的是卡罗莱那茉莉，属于钩吻科。

生长月历	1	2	3	4	5	6	7	8	9	10	11	12
状态	羽衣茉莉								马达加斯加茉莉			
修剪		卡罗莱那茉莉										
繁殖							扦插					
施肥												
病虫害												

1

剪枝

6~7 月是扦插的最佳时期，先剪插穗，要选在光照条件好的地方新长出的长势较好的枝条。

2

削插穗

用锋利的修枝剪刀把选定的枝条剪成 8~10 厘米长的枝段，下端的叶片都要摘除，只留下顶端的 1~2 片，如果叶片长得比较大，最好把叶片剪掉一半。

用扦插的方式繁殖幼苗，可以塑造各种造型；扦插 20 天后可以生根发芽，但要注意不能缺水

扦插一般在 6~8 月进行，插穗要选用春季长出的粗壮枝条，每段修剪成 8~10 厘米长的枝段。每段的顶端要留有 1~2 片叶，下端的叶片全部摘除，用锋利的小刀在下端切一个斜角的切口，用水清洗干净切口处流出的白色液体。将清洗好的插穗插入装水的容器里，放置 30~60 分钟让其吸收足够的水分，再将其插入赤玉土和鹿沼土的混合土中，需插入其长度的一半。插完之后浇足水，进行半遮阴管理。如果一切顺利，大概 20 天后就能生根发芽，此时就可以移植到 3 号花盆里了。盆里的土要用赤玉土和腐殖土以 7∶3的比例混合的混合土，移植好后逐渐增加光照。等插穗长出枝蔓后再立支架牵引其生长，一般都是用带有圆环的支架；有的人也会别出心裁，用扇形的框架和枯枝扎成支架让长出的枝蔓任意攀爬。长到一定程度时就可以移植到更大的花盆里了。

用扦插的方式繁殖，可以用各种形态的支架牵引其生长，很有意思

3

完成插穗制作

制作若干长度一致、切口角度统一的插穗，并且插入水中让其吸水30~60分钟。

鹿沼土

4

插入插床

在平底花盆里放入鹿沼土，铺平，将准备好的插穗均匀插入盆里至其长度的一半。

1

制作插穗

选用长势较好的枝条，并修剪成每段长8~10厘米的插穗，细软的枝条及枝梢不适合作为插穗。

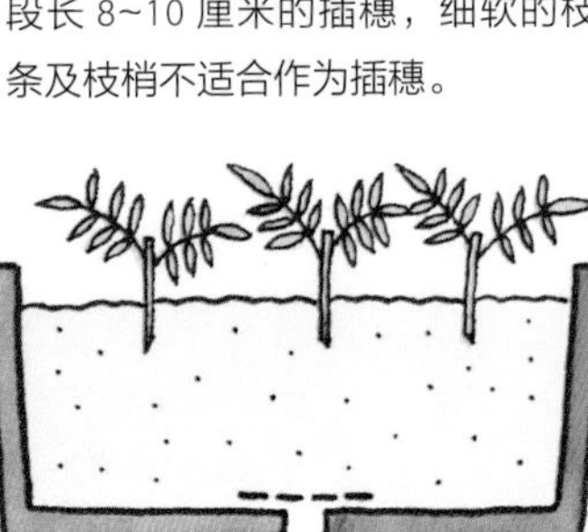

2 插入插床

将插穗的切口修整成一个锐角，并插入装有水的容器浸水30~60分钟，然后再插到装有鹿沼土或者赤玉土的插床中。

3

上盆育苗

插穗生根之后要移植到3号花盆里，如果长出很多枝蔓，就需要立支架牵引，以帮助其生长。

4

框架支架、艺术支架

移植到较大的容器之后，可以立一个框架支架引导枝蔓攀爬生长；如果是里面移植了2~3株幼苗的大型花盆，可以立一个艺术支架，让枝蔓从两边往上攀爬并交织在一起，最后形成一个“心”形。

5

自制枯枝支架

用漂亮的陶花盆移植几株幼苗，手工将枯枝扎成一个成束的支架立在盆里，让长出的枝蔓攀爬在支架上。

天竺葵

洋葵 / 牻牛儿苗科

非耐寒性多年生草本植物、亚灌木（高 0.3~1 米）

有的品种叶片上有斑纹，有的品种是红叶，自古就作为观叶植物被人们喜爱。初夏时节开花，有白色、红色、浅红色等多种花色，依然深受欢迎。另外还有蔓生天竺葵、香叶天竺葵等多个品种。

<table>
<tr><th>生长月历</th><th>1</th><th>2</th><th>3</th><th>4</th><th>5</th><th>6</th><th>7</th><th>8</th><th>9</th><th>10</th><th>11</th><th>12</th></tr>
<tr><td>状态</td><td></td><td></td><td colspan="8">开花</td><td></td><td></td></tr>
<tr><td>修剪</td><td></td><td></td><td></td><td></td><td colspan="5">■</td><td></td><td></td><td></td></tr>
<tr><td>繁殖</td><td></td><td></td><td></td><td></td><td></td><td colspan="3">扦插</td><td></td><td></td><td></td><td></td></tr>
<tr><td>施肥</td><td></td><td></td><td colspan="4">■</td><td></td><td></td><td colspan="2">■</td><td></td><td></td></tr>
<tr><td>病虫害</td><td></td><td></td><td></td><td></td><td colspan="4">■</td><td></td><td></td><td></td><td></td></tr>
</table>

扦插

难易度

★★★

1 剪枝

一般 6~7 月剪枝，要选择在光照条件好的地方生长的比较健壮的枝条，如果枝叶比较粗大，那么可以使用定期修剪下的枝条。

去除下端叶片

将顶端的 1~2 片叶留下，下端的叶片全部摘除，如果留下的叶片比较大，也可以剪去一半。

用刚刚发芽的枝条结合修剪作为插穗比较合适。将幼苗培植在一起会很有意思

6~8 月是扦插的最佳时期，将当年新长出的茎的顶端的 5~10 厘米剪下作为插穗，把顶端的叶片留下 1~2 片，下端的叶片全部摘除。用锋利的小刀处理一下切口，修整好后插入水中让其吸水 30~60 分钟。准备 6 号平底花盆作为插床，在底部放入中粒土，然后在上面铺一层鹿沼土。由于修整出的切口容易受伤，最好先用小木棒在土的表面先戳洞，然后再将插穗从洞口插进土中，深度为其长度的一半。要注意，插入太深容易引起根部腐烂。扦插后要进行半遮阴管理，培育过程中还要适当地在叶片上浇点水。约 2 周后，插穗就会生根，此时就可以适当地增加光照时间，使插穗在充分的阳光下茁壮成长。1~2 个月后，就可以移植到 3 号盆里，盆里要放入小粒赤玉土和腐殖土以 7：3的比例混合的混合土，可以一次性培育多株幼苗，并架一个网状支架帮助其生长，还可以和常春藤这样的藤本植物、季节性花草混合栽培。

3

削插穗

将剪下的枝条修剪成 8~10 厘米长的插穗，尽量将切口修剪出一个比较锐利的角度。

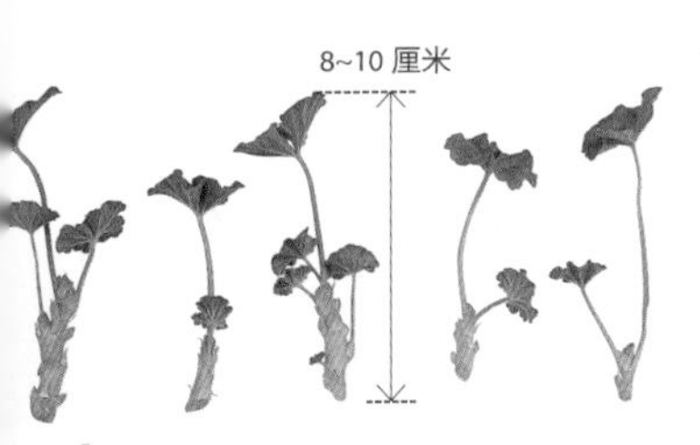

4

完成插穗制作

制作若干长度和切口角度一致的插穗，然后插入装有水的容器 30~60 分钟，让其充分吸收水分。

5

插入插床

在平底花盆里装入鹿沼土，将插穗插入土中，插入深度为其长度的一半，浇足水。

用扦插的方式繁殖，让我们享受一下组合栽培的乐趣

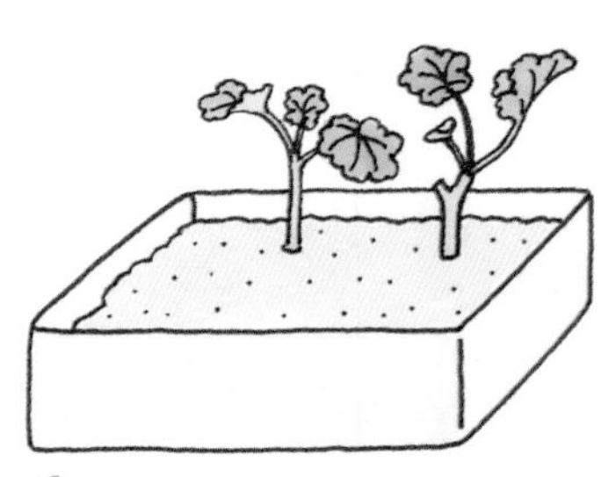

1

插入插床

用小刀将插穗的切口修整至符合扦插要求，然后插入水中使其充分吸水。在插床里放入鹿沼土或者赤玉土，铺平，插入插穗。扦插完成后，浇足水，放在透光遮阴的地方管理培育。

2

成活后上盆

插穗生根发芽后，将其移植到 3 号花盆里，也可以将多株移植到一起。

3

与常春藤等一起栽培

将 2~3 株天竺葵与常春藤一起栽培在陶花盆里，仿佛是天作之合，当然也可以与其他一些季节性的花草栽培在一起。

4

修整时剪下的枝条也可作为插穗

在修整植株造型时，可以把那些剪下来的长得比较好的枝条修剪成 8~10 厘米长的插穗。

龙血树

幸福树 / 天门冬科

常绿灌木（高 1~6 米）

以幸福树之名在市场上售卖的是花叶龙血树，长势很好，容易培植。龙血树的品种很多，叶片绿中带乳白色星状图案的是吸枝龙血树；还有细长叶片带有白色和黄色斑纹的剑叶龙血树等，还有开白花的品种。

生长月历	1	2	3	4	5	6	7	8	9	10	11	12
状态						常绿						
修剪												
繁殖						扦插、压条						
施肥												
病虫害												

顶枝扦插和茎管扦插的繁殖方式都比较简单易行；压条时要用环状剥皮法，外边包裹水苔

无论扦插还是压条，都在 4~8 月的生长期进行比较好。扦插有顶枝扦插和茎管扦插 2 种。顶枝扦插是剪下新枝顶端的 4~5 节，茎管扦插需剪下 5~8 厘米长的没有叶片的茎部，都要插入鹿沼土中。压条时要把枝干上要压条部位的一圈表皮剥去，然后用水苔裹好，再用塑料袋包好水苔。等到压条部位生根后，就把新株从母株上剪下，移植到大小合适的花盆里。

扦插

难易度

★★★

1 剪枝

选用长势较好的枝叶，剪下新枝顶端的部分用于顶枝扦插；剪茎的部位用于茎管扦插。

2 选插穗

用小刀切成 8~10 厘米长的枝段，留下顶端 2 片叶，其余叶片全都摘除，把大叶片剪去一半。

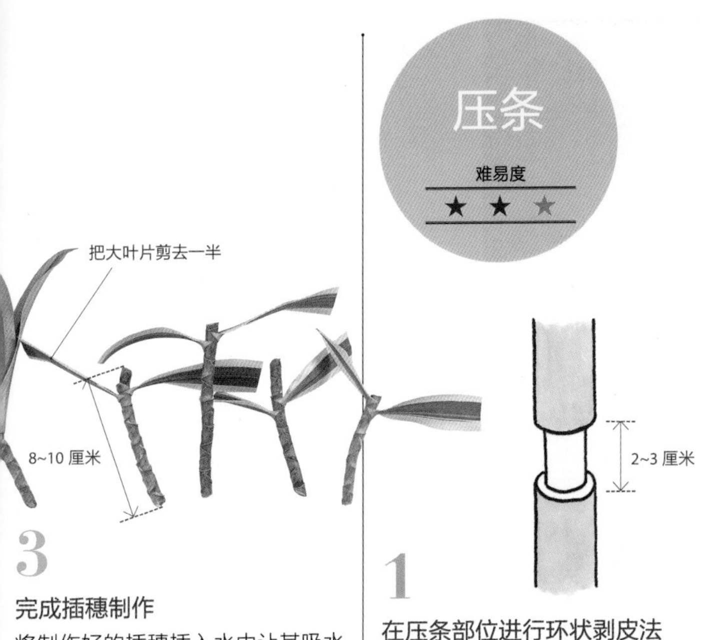

3 完成插穗制作

将制作好的插穗插入水中让其吸水30~60 分钟。

4 插入插床

在平底花盆里装入鹿沼土，铺平，将制作好的插穗均匀插入土中，插入深度为其长度的一半。扦插完后浇足水，放在阴凉处培育，1~2 个月后就能生根。

压条

难易度 ★★☆

1 在压条部位进行环状剥皮法

选定粗壮且笔直的枝干部位压条，用刀环切 2~3 厘米宽的表皮，进行环状剥皮。

2 包上水苔，用塑料袋包裹好

用湿水苔包住压条部位，再用塑料袋包裹住水苔，最后用绳子从下往上扎紧。

3 补充水分

为了不让压条部位缺水干燥，要时不时地将塑料袋上端的绳子松开，往里面浇水。

4 生根后剪断枝条

在压条部位生根后，从根部下方剪断。

5 上盆

剪下压条部分后，仔细取下塑料袋和水苔，并移植到大小合适的花盆里。

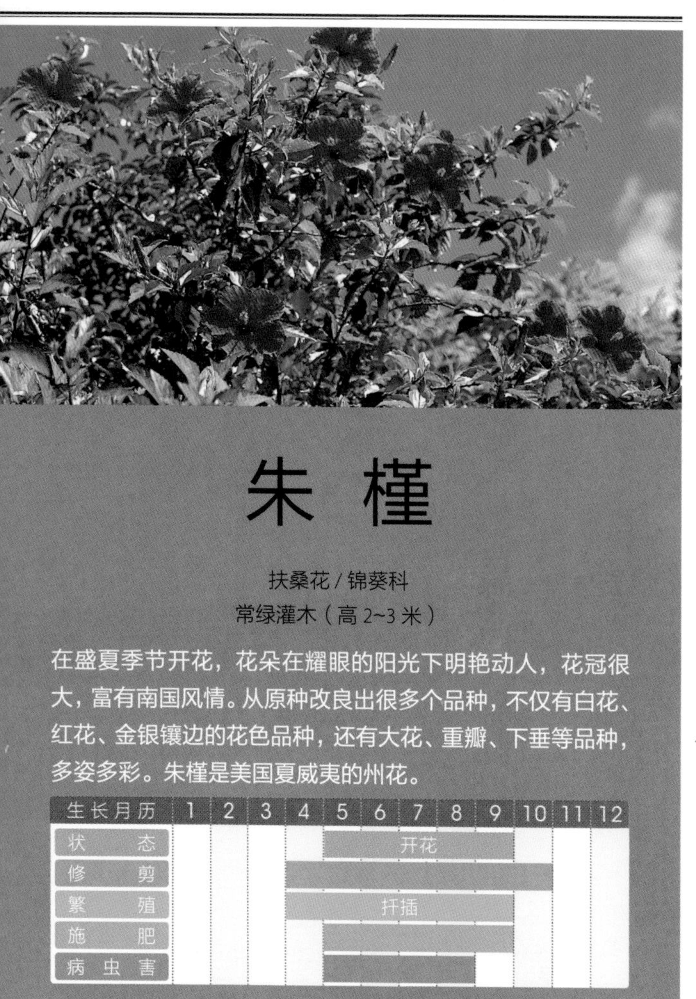

朱 槿

扶桑花 / 锦葵科

常绿灌木（高 2~3 米）

在盛夏季节开花，花朵在耀眼的阳光下明艳动人，花冠很大，富有南国风情。从原种改良出很多个品种，不仅有白花、红花、金银镶边的花色品种，还有大花、重瓣、下垂等品种，多姿多彩。朱槿是美国夏威夷的州花。

生长月历	1	2	3	4	5	6	7	8	9	10	11	12
状态					开花	开花	开花	开花	开花			
修剪				—	—	—	—	—	—	—		
繁殖				扦插	扦插	扦插	扦插	扦插	扦插			
施肥					—	—	—	—	—			
病虫害					—	—	—	—				

扦插

难易度 ★★★

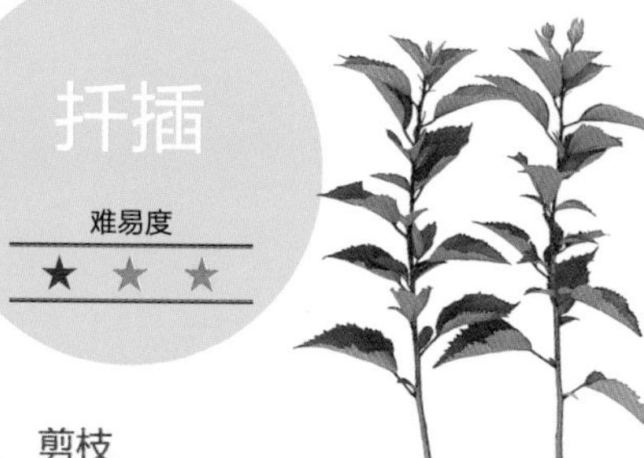

1 剪枝

4~9 月是扦插的最佳日期，要选用向阳处的长势较好的枝条，也可以用整形修剪时剪下来的枝条。顶端嫩芽不适合作为插穗。

2 选插穗

将剪下的枝条修剪成 8~10 厘米长的插穗，只留下上端的 1~2 片叶，下端的叶片全部摘除，如果留下的叶片较大，需要剪掉一半。

制作插穗的时候需要注意，有些枝条看上去长得很好，但是用手轻轻一掰就弯了，这样的枝条要么娇嫩要么生长在背阴处，不适合作为插穗。

热带植物的培育，保持高温的环境是关键。要注意的是，必须处理干净插穗切口处流出的液体后再进行扦插

4~9 月是扦插的最佳时期，将长得比较粗壮的枝条修剪成 8~10 厘米长的插穗，上端的叶片只留 1~2 片，下端的叶片全部摘除。顶端新发的嫩芽太娇嫩，不适合作为插穗。切口处流出的液体需要清洗干净，并插入水中 1~2 小时，让其充分吸水。准备好 6 号平底花盆，在底部放入中粒土，再放入鹿沼土或赤玉土。将吸足水的插穗插入土中，用手指轻轻地将土按紧，在生根前的 1 个月内需要避光培育。长出 4~5 片新叶之后，再移植到 5 号花盆里，移植用土要用赤玉土（小粒）和腐殖土（以 6：4 的比例混合）的混合土。移植后的 2~3 天内，继续半遮阴管理，之后就可以全天光照培育了。幼苗长大之后，还需要再次移植，要根据幼苗的大小准备相应大小的花盆。为了让根系长得更好，尽量不要一开始就把幼苗移植到大花盆里。上盆后，如果原来的叶片只剩下 4~5 片，那就很有可能无法成活了；如果长出了新的嫩芽，说明幼株长得较好，基本就成活了。

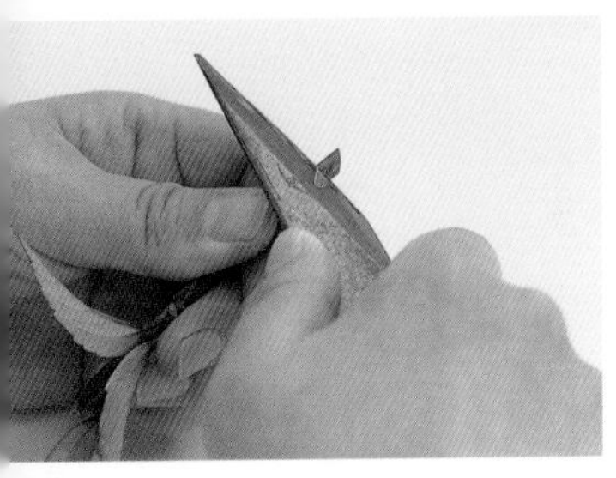

3

削插穗

用锋利的小刀将插穗的下切口切出一个 45 度角的斜面。

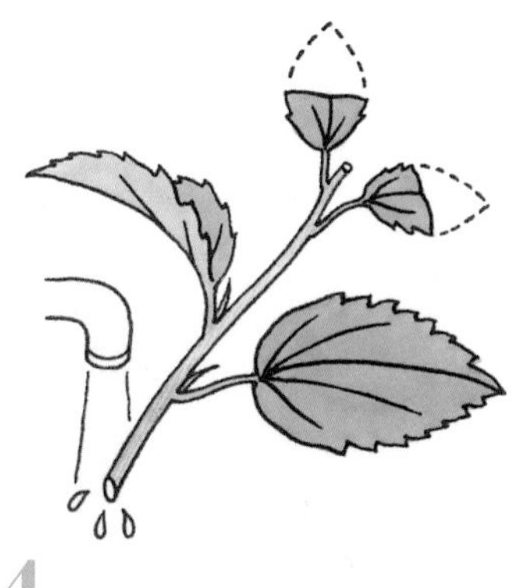

4

剪去叶片，洗净切口

朱槿枝条的切口会流出白色的液体，要用水洗干净。

5

完成插穗制作

制作若干长度、切口一致的插穗。

6

1~2 小时

浸水

将制作好的插穗插入盛水的容器里浸泡 1~2 小时，使其吸收水分。

7

插入插床

在盆里放入鹿沼土，铺平，将插穗均匀插入土中，插入深度为其长度的一半。插完后浇足水。

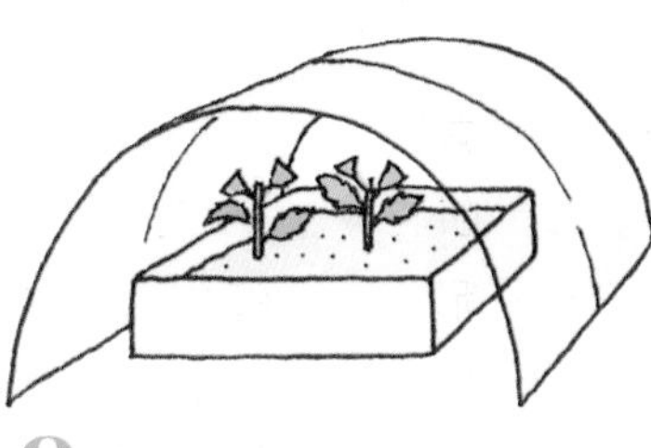

8

半遮阴培育

扦插完的插穗不能在强光照环境中培育，需要罩上一层遮阳网，让其在比较适宜的环境中生长。

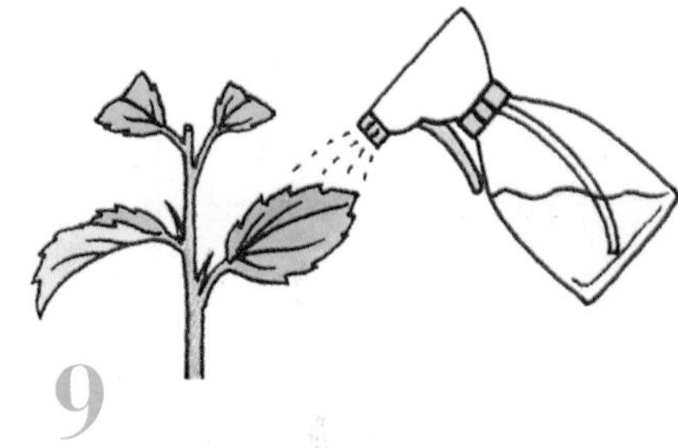

9

常浇叶水

为了不让幼苗干燥缺水，需要经常浇水，而且要浇到叶片上。

10

上盆

幼苗生根之后，将其移植到 5 号盆里。

叶子花

九重葛 / 紫茉莉科

常绿藤状灌木（高 2~3 米）

红色的花朵形态优美，就像是精致的纸花一样，极富异国情调。花朵开在枝蔓的顶端，看上去像是花瓣的部位其实是苞片，中间那小小的喇叭状的部位才是真正的花朵。也有开白花的品种和斑叶品种。叶子花不喜闷热的夏季。

生长月历	1	2	3	4	5	6	7	8	9	10	11	12
状态					■	■	开花	■	■	■		
修剪				■	■	■	■	■	■	■		
繁殖				■	■	扦插	■	■	■			
施肥					■	■	■	■	■			
病虫害					■	■	■	■				

1 剪枝

剪取插穗，要选长在光照充足处且长势较好的枝条。

2 选插穗

要把不能做成插穗的部分剪除，只留下可用的部位，并修剪成 8~10 厘米长的插穗。

修剪下来的枝蔓也可以作为插穗用于繁殖，最好选用不软不硬的粗壮枝条

4~9 月是扦插的最佳时期。用作插穗的枝条不能太细软，最好是选 1 年生的略带褐色的粗壮枝条，剪成 8~10 厘米长的枝段，只留顶端的 2~3 片叶，摘除下端的叶片，用锋利的小刀修整下切口，并将下切口插入水中浸泡 1~2 小时，让其充分吸收水分。叶子花扦插不太容易生根，因此在水里最好滴一些促进根部发育的生长剂。准备好装有鹿沼土的平底花盆作为插床，将准备好的插穗均匀地插入土里，浇足水后进行半遮阴管理。2~3 个月后插穗生根，便可仔细地将其从土壤里掘出，注意不能伤到好不容易长出的根须，然后移植到 3 号花盆里。在花盆里装入小粒赤玉土和腐殖土（以 7：3的比例混合）的混合土。长出藤蔓后可以修剪到只留下 2~3 节，也可以适当地增加枝数以调整树形。等到长出很多的叶片后就可以移植到 5 号花盆里了。移植后可以给幼苗立支架，圆形或是扇形框架都可以，帮助幼苗的藤蔓攀缘生长。

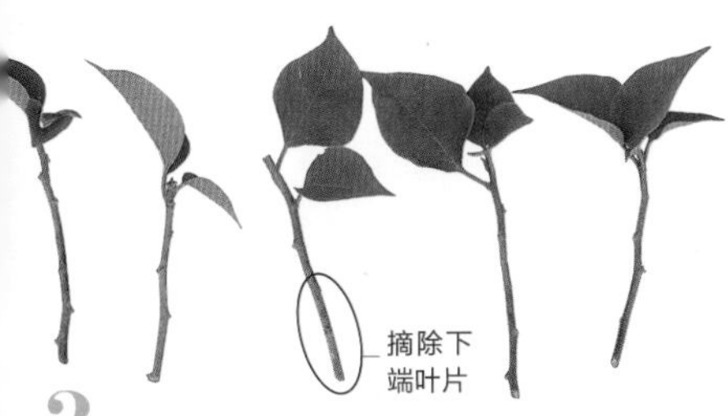

3 摘除叶片

用刀将插穗的下切口修整成 45 度角的斜面，只留顶端的 2~4 片叶，下端的叶片要全部摘掉。

4 浸水

将插穗插入盛水的容器浸泡 1~2 小时，然后再均匀地插入装有鹿沼土的平底花盆里，土的表面要弄平整。

小知识　插穗上的花可用作切花

叶子花的花期与扦插培育期是有重合的。好不容易开了花，结合浇水可以制成切花欣赏，然后用切花的枝条扦插就行。用切花的枝条作为插穗需要将花朵和顶端最柔软的部位剪除。扦插后，如果浇水量不够且放在光照强烈的地方就容易出现叶片灼伤的现象。所以，直到生根之前一定要放在阴凉处培育。为了让插床保持一定的湿度，要勤浇水。生根后叶片也能吸收水分，此时可以逐步移到有光照的地方，这样才能培育出健壮的苗。叶子花的繁殖能力还是比较强的，1 个月就可以生根。

其他植物的繁殖方法

- 油橄榄（木犀科，常绿阔叶小乔木）
喜温暖，但最近市面上也出现了一些耐寒的品种。扦插繁殖一般是在2~3月或是6~8月进行；嫁接的砧木要选用实生苗。
- 山月桂（杜鹃花科，常绿阔叶灌木）
别名美国石楠，花期在5~6月，开白色和粉红色的花。嫁接或是压条繁殖。也可以直接实生繁殖，但是培育出的园艺品种可能和母株的形态相差很大。
- 铁冬青（冬青科，常绿阔叶乔木）
与冬青同属，秋季会结红色的果实，可以摘下保存，并在第2年3月播种。嫁接在2~3月进行，砧木要选用实生苗。
- 枹栎（壳斗科，落叶乔木）
杂树林的代表树木，由于该树长得比较高大，所以在种植的时候要选好种植地。秋季叶变红，10月结果，直接用种子播种即可。
- 东亚唐棣（蔷薇科，落叶小乔木）
别名采振木。4~5月，成串的小白花开在枝头。一般在2~3月进行扦插，选用1年生的粗壮枝条，然后修剪成8~10厘米长的插穗。
- 黄栌（漆树科，落叶阔叶小乔木）
别名烟树、霞树。初夏开小花，开花后长羽毛状的花柄，看上去就像是烟雾一样。实生繁殖或是压条繁殖均可。
- 合欢（豆科，落叶乔木）
早晨叶片打开，傍晚闭合。6~8月开粉红色的花。10~11月结果，取出成熟的豆荚里的种子，在第2年3月播种，也可以压条繁殖。
- 凌霄（紫葳科，落叶藤本植物）
藤本攀缘植物，藤叶细长，7~8月枝条上会开橙色的花，在2~3月进行扦插。
- 金丝桃（金丝桃科，落叶灌木）
别名金丝蝴蝶。7月左右开黄花。一般采用分株繁殖，可在冒出新芽前的2~3月，分成2~3株，分株前可以把原株修剪一下。
- 牡丹（毛茛科，落叶灌木）
原产于中国，非常受人喜爱，4~5月开花。一般在8~9月进行嫁接，砧木要用牡丹或是芍药的实生苗，嫁接成功后移植到花盆里，半遮阴管理。
- 西南卫矛（卫矛科，落叶灌木）
别名秤砣木，5~6月开花。10~11月结红色的果实。可以采用扦插、压条、实生等繁殖方式，采用实生繁殖方式时可以采种后直接播种，或者在第2年3月播种。
- 黄瑞香（瑞香科，落叶灌木）
3~4月，枝头会开成串的浅黄色的小花，香味宜人。可采用实生或是扦插繁殖，扦插在2~3月或6~8月进行。也可在6月初采集果实中的种子，第2年3月播种。
- 棣棠（蔷薇科，落叶灌木）
春季开黄色的单瓣花或是重瓣花。分株繁殖，在11月~第2年2月的落叶期进行分株，必须在新芽长出之前完成分株。
- 珍珠绣线菊（蔷薇科，落叶藤木）
4月初，白色的小花开满枝头。在11月~第2年2月的落叶期进行分株繁殖，把1株苗分成3~4株，移植到光照充足的地方。扦插在2~3月或6~8月进行。

垂叶榕

小叶榕 / 桑科

常绿乔木（高 1~30 米）

垂叶榕的叶片比橡皮树的略小，但是长得非常茂盛。有的品种叶片绿中带有白色斑点，有的品种叶片边缘是黄绿色。树叶颜色明亮引人注意，树形挺拔，颇受人们喜爱。很多时候会有 3 枝树干长在一起。

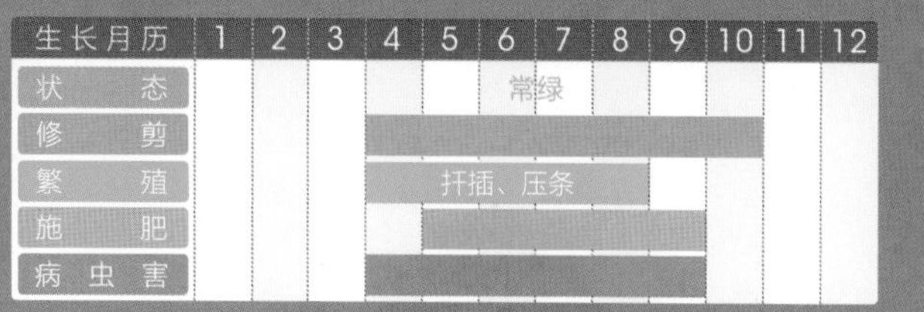

生长月历	1	2	3	4	5	6	7	8	9	10	11	12
状态						常绿						
修剪												
繁殖						扦插、压条						
施肥												
病虫害												

生长比较旺盛，因此即使很粗的树干也很容易压条成功，扦插也容易生根

4~8 月是扦插、压条的最佳时期。插穗要选用当年刚长出的粗壮枝条，修剪成 8~10 厘米长的枝段，再将其一半插入装有鹿沼土或是赤玉土的插床里。在生根前的 1 个月里需要避光培育，之后放在光照条件好的地方培育。压条时要选用 2~3 年生的粗壮枝条，选定压条部位后进行环状剥皮，在切口处裹上湿水苔，最后包上塑料袋。生根后切离母株，拿掉水苔后移植到盆里。

扦插

难易度

★ ★ ★

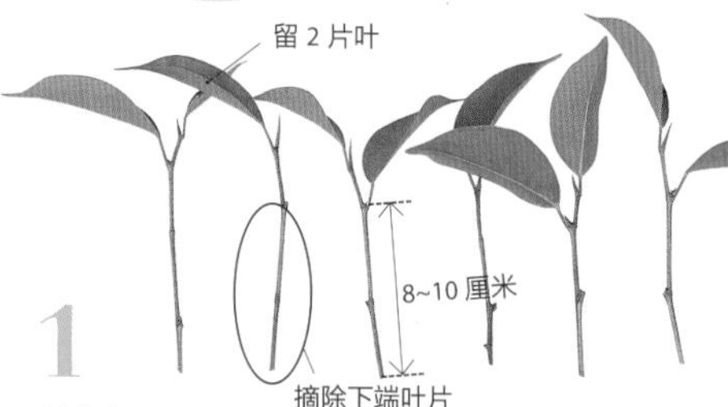

1 制作插穗

选用粗壮的枝条，修剪成 8~10 厘米长的插穗，留顶端的 2 片叶，下端的叶片全部摘除。

2 浸水

用刀修整插穗的切口，将切口另一面的表皮削去，插入水里浸泡 1~2 小时，让其充分吸收水分。

3 插入插床

在平底花盆里放入鹿沼土，铺平，将准备好的插穗均匀地插入土中。完成扦插后浇足水，放在透光遮阴处培育。

压条

难易度

★★★

1 确定压条位置

确定好压条的位置，用刀在该位置上下间隔 1~2 厘米宽的地方各划一圈。

2 剥去表皮

纵切一刀，然后用手剥掉雕圈中的表皮。

3 环状剥皮

用手剥除一圈表皮，直到露出木质部，这就是环状剥皮法。

4 套上塑料钵

准备一个大小合适的塑料钵，用剪刀把钵剪开，然后套在树干上卷紧。

5 用订书机钉牢

用订书机把塑料钵剪开的部分再次钉牢，这一步的关键是要将钵下方的孔堵住。

6 填土

在封好的塑料钵里装入赤玉土，如果钵没有固定好就要用绳子扎紧。

7 浇水

往塑料钵里浇足水，浇到钵底部漏出水为止。

8 完成压条

压条完成后，要不断地浇水防止钵内土变干，慢慢等待生根。一般 2 个月左右就会长出根来。确认生根后，就可以在塑料钵的下方剪下压条部位，取下塑料钵，然后移植到花盆里。

树种索引

繁殖方法分类索引

扦插

嫁接

植物的繁殖方法大致分为有性繁殖、无性繁殖两种。有性繁殖通过种子可以大批量地培育新苗，简单实用；无性繁殖虽然不能一次性培育大量苗木，但它能缩短苗木生长周期，使后代和母株的优良性状保持一致。本书以 80 多种观赏花木、果树的繁殖方法为例，对常用的方法、容易成功的方法和效率高的方法进行了优先介绍，并将适宜的操作时期和正确的方法通过大量的图片以步骤讲解的方式一一呈现，图文并茂、简单易懂，可以让读者轻松掌握常见观赏花木、果树的繁殖技巧。

本书适合广大园林、园艺工作者及爱好者使用，也可供农林院校相关专业的师生阅读参考。

协助　　　　　　“樱花园”坂本幸雄（国分寺市并木町）

照片　　　　　　小形又男

照片提供　　　　arsphoto 企划

封面、版式设计　田中公子、大木启子

插图　　　　　　水沼真纪子

图书在版编目（CIP）数据

常见观赏花木、果树繁育全图解 /（日）尾亦芳则著；巫建新等译. — 北京：机械工业出版社，2022.1

ISBN 978-7-111-69491-5

Ⅰ. ①常…　Ⅱ. ①尾…　②巫…　Ⅲ. ①花卉-繁育-图解　②果树-繁育-图解
Ⅳ. ①S680.4-64　②S660.4-64

中国版本图书馆CIP数据核字（2021）第216959号

机械工业出版社（北京市百万庄大街22号　邮政编码100037）

策划编辑：高　伟　周晓伟　　责任编辑：高　伟　周晓伟　刘　源

责任校对：梁　倩　　　　　　责任印制：张　博

保定市中画美凯印刷有限公司印刷

2022年1月第1版第1次印刷

169mm × 230mm · 12.5印张 · 2插页 · 271千字

标准书号：ISBN 978-7-111-69491-5

定价：79.80元

电话服务	网络服务
客服电话：010-88361066	机　工　官　网：www.cmpbook.com
010-88379833	机　工　官　博：weibo.com/cmp1952
010-68326294	金　　书　　网：www.golden-book.com
封底无防伪标均为盗版	机工教育服务网：www.cmpedu.com